▲ 2010 年，农业部副部长牛盾（左二）
考察洪湖清水大闸蟹养殖基地

▶ 2015 年，农业部副部长于康震（右一）
视察荆州水产展区，与荆州鱼糕加工产业协
会会长鲁昌媛亲切交谈

◀ 2010 年，湖北省省委
书记罗清泉（右一）调研
洪湖水产，市委书记应代
明和市长李建明陪同

▲ 战国时期楚墓出土文物——鲤鱼

▲ 传统的捕鱼工具——罾网

▲ 公安县崇湖渔场掠影

▲ 松滋市洈水
渔村俯瞰图

▲ 监利福娃虾稻共作基地

◀ 公安县月湖村生态养殖基地

▲ 石首市国家级
　 长吻鮠良种场

▲ 洪湖清水大闸蟹标准化养殖基地

▲ 监利海河专业合作社网箱养鳝基地

▶ 公安县现代化养殖设施
　 及池塘圈养基地

▲ 2009 年，荆州市水产工作现场会在石首市召开

▲ 华中农业大学学生在荆州开展水产社会实践活动

◀ 2011 年，湖北省精养鱼池标准化改造现场会在公安县召开

▲ 2011 年，湖北省四大家鱼增殖放流活动在监利县举办

▲ 石首市天鹅州保护区保护野生动物麋鹿，对江豚实施保护

▲ 2019 年，荆州监利江段放流四大家鱼亲本

授予：湖北省荆州市

中国淡水渔业第一市

中国渔业协会
二〇一〇年八月

授予:湖北省石首市

中国江豚之乡

全国水生野生动物保护分会
2016年12月

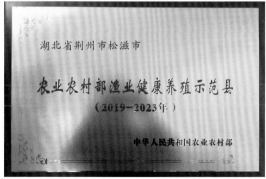

湖北省荆州市松滋市

农业农村部渔业健康养殖示范县

（2019-2023年）

中华人民共和国农业农村部

"中国鱼糕之乡"授牌仪式

授予：湖北省荆州市公安县

中国鱼糕之乡

湖北·公安

▲ 2010 中国荆州淡水渔业展示交易会开幕式

▲ 2011 中国荆州淡水渔业博览会开幕式

▲ 2015 年，首届鱼禾园杯休闲垂钓节垂钓比赛现场

▲ 荆州味道 ——"荆州好渔"授牌仪式

▲ 组织企业参加中国国际农产品交易会，展示宣传荆州渔业

▲ 2017 年举办首届湖北·监利黄鳝节

▲ 2019 年，首届湖北·荆州鱼糕节在公安县举办

▲ 监利龙虾挑战大世界基尼斯纪录

▲ 小龙虾加工车间一角

▲ 全自动化加工车间

▲ 2013年，国家级淡水产品批发市场落户荆州

▲ 位于监利市朱河镇的中国虾仓——监利小龙虾交易中心

◀ 2017 年，湖北省水产产业研究院在荆州高新区正式挂牌成立

▶ 黄颡鱼工厂化鱼苗繁育技术在监利天瑞渔业有限公司通过专家验收

◀ 长江大学新型农民职业培训

▶ 2009 年渔业科技服务年启动仪式

▲《荆州水产志》专家评审会在荆州市农业农村发展中心会议室召开

▲《荆州水产志》编写委员会成员合影

荆州是名副其实的中国
淡水渔业第一市，其成就
与经验有助于推动淡水渔
业可持续发展。

桂建芳

2022.1.18

中国科学院院士桂建芳题词

擦亮荆州 水产名片
打造中国淡水渔都

张显良

原农业农村部渔业渔政管理局局长张显良题词

总结历史经验　承前启后

再创更大辉煌　继往开来

崔和

中国水产流通与加工协会会长崔和题词

荆州水产品质优量大品种多，
水产业成为荆州支柱产业，农
民增收致富乡业。

王守卫

2022, 2. 15. 荆州

原荆州市政协主席王守卫题词

荆州水产志

荆州市农业农村发展中心 编

化学工业出版社

·北京·

内容简介

湖北荆州是鱼米之乡，是农业大市，更是水产大市。荆州水域辽阔，水资源丰富，水生生物资源优势明显，发展水产生产条件得天独厚。

应党的号召，长江沿岸地区应以"共抓大保护、不搞大开发"为战略导向，以推动长江经济带发展。《荆州水产志》共十章，全面系统地记述了新中国成立以来荆州市渔业环境、水产资源、水产养殖与种植、水产捕捞、渔业经济体制、水产科技与教育、渔政管理、水产行政机构、渔业文化等方面的演变情况，全面反映了荆州水产业的历史变迁和发展历程。同时对辖区内8个县市区水产概况进行了简要叙述。

图书在版编目（CIP）数据

荆州水产志 / 荆州市农业农村发展中心编. —北京：化学工业出版社，2023.4
ISBN 978-7-122-42938-4

Ⅰ.①荆… Ⅱ.①荆… Ⅲ.①水产志-荆州 Ⅳ.①S922.633

中国国家版本馆CIP数据核字（2023）第023316号

责任编辑：李　丽　　　文字编辑：李玲子　药欣荣　陈小滔
责任校对：宋　玮　　　装帧设计：关　飞

出版发行：化学工业出版社
　　　　　（北京市东城区青年湖南街13号　邮政编码100011）
印　　装：大厂聚鑫印刷有限责任公司
710mm×1000mm　1/16　印张15½　彩插9　字数256千字
2023年5月北京第1版第1次印刷

购书咨询：010-64518888　　　售后服务：010-64518899
网　　址：http://www.cip.com.cn
凡购买本书，如有缺损质量问题，本社销售中心负责调换。

定　　价：119.00元　　　　　　　　版权所有　违者必究

编写委员会

主　任　杨从国

副主任　欧阳金旭

委　员　赵恒彦　郑维友　潘国才　习佑军　肖其雄
　　　　曾德才　柴　毅　刘平利　杨从国　欧阳金旭

顾　问　陈　斌　肖家浩　陈福斌　黄服亮　王　刚

编写人员名单

主　编　赵恒彦

副主编　郑维友　潘国才

参　编　肖其雄　习佑军　张治平　柴　毅　王同连
　　　　刘小莉　王传阶　杨代勤　倪　蓉　叶雄平
　　　　张　弘　雷代敏　赵　帅　李德平　聂慧慧
　　　　张　新　周　平　谢康乐　何德雄　潘　宙
　　　　汪　伟　李诗模　陈华彬　曾继参　王英雄
　　　　吴长明　李可壮　刘恒芬　杜小兰

中国水产看湖北，湖北水产看荆州。

荆州地处江汉平原腹地，素称"鱼米之乡"，大小河流纵横交错，湖库塘堰星罗棋布，是全国内陆水域最广、水网密度最高的地区之一，全市共有水域面积353550公顷，占全市总面积的25.13%，长江流经荆州里程483千米，占流经湖北省里程的一半左右。在华夏疆域中，荆楚大地一向以水资源丰富而著称。区域内虾、蟹、龟、鳖、鱼等水产品及莲藕、菱角等水生植物资源极为丰富，水产品总量连续20多年位居全国地市级淡水产品产量之首，荆州市是名副其实的"中国淡水渔业第一市"。

近年来，荆州水产坚持以新时代中国特色社会主义思想为指导，树立"创新、协调、绿色、开放、共享"五大发展理念，按照"竞进提质、升级增效"的总要求，坚持生态优先，突出质量和效益，加快产业化发展步伐，逐步实现从传统的捕捞加养殖型渔业向现代化的生态高效型渔业转型，走上了一条健康可持续发展之路。水产业已成为农村经济中最具活力的特色优势产业和支柱产业，成为促进农业稳定发展、农民持续增收的亮点产业。洪湖市成为"中国淡水水产第一市（县）"，监利市成为"中国小龙虾第一市（县）"，公安县成为"中国鱼糕之乡"，石首市成为"中国长吻鮠之乡"。

本人曾在水产业工作，今又在荆州工作，不了解荆州水产业的历史和现状，是很难富有成效地为荆州发展做出贡献的。所谓"不览古今，论事不实"。《荆州水产志》的问世，满足了这一需求，实现了本人的夙愿，更是填补了荆州水产无志可鉴的空白。

在浩瀚的历史长河中，勤劳勇敢的荆州水产人，凭借着筚路蓝缕、奋发创新的拼搏精神，创造了不少惊天动地的业绩，尤其是20世纪改革开放以来，为发展水产事业进行了卓有成效的工作。因此，有许多生动史实需要记载，有大量珍贵资料需要辑存，有丰富的经验需要总结，还有不断涌现的渔业文化需要传承。也正是基于这一点，我为《荆州水产志》的出版感到高兴。

《荆州水产志》客观地记载了全市水产捕捞业、养殖业、加工业、休闲渔业、文化餐饮业以及科技、经营和管理等诸多方面的演变情况，反映了荆州市水产业的主貌。在长达两年的收集、核实、整理和编纂过程中，凝聚了许多人心血，是荆州水产人辛勤汗水的结晶。虽有不足之处，但我深信，它对于今后各级领导和广大干部群众关心水产、支持水产、发展水产将起到积极的推动作用，对于在发展水产事业过程中了解历史、分析现状、总结经验、开拓创新必将发挥利今惠后的现实作用。

2022 年 1 月

荆州市市委常委、组织部长，原湖北省水产局局长

凡例

一、本志以马克思列宁主义、毛泽东思想、邓小平理论、"三个代表"重要思想、科学发展观和习近平新时代中国特色社会主义思想为指南，坚持历史唯物主义和辩证唯物主义观点，实事求是记述荆州水产业的历史和现状。

二、本志的时间断限，上限为 1949 年，下限为 2019 年。

三、本志记述荆州水产业的内容，主要来源于文书档案，广泛征集有关文献、史料、专著、报纸杂志等，其中有部分为口述资料。使用资料为转述方式，不注明出处；所有数据，以正式统计年报为主要依据。行文采用记述体。

四、本志为述、记、志、图、表、录多体并用，以志体为主。志，按章、节、目层次排列，横陈门类，纵述始末；大事记，以编年体为主，间有记事本末体；概述及分单位记述的内容，以纵述为主。

五、地名、机构按当时的名称书写，机构名称太长者，第一次用全称，以后用简称。长度单位有千米、米、厘米；面积单位有公顷、平方米、亩；质量单位有吨、千克、克、毫克；产值等数值，除注明外，均按当时统计时计量单位记述。

六、记述时间，采用公元纪年。中华人民共和国成立前、后，简称新中国成立前、后。

目录

第三章　水产养殖与种植　/ 071

第四章　水产捕捞　/ 101

第五章　渔业经济体制　/ 107

概述

荆州

荆州是中国淡水渔业第一市，气候温和、光源充足、雨量充沛、无霜期长，适宜鱼类、饵料生物和水生经济动植物生长，且湖泊塘堰星罗棋布，河港沟渠纵横交错，为发展水产业提供了得天独厚的条件，素有"鱼米之乡"的美誉，是全国重要的商品鱼基地。

晚清时期，清政府设劝业所兼管水产业。民国期间，各县政府由建设科兼管水产业，并在一些大型湖区设立专管渔业的机构，但仅为征收渔课（渔税）。渔业沿用传统捕捞方式，生产水平低下，渔民被视为"渔花子"，深受湖主、渔霸和渔行压榨盘剥。到1949年，荆州地区成鱼总产量18755吨，几乎全为天然捕捞，渔业占农业总产值1.9%。

新中国成立后，荆州专署设"湖业管理局"（后改为水产局）管理渔业，人民政府在湖区进行民主改革，打倒湖主渔霸，组织渔民恢复生产。1951年，荆州专署提出"试办国营水产养殖企业，由捕捞逐步过渡到养殖"的渔业发展方针，先后建立3个国营渔场和一批集体渔场，也涌现一些水产养殖专业户和重点户（简称两户），初步形成以国营和集体渔场为主体、以"两户"为补充的渔业生产格局。1959—1960年，家鱼人工繁殖实验成功，结束了荆州养鱼依赖天然鱼苗的历史，为水产事业的发展揭开了新的一页。与此同时，对旧渔具进行了改造，引进三层刺网用于湖泊水库深水捕捞获得成功。到1965年，水产品总产量33900吨，其中养殖产量12560吨，占37.05%。

"文化大革命"期间，水产管理机构撤并，科研人员星散，在"以粮为纲"单一经济格局下，围湖造田，毁塘插秧，水产品总产量长期徘徊在30000吨左右。1978年，荆州地区驻江陵县，辖沙市市及江陵、松滋、公安、石首、监利、洪湖、沔阳、天门、潜江、钟祥、京山、沙洋、荆门13个县，水产可养殖面积192.89万亩（湖泊128.8万亩、塘堰24.46万亩、水库30.85万亩、河港沟渠8.10万亩、精养鱼池0.62万亩），其中已养殖面积96.60万亩（湖泊51.31万亩、塘堰19.81万亩、水库20.9万亩、河港沟渠3.96万亩、精养鱼池0.62万亩）；水产品产量37735吨，其中成鱼产量29215吨，养殖鱼产量18905吨；渔业产值1900万元，仅占农业总产值的0.63%，比1949年下降1.27个百分点。

1979年，为调整农业内部结构，荆州地委、行署提出新的渔业发展方针：加强基本建设，革新养殖工艺，促进水产生产向专业化、商品化方向发展。监利、江陵等10县成为全国商品鱼基地县。国家、集体投资兴建了一批高标准的精养鱼池。农村实行家庭联产承包责任制后，农户纷纷承包塘堰养鱼，投资开挖精养鱼池。全区渔业从粗养向精养发展，从单纯养鱼向鱼、猪、珠、林、果、禽综合开发的生态渔业方向发展。1979—1980 年，国家投资 765.09 万元，建设了 125 个国家商品鱼基地，累计建成精养鱼池面积 3.33 万亩。1980 年，全区水产可养殖面积 168.80 万亩（湖泊 109.33 万亩、塘堰 23.60 万亩、水库 25.51 万亩、河港沟渠 6.03 万亩、精养鱼池 4.33 万亩），其中已养殖面积 75.26 万亩（湖泊 35.17 万亩、塘堰 18.14 万亩、水库 15.5 万亩、河港沟渠 3.52 万亩、精养鱼池 2.93 万亩）；水产品产量 36695 吨，其中成鱼产量 32315 吨，养殖鱼产量 23880 吨；渔业产值 2274 万元，占农业总产值的 1.6%。

1981—1985 年，国家投资 1327.6 万元，又建设了 375 个国家商品鱼基地，总计达到 500 个，累计建成精养鱼池面积 9.70 万亩。1985 年，全区有渔业专业乡镇 2 个，渔业村 53 个，水产可养殖面积 222.58 万亩（湖泊 127.83 万亩、塘堰 48.15 万亩、水库 27.51 万亩、河港沟渠 6.0 万亩、精养鱼池 13.09 万亩），其中已养殖面积 127.19 万亩（湖泊 49.94 万亩、塘堰 41.78 万亩、水库 18.74 万亩、河港沟渠 4.05 万亩、精养鱼池 12.68 万亩）；水产品产量 120620 吨，其中成鱼产量 116211 吨，养殖鱼产量 107658 吨；渔业产值 10748.63 万元，占农业总产值的 3.6%。全区人均水产品占有量达到 18 千克。

1992 年，全区水产可养殖面积达到 234.44 万亩（湖泊 118.01 万亩、塘堰 47.30 万亩、水库 20.38 万亩、河港沟渠 7.92 万亩、精养鱼塘 40.83 万亩），其中已养殖面积 154.55 万亩（湖泊 54.99 万亩、塘堰 41.6 万亩、水库 10.5 万亩、河港沟渠 6.64 万亩、精养鱼池 40.82 万亩）；水产品总产量 303238 吨，占全省三分之一以上，其中养殖产量 266915 吨，占 88.02%，捕捞产量 36323 吨，占 11.98%；区人均水产品占有量达到 28 千克。渔业总产值近 13 亿元，在农业总产值的比例上升到 10.2%，比 1978 年增长 9.57 个百分点。商品鱼基地建设，是十四年中突破性发展举措，其中国家投资 3864 万元，兴建国家商品鱼基地渔场 727 个，开挖鱼池 13.76 万亩，地方筹措资金开挖鱼池 27.07 万亩，共开挖鱼池 40.83 万亩，精养鱼池产量占全区养殖鱼总产量的 50.76%，成为荆州渔业中坚力量。

1994 年 10 月 22 日，荆州地区和沙市合并成立荆沙市，新的荆沙市辖原荆州地区的松滋、公安、监利、京山四县，钟祥、石首、洪湖三市及新设立的沙市、荆州、江陵三区；仙桃、天门和潜江三市划由省直管。全市水产可养殖面积 213.45 万亩，水产放养面积 146.55 万亩（湖泊 46.32 万亩、塘堰 31.36 万亩、水库 19.53 万亩、河港沟渠 5.12 万亩、精养鱼池 41.16 万亩、其他 3.06 万亩）；水产品总产量 33.38 万吨，其中养殖产量 27.44 万吨，占 82.20%，捕捞产量 5.94 万吨，占 17.80%。渔业产值 16.45 亿元，占大农业总产值 14.3%。

1996 年荆沙市更名为荆州市，京山县和钟祥市划出。水产养殖面积 117.27 万亩（湖泊 43.16 万亩、塘堰 18.48 万亩、水库 6.35 万亩、河港沟渠 4.26 万亩、精养鱼池 40.66 万亩、其他 4.36 万亩）；水产品总产量 31.71 万吨，其中养殖产量 25.42 万吨，占 80.16%，捕捞产量 6.29 万吨，占 19.84%。渔业产值 16.31 亿元，占大农业总产值 18.3%。

1994—2005 年，荆州水产业以效益渔业、规模渔业、生态渔业、品牌渔业为重点，大力推进渔业基础设施建设、生态环境建设、服务体系建设和质量管理建设，发展名特优水产品养殖生产，推行水产产业化，宣传贯彻《中华人民共和国渔业法》，水生生物资源得到合理利用和有效保护，由数量渔业向质量渔业转变、由传统渔业向现代渔业转变。2000 年，市委、市政府印发了《关于加速发展水产业的决定》，2002 年，市委出台了《关于加快发展水产业若干政策问题的意见》，全市水产业得到了突飞猛进的发展。全市水产养殖面积由 97370 公顷增长到 112890 公顷，水产品产量由 33.38 万吨增长到 65 万吨，渔业产值由 16.45 亿元增长到 48.94 亿元。2005 年，水产养殖面积 112886 公顷（湖泊 39342 公顷、塘堰 9658 公顷、水库 3396 公顷、河港沟渠 6938 公顷、精养鱼池 47783 公顷、其他 5769 公顷）；水产品总量 65 万吨，其中养殖产量 55.86 万吨，占 85.94%，捕捞产量 9.14 万吨，占 14.06%；渔业产值达到 48.94 亿元，占大农业总产值 23.55%。

2005 年底，由于机构改革，荆州市水产局撤销，成立水产办公室，成为荆州市农业局内设科室，副县级单位。

2007 年，市委市政府提出了"重抓水产"的战略，恢复荆州市水产局为正县级单位，归口市农业局管理。并成立了以市委书记应代明任组长，以分管农业副书记、人大常委会副主任、政府副市长任副主任，市委、市政府副秘书长、市直相关部门负责人为成员的荆州市水产工作领导小组，全面实施《水产业壮大工程》，到 2010 年，全市水产业实现"211"目标（水产养殖面积达到 200 万亩，产量达到 100 万吨，产值达到 100 亿元）。2007 年 9 月，《荆州市现代渔业经济区发展规划》在武汉通过了由刘健康院士担任组长的专家评审。2007 年 10 月，在洪湖市召开第一次全市水产工作现场会。

2007—2009 年，全市分别在洪湖市、监利县、公安县、石首市和荆州开发区等地召开了 5 次全市水产工作现场会，从结构调整、秋冬开发、优化模式、科技创新、水产品加工等方面加大政策和资金支持力度，掀起了大力发展水产业的新高潮。2008 年，全市有洪湖市、监利县、公安县、石首市和荆州区 5 个县市区被评为全省水产大县，占全省的四分之一。2009 年，全市水产业"211"目标提前一年实现，水产养殖面积达到 211.86 万亩，水产品总产量达到 100.04 万吨，渔业总产值达到 126 亿元，分别占全省的 21.6%、29.6%、27.5%。为此，市委、市政府隆重表彰洪湖市、监利县、公安县、石首市 4 个水产工作先进县，监利县棋盘乡、洪湖市滨湖办事处、监利县汴河镇、荆州区纪南镇、石首市东升镇 5 个水产五强乡镇，洪湖市螺山镇、公安县夹竹园镇、石首市调关镇、沙市区观音垱镇、荆州区马山镇 5 个特色水产乡镇，德炎水产食品股份有限公司、湖北越盛水产食品有限公司、洪湖市井力水产食品有限公司、荆州市中科农业有限公司、湖北金鲤鱼食品有限公司 5 个五强水产加工企业及 14 个先进市直单位。

2010 年 10 月 12 日，荆州市政府举办了首届中国荆州淡水渔业展示交易会。农业部副部长牛盾、农业部渔业局局长李健华、湖北省人大常委会副主任罗辉、湖北省副省长、湖北省农业厅厅长祝金水、湖北省水产局局长王兆民等领导出席开幕式。本届展示交易会是一次全国淡水渔业发展中的一次盛会，展会共有全国 17 个省市的 293 家水产企业、专业合作社和科研推广机构参赛参展，20 多家媒体跟踪报道。开幕式上，中国渔业协会常务副会长林毅向荆州市颁发"中国淡水渔业第一市"匾牌。2010 年，全市水产养殖面积达到 220 万亩，水产品总产量达到 104.30 万吨，渔业总产值达到 136 亿元。

2011 年 9 月 27 日，第二届中国荆州淡水渔业博览会在荆州奥体中心开幕，市委书记李新华致辞。荆州将以渔博会为契机，加快渔业可持续发展，打造水产第一强市和长江流域绿色水产品加工示范市。

为解决养殖品种单一、抗市场风险能力低下、效益不高等问题，全市采取"一鱼一产业"发展措施，大力发展小龙虾、黄鳝、河蟹、龟鳖、黄颡鱼、鳜鱼六大产业，推广小龙虾野生寄养、中华鳖与黄颡鱼"18221"养殖、虾蟹混养、青鱼专养、鳜鱼专养、鱼鳖混养、二年段网箱养鳝、80：20 养殖、全雄黄颡鱼专养、泥鳅专养模式。2012 年，全市水产养殖面积 220 万亩，水产品产量 90.07 万吨。其中荆州小龙虾产量 12.8 万吨，占全省的 42.6%，全国的 23.3%；黄鳝产量 6.5 万吨，占全省的 45%，全国的 20%；河蟹产量 8.4 万吨，占全省的 72%，全国的 16%；龟鳖产量 2.3 万吨，占全省的 70%，全国的 6.3%；黄颡鱼产量 2.7 万吨，占全省的 39%，全国的 10.5%；鳜鱼产量 2.3 万吨，占全省的 74%，全国的 8%。

2013 年 1 月 8 日，农业部和湖北省政府在荆州签署合作协议，部省联手，共同支持荆州建立国家级淡水产品批发市场。农业部副部长陈晓华代表农业部签字。国家级淡水产品批发市场落户，标志着荆州水产市场流通体系再上一个新台阶。农业部和省政府协定，双方在发展现代物流、提升辐射能力、创新交易方式、壮大市场主体、支持科研开发、发展会展经济、强化信息服务、发展渔业观光等 8 个方面开展全方位合作，力争在 5 年内，通过完善设施、完备功能、科学管理、规范运营，将荆州淡水产品批发市场建设成集淡水产品交易与商务办公、产品展示、旅游观光、渔业文化体验相结合的国家级大市场，建成全国的淡水产品物流集散中心、价格形成中心、信息传播中心、会展贸易中心、科技交流中心和渔业文化旅游中心，推动湖北省淡水渔业率先实现专业化、标准化、规模化和集约化，引领全国淡水渔业发展。2013 年，全市水产养殖面积达到 224 万亩，水产品产量 95.48 万吨，渔业产值 173.2 亿元。

从 2014 年开始，荆州水产在发展"生态渔业、科技渔业、品牌渔业"的指导思想下，水产养殖主要以精养鱼池和稻田综合种养为主，湖泊、水库等大水面采取湖泊拆围、水库限养、取缔珍珠养殖等生态保护措施，水产养殖面积逐年减少。到 2017 年，全市水产养殖面积下降到 211.95 万亩，其中湖泊养殖面积 12.77 万亩、水库养殖面积为 0、河沟养殖面积为 0.88 万亩、精养鱼池养殖面积 197.19 万亩、其他养殖面积 1.11 万亩，稻田水产养殖面积 208.52 万亩（不统计在总面积中）。水产品产量达到 109.77 万吨，其中养殖产量 106.38 万吨，占 96.91%，捕捞产量 3.39 万吨，占 3.09%。渔业产值达到 259.9 亿元。

2018 年，全市湖泊拆除围栏、围网、网箱设施 23.81 万亩，取缔珍珠养殖面积 2.28 万亩，规范整治投肥养殖水面 10.8 万亩。全市承包租让的 169 个湖泊中，已收回承包经营权 58 个。为保护长江流域水生生物资源，自 2018 年 7 月 15 日起，全市对长湖鲌类国家级水产种质资源保护区等 22 个水生生物保护区实施了全面禁捕。全市水产养殖面积 197 万亩，全部为精养鱼池面积；水产品总产量 108.99 万吨，其中养殖产量 106.79 万吨，捕捞产量 2.2 万吨；渔业产值 238.72 亿元。

2019 年，全市依托丰富的水资源，良好的自然环境，大力发展生态渔业，水产养殖面积保持 197 万亩，水产品产量达到 112.2 万吨，占全国淡水产品总量的 2.95%，占全省 29.5%，连续 25 年位居全国地级市之首；渔业产值 235.19 亿元。年人均水产品占有量 172 千克，比全国高 126 千克，约是改革开放前的 10 倍。

全市坚持生态优质高效的发展理念，大力推行以虾稻共作为主的稻渔综合种养模式，突破性发展小龙虾产业，探索了一条稳定粮食生产、促进农民增收的新路，小龙虾产业已成为荆州农业农村经济的支柱产业、特色产业、扶贫产业和小康产业，有效破解了困扰"三农"工作的粮食安全、农民增收、农产品质量安全和农村生态修复等问题。2019 年，荆州小龙虾养殖面积 328 万亩，其中虾稻共作面积 254 万亩，超过全省虾稻共作面积的 1/3，小龙虾产量 40.7 万吨，占全省产量的 47%，占全国产量的 25%，产值占全市农业总产值的 14.3%，占农民人均纯收入的 10% 以上，全市小龙虾从业人员 15 万名以上，近两年来每年有 1 万多户，3 万多人脱贫致富。一二三产业综合产值超过 550 亿元。据《中国小龙虾产业发展报告（2019）》，在全国小龙虾产量十强县市中，荆州占据四席，其中监利县、洪湖市、公安县、石首市分别位居第一、第二、第七、第九。

荆州水产大事记

1949年

7～9月，长江、汉江接连发生特大洪水，监利、江陵、石首、松滋、天门、潜江等县多处溃堤成灾。

10月，荆州专署设湖业管理局管理渔业，人民政府在湖区进行民主改革，打倒湖主渔霸，组织渔民恢复生产。

全区从事渔业专业捕捞2647名，捕捞产量18630吨。

1950年

是年，部分湖区开展湖改，成立渔民协会、渔民小组等组织机构，领导渔民生产。

7月17日，荆州专署湖业管理局正式成立，直属荆州行政公署领导，首任局长魏振华。内设置秘书、生产、湖税三个科，干部16名，下设江陵、松滋、公安、天门、潜江、荆门、钟祥和长江湖业管理局，长江湖业管理局归专局直接领导。

1951年

1月，沔阳专区撤销，又划入石首、监利、洪湖、沔阳四个县湖业管理局。荆州专署提出"试办国营水产养殖企业，由捕捞逐步过渡到养殖"的渔业发展方针，先后建立了3个国营渔场和一批集体渔场，也涌现了一些水产养殖专业户和重点户（简称两户），初步形成了以国营和集体渔场为主体、以"两户"为补充的渔业生产格局。

3月底，湖泊开始人工放养。荆州专署发出关于修订各县湖泊管理暂行办法（草案）的通知。

6月20日，"荆州专署湖业管理局"更名为"荆州专区水产局"，干部13名，各县湖业管理局相继更名为水产局。

7月，经省批准成立"湖北省沙市水产市场"，旨在加强对水产市场的管理。并分设成立沙市水产品加工厂，从事渔需物资的简单加工。

1952年

12月，专区水产局更名为"荆州专员公署水产科"，内设统计财务股、秘书股、生产指导股，干部8名，各县局也进行了相应更名。"湖北省沙市水产市场"更名为"荆州专署水产供销公司"，各地也相继建立水产供销站。

1953年

1月，全区先后开展水上民主改革，8月全部结束。

7月，中国科学院水生生物研究所湖泊调查队来本区，对沿江湖泊进行资源调查，为期两个半月。

1954年

是年春，经省批准在荆州设立"湖北省第三水产技术推广站"，定编55名，地址设在荆州东门。

5月5日，地委作出《发展渔业生产，开展互助合作运动》的决定，随后各地组建了1426个渔业生产互助组。

7月，全区渔业生产遭受大水灾，30个国营养殖场和植莲场2.41万亩水产养殖面积全部受灾。

8月，专署召开渔业生产救灾紧急会议，要求挖掘渔业潜力，广开生产自救门路，允许灾民渔民进入养殖湖作业。

1955年

2月22日，沙市市划归荆州专署领导。

3月13日，地委发出《关于开展互助合作为中心的春耕生长运动的指示》，全区渔业生产合作社扩大到3100多个。

4月，荆州专员公署水产科改为荆州专区水产分局。刘天光任分局局长。

7月，地委召开全区渔业互助合作专职干部会议，总结渔业互助合作工作经验。

1956年

是年春，沙市窑湾鱼种场正式成立，随后，江陵县泥港湖渔场也相继成立，成为全区最大的国营渔场。

是年，全区推广广东大草养鱼法和混合堆肥法，养殖鱼种成本低，成活率高。

是年，全区各县相继成立水产技术推广站（股）。

1957年

1月，荆州专区水产分局改为荆州专员公署水产局，局长李国清。

2月，全区召开苗种产销会议，江河鱼苗捕捞产量达到104248万尾。

7月25日，地委发出《关于贯彻落实省委十届水产会议精神加强湖区工作领导的指示》。要求以县为单位，全面规划，统一安排。每县除留2～3个湖泊作为国营渔场养殖增产示范外，其余的湖泊一律交给群众经营使用或群众联营或国营与合作社合营。

1958年

1月，本地区3名代表赴北京参加全国水产工作会议。

2月21日，专署水产局与地委农村工作部渔林科合并成立"荆州专区水产工作委员会"，内设办公室、国营企业管理科、合作指导科技术推广站，主任李寿山（副专员兼）。

3月31日，窑湾鱼种场精选5厘米的草鱼20万尾，鲢鱼21万尾，首次空运武汉转广州，开创了鱼苗空运的历史。

全区开展农业生产"大跃进"，为提高产量，酷渔滥捕盛行。以洪湖为例，每日下湖船只6000只以上，劳力达万余人，掠夺式渔具"迷魂阵"增多，连一两重的小鱼苗也不放过。

是年，出现"浮夸风"，县县虚报"亩产万斤塘"。

1959年

3月，洪湖、仙桃、京山水产技术推广站（股）先后改为水产研究所。

5月11日，地委发出"中央关于分配私人自留地，以利发展猪、鸡、鸭、鱼问题的指示"。

11月，地委发出"关于结合'五改'进行水产生产基本建设的指示"。要求水产基本建设以开挖鱼池为中心，解决鱼种自给自足。苗种力求做到"自捞、自养、自放"。

1960年

1月，地委、专署召开专门会议，要求农村口粮每人每天半斤米，大种蔬菜，组织打猎、捕鱼、摸虾，解决温饱。

2月，恢复"荆州专署水产局"，干部16名。

5月，潜江县水产局与中国科学院水生生物研究所合作，取得家鱼人工繁殖实验成功，首次获得人工繁殖鱼苗14万尾。结束了荆州养鱼依赖天然鱼苗的历史。

6 月 4 ～ 6 日，苏联渔业考察团一行 15 名访问洪湖县。

6 月 10 日，专署水产局在窑湾鱼种场召开现场会议，号召各地大捞鱼苗，大养鱼种，大放鱼种。

1961年

5 月 25 日，专署水产局印发《关于水库渔业经验管理办法的意见》。要求水库以渔为主，大力发展多种经营。

6 月 10 日，专署水产局印发《关于中小型湖泊、水库、塘堰分权管理意见》。

8 月 30 日，专署发出《关于加强成鱼捕捞工作的指示》。

是年，沙市水产品加工厂更名为荆州地区渔具加工厂，主要加工网线、网绳、网、网布等渔需物质。

省第三水产技术推广站自东门迁至荆州西门外的白龙潭并更名为"荆州专区水产试验所"，配有 30 余亩生产试验鱼塘和一口成鱼养殖塘。

1962年

6 月，中国科学院研究员倪达书教授到原江陵县太晖观渔场参观苗种生产、运输和拉网、除野、过筛、输氧半自动装置展览。

是年，本区有 1 名代表赴北京参加全国水产工作会议。

1963年

1 月，专署水产局制定了《水产养殖技术操作规程》，在全区推广实施。

4 月，全区召开家鱼人工繁殖工作会议。

1964年

3 月，专署水产局印发《鲢、鳙、草鱼人工繁殖技术操作规程》。

4 月，中国科学院研究员倪达书教授一行数人再次到庙湖渔场视察湖泊养鱼。

1965年

3 月，水产部长江水产研究所由南京迁到沙市。

6 月 9 日，专署水产局发出《关于立即做好鱼病防治工作的紧急通知》。

是年，各地举办家鱼人工繁殖技术培训班 15 期，培训学员 490 名。

1966年

3月，荆州地区水产科学研究所与长湖管理处合作，由技术员林梅萼设计，兴建产卵、孵化、收苗全程自动化家鱼繁殖成套设备，使鱼苗繁育产卵率、孵化率、成活率显著提高，在省内外推广。

6月，"文化大革命"开始，各级水产部门瘫痪。

1967年

水产养殖面积98.93万亩，水产品总产量30210吨，其中养殖鱼产量10590吨，国营成鱼产量2585吨。

1968年

9月11日，撤销"荆州专署水产局"，成立"荆州地区水产局革命领导小组"，隶属地区革命委员会农林水领导小组领导。组长缪国斌。

1969年

水产养殖面积94.97万亩，水产品总产量38365吨，其中养殖鱼产量10560吨，国营成鱼产量2880吨。

1970年

是年，水产业务划归地区革命委员会农林局。

1971年

3月，洪湖螺山植莲场当年插片3500个河蚌，吊养在4亩池塘中，次年3月解剖3个河蚌就取珠120粒。珍珠养殖取得成功。

1972年

是年，水产业务划归地区革命委员会水电科、水利电力局。局长任和亭。

4月，省投资2万元在洪湖新闸的第四、五两孔安装灌江纳苗的专用设备。

10月，洪湖县珍珠培育成功，其产品参加广州渔业展会。

12月，沔阳排湖电排河利用长13千米的河道800亩水面投放鱼种46万尾，年底捕捞成鱼10879千克。

1973年

是年，荆州地区水利、电力局分开，水利局内设水产组。

局长任和亭，副局长毛善远兼管水产。

8月19～25日，全省水产生产会在麻城明山水库召开，水产组派人参加。

1974年

是年，公安县试养团头鲂和杂交鲤鱼等优良品种获成功。

8月，长江水产研究所创办《淡水渔业》杂志刊物，在全国公开发行。

1975年

1月9～12日，组织人员参加在浠水县召开的全国淡水鱼类新品种推广座谈会。

是年，荆州地区水产技术推广站与荆州地区水产研究所合并，占地1000余亩。

1976年

4月，庙湖渔场与国家水产总局长江水产研究所协作，进行荷包红鲤与源江鲤杂交制种试验。

4月，中央决定由原江陵县向罗马尼亚提供人工繁殖四大家鱼技术。

5月，荆州水产学会正式成立。

8月，新疆维吾尔自治区专程派出代表团前来学习荆州镇发展城镇养鱼的经验。

1977年

4月21～27日，参加全省水产工作会议，学习贯彻全国水产会议精神，交流经验，进一步开展渔业学大寨。

1978年

全区水产可养面积192.83万亩，其中已养殖面积96.6万亩；水产品产量37735吨，其中成鱼产量29215吨，养殖鱼产量18905吨；渔业产值1900万元。

1979年

1月2日，恢复"荆州地区水产局"，归口地区财办领导，内设人秘、生产、计财三个科，干部18名，各县相继恢复水产局机构。

12 月 25 日，全国淡水鱼商品基地座谈会在洪湖召开。洪湖县被定为国家商品鱼基地县。

1980年

1 月 11 日，监利渔民在柘木乡观音洲江段捕获一头白鳍豚，交中国科学院水生生物研究所饲养，取名"淇淇"。

2 月 28 日，水产局改归行署农办领导，12 月 27 日更名为"荆州地区行政公署水产局"，干部 19 名。

10 月，江陵县水产研究所担负荷元鲤的制种与推广，获农业部科技成果三等奖。

是年，京山雁门口大观桥渔场在水库放养 9 口网箱试养两季鱼种，收获 10 厘米以上鱼种 18.39 万尾。

1981年

1 月，国家农业委员会和国家科委一行到荆州江陵县颁发荷元鲤科技成果奖状及奖金。

3 月，国家农委副主任何康，国家水产总局局长肖鹏、副局长肖峰和张昭，中国水产科学研究院党委书记张子林等视察调研江陵县资市公社平渊四队家庭养鱼情况。

10 月，国家确定荆州地区为全国 5 个淡水渔业基地之一。从此，荆州加快商品鱼基地建设，全区渔业从粗养向精养发展，由单纯养鱼向鱼、猪、林果、禽综合开发的生态渔业方向发展。

1982年

是年，松滋万家乡开展稻田养殖鱼种成功。国家水产总局赴松滋拍摄《稻田养鱼》电影宣传片，向全国推广。

1983年

监利桥市在洪湖消落区开展立体农业开发，种水稻 400 亩，植红莲 2000 亩、芡实 2000 亩，投放鱼种 27 万尾，产值达 14.5 万元。

4 月，荆州地区组建湖北省荆沙江段中华鲟保护站，定编 7 人。

是年，全区有供销公司 14 个，收购鲜鱼 6300 吨，上调国家 4000 吨。

1984年

国家取消统派购制度，放开水产品价格，水产品进入市场，产销直接见面。

荆州地区专门成立渔政管理机构，组建"荆沙江段渔政管理站"，水产局设立渔政科。

中国科学院水生生物研究所在洪湖进行资源调查。

1985年

是年，洪湖在水产上还取得了几项新的突破：一是蟹苗繁殖，批量生产获成功。二是"围栏养鱼"，初步摸索了一些经验。三是建立"万亩千斤"示范片，进行大面积单产过50千克的技术攻关，亩产成鱼达到70千克，高于全县湖泊平均单产5倍。

10月，湖北省科委及省水产局组织60多名专家，对京山县网箱养鱼技术进行成果鉴定，同时编发《网箱养鱼主要技术规范》，在全区推广。

12月，陈一骏同志主持的"洪湖资源调查"获省科技成果奖。

1986年

3月，国家颁布《渔业法》，根据法律要求，地区设立了"荆州地区渔政船检港监管理站"（正科级）。

由长江水产研究所和沙市白水滩渔场共同承担的国家"星火计划"项目——"鱼类优良品种繁育基地"沙市水产良种场建成。

8月，陈福斌同志主持的"池塘亩产500千克模式图"获地区科技进步三等奖。

10月，经省、地两级批准成立"荆州地区水产学校"，占地面积约60余亩。开设淡水养殖和渔业经济两个专业。

1987年

4月，荆州地区渔业经济研究会成立，理事人数34名，会员人数168名。

8月8日，"江陵、沙市池塘养鱼大面积增产技术"通过省级科技成果鉴定。

是年，长江水产研究所从古巴引进牛蛙被列为国家星火计划重点攻关项目。

1988年

5月，国家农牧渔业部和省水产局指定由荆州地区水产科学研究所空运200

多万尾青鱼苗到原苏联。荆州地区水产科学研究所不仅顺利完成这项国际任务，同时还引进了乌克兰 3 厘米规格的镜鲤 1000 尾。

全省渔业经济获奖学术论文 60 篇，其中荆州获奖论文 29 篇，占 48.33%。

1989年

沙市市相继推广古巴牛蛙、螃蟹养殖，郊区有牛蛙养殖专业户（单位）818户，养殖水面 1348 亩。

沙市关沮乡白水村农民张传喜开始人工养殖甲鱼，自筹资金建鱼池 4 个，面积 1.50 亩，收获甲鱼 725 千克，销售毛收入 3.2 万元。

1990年

国家农业部"丰收计划"项目——池塘养鱼大面积高产综合技术，圆满完成了各项技术指标，通过了部省验收。

全区开展"五看五比"竞赛活动，水产业由速度型向效益型转变，社会效益和经济效益同步增长。

全区鱼类养殖突发暴发性传染病，主要危害花白鲢，发病面积大，死亡率为14.3% ～ 53.3%。

1991年

1 月 12 日，荆州地委、行署召开座谈会，专题研究"八五"时期水产业发展规划。

1 月 18 日，国家水产技术推广总站谢忠明处长由省水产局副局长杨永铨、科教处处长林家炯陪同来荆调研农业部"水产技术推广运行机制"情况。

1 月 29 ～ 31 日，省政府召开湖北省水产工作暨表彰会，会上省人民政府授予洪湖市政府、仙桃市政府的"水产先进县市"荣誉称号，授予江陵县国营泥港湖渔场、洪湖市水产公司"水产先进单位"荣誉称号。

3 月 2 日，地区编委荆编〔1992〕3 号文件批准设立"荆州地区水产工业公司"，与荆州地区渔具厂实行两块牌子一套班子。

3 月 16 ～ 17 日，荆州地区水产局在来凤宾馆召开全区水产供销工作会议。

4 月 8 ～ 11 日，全区名特水产品养殖基地会议在江陵县召开。

4 月 23 日，荆州地区水产局机关档案管理升级工作通过评审验收，获得"湖北省二级"合格证书。

4月29～30日，地区水产局在荆州召开全区水产局长会议。

5月13日，地区水产局向全区通报了国营松滋南海渔场职工、湖管员陈绍猛、杨忠、朱作金、周洪、杨天旭五人的先进事迹，号召全区广大水产工作者学习他们勇斗歹徒、无私奉献的精神。

5月14～17日，全区名特水产品养殖技术培训在江陵县举办。

5月下旬至7月12日，全区168万亩养殖水面有118万亩受灾，约占放养面积的70.2%，38万亩精养鱼池有24.7万亩受灾，占65%。共损失成鱼67847吨，鱼种15200吨，亲鱼种18.5吨，直接经济损失达21773万元。

9月19日，农业部水产司司长贾建三一行四人来荆检查工作。

10月10日，农业部批复在监利县老江河故道建立一座长江水系四大家鱼种质资源天然生态库。

10月18～20日，鄂、湘、赣、豫27个地市州1991秋季商品交易会在荆州召开。

12月21日，省水产局计财处处长屈仲槐来荆检查渔场工作，阳俊局长陪同前往洪湖、监利、仙桃等县市。

12月28日，农业部水产司水产养殖处朱处长一行34人在石首市参加鱼类种质资源生态库建设论证会。

1992年

1月7～9日，全区渔业"三改一建"及直属企业管理工作现场会在潜江和钟祥县召开。

2月20日，全区暴发性鱼病防治技术培训班在潜江市举办。

2月29日，全区乡镇水产站、渔政站机构、编制测算试点工作在公安县展开。

3月6日，荆州地区水产局、编委在公安县联合召开全区乡镇水产站、渔政站机构编制工作会，布置全区测算工作。

3月20～21日，荆州地区水产局、科委、经委联合开展了荆州地区水产良种场达标验收工作。

4月13日，地区水产局荆水产字〔1992〕03号文件批复地区水产科学研究所在沙市东区开办"荆州地区荆沙水产商行"。

4 月 25 日，地区编委荆机编〔1992〕17 号文件通知，同意地区水产局转办经济实体的改革方案：成立荆州地区水产总公司，企业性质，独立核算，自负盈亏；水产局内部五个科调减为三个科室，编制由原定的 21 名调减为 13 名。

4 月 25 日，荆州地区水产技术推广中心成立，为事业性质。

5 月 20 日，湖北省水产局局长车光彪来荆州调研。

6 月 30 日，"荆州地区渔政监督管理中心站"更名为"荆州地区渔政船检港监管理处"，相当于副县级。内设渔政、行政财会、船检港监环保三科，定事业编制 15 名（荆机编〔1992〕41 号）。

8 月，钟祥县国营南湖渔场被确定为全省水产行业技师评聘试点单位。

9 月 10 ～ 11 日，全省水产行业技师考评工作总结大会在钟祥召开。

10 月 5 日，荆州地区水产学校建设项目通过工程竣工验收，正式交付使用。

12 月 18 日，监利县老江河长江水系四大家鱼鱼种种质资源天然生态库建设项目通过竣工验收。

1993年

1 月 7 日，地区渔政处创办"荆州地区裕振公司"，企业性质，独立核算，自负盈亏（荆水产字〔1993〕03 号）。

3 月 9 日，荆州地区水产学校成立"荆州地区中兴实业发展公司"，法人代表：邵康。

3 月 22 日，长湖管理处组建"荆州地区长湖管理处禽蛋加工厂"（荆水产字〔1993〕09 号）。

5 月 30 日，地区水产总公司成立（荆行办发〔1993〕30 号），此后进行了资产划转和财务移交工作。

7 月 19 日，成立荆州地区渔工贸开发总公司，隶属于洪湖渔业管理局（荆机编〔1993〕13 号）。法人代表：陈罗生。

12 月 6 日，荆沙江段渔政管理站更名为荆沙江段中华鲟保护站。其事业性质、级别、编制和隶属关系不变（荆机编〔1993〕26 号）。

12 月 6 ～ 8 日，全省高产优质高效渔业现场会在洪湖市召开。会议表彰了 10 个渔业生产先进县市和 100 个水产生产经营致富带头户。省委书记关广富做了书面讲话，副书记回良玉、副省长王生铁和荆州地区行署副专员谢作达作了重要讲话。

1994年

8月10日，"实施池塘养鱼产前、产中、产后系列服务"水产技术运行机制项目获省政府科技进步三等奖。

10月，原荆州地区水产局与沙市市水产局合并，成立荆沙市水产局。

12月初，监利县分洪口渔场龚华程作为湖北农村唯一代表出席"全国跨世纪青年人才群英会"，受到党和国家领导人接见，并被授予"中国十大杰出青年星火带头人"称号。

1995年

2月20日，荆沙市水产局召开市直企业工作会议。

4月20日，洪湖管理工作会议在监利宾馆召开。

5月6～8日，荆沙市政府组织50余名的执法队，到海子湖清理整顿渔业秩序，共撤除有害渔具1000余部，其中焚毁800余部。

8月3日，全市水产局长会议召开。

10月23日，副市长郭大孝到长湖水产管理处检查指导工作。

12月6日，全省渔业基地建设现场经验交流会在洪湖市召开。副省长王生铁到会作重要讲话，荆沙市市长张道恒前往看望与会代表。

1996年

1月，全市水产企业、事业单位财务决算汇编双双获得省水产局一等奖。

1月4～6日，全省世行项目第一批开工项目招标在荆州举行，省水产局计财处主持。

3月，全市开展市直水产行业工人技术等级考核，经过申报、培训、考试、考核等程序，全系统共申报331名，其中高级工94名，中级工129名，初级工108名。

3月30日，全省召开"八五"时期水产先进单位表彰大会，荆沙市水产局被省政府授予"全省先进集体"光荣称号。

4月12日，荆沙市编委以荆机编〔1996〕8号《关于荆沙市市直党政机构设置方案的通知》行文，荆沙市水产局正式纳入政府序列。

5月4日，《长湖湖泊管理暂行规定》正式通过。

5月8～11日，国家级"长江四大家鱼"原种场技术路线初设审定会在石首市召开，农业部渔业局计划基建处魏处长，省、市局领导及全国水产专家30余名到会参加审定。

5月15日，农业部渔业局养殖处处长孙喜模到洪湖市调查了解名特优水产品生产养殖情况。

6月10～12日，全国人大常委会委员、全国人大财经委员会委员何康任等一行11名，在省人大常委会副主任徐晓春等有关领导陪同下来荆沙市检查渔政执法情况。

7月18日，荆州（沙）市水产学会组建（合并）成立，市水产学会挂靠市水产局，办公室挂靠市局科技生产科。

7月19～22日，省水产局副局长高泽雄、处长王惠平等同志到洪湖、监利等县市及市直单位查看洪涝灾情。

7月22日，市水产局组织市直单位向灾区捐款3.8万元，衣服490余件送往监利县、洪湖市。

8月20日，市政府副秘书长吴金勇带队组成联合调查组，赴洪湖对"8·17"事件进行了调查处理。

8月23日，荆沙市纪念《中华人民共和国渔业法》颁布十周年和全市水产抗灾夺丰收工作会议在荆州召开。

8月24日，全市10个世行贷款完成编标、评标、招标工作，并与本级计委、财政签订了转贷协议。

8月31日至9月1日，农业部渔业局、省水产局局长车光彪一行9名到沙市区及市国有泥港湖渔场调研了解名特优水产品生产情况。

9月，省财政厅、省水产局拨付国有水产养殖企业救灾款48万元，农业部渔业局拨付救灾补助款15万元。

10月7日，省计委、财政、世行办主任一行来荆考察白水滩及水科所项目建设进度。

10月17日，荆沙市人民政府发出《关于禁止在洪湖水域猎捕水禽的通告》，从1997年10月20日起禁止在洪湖水域猎捕或毒杀水禽。

10月21～23日，全省河蟹养殖现场会在石首市召开。

12月10日，荆沙市水产学校举办建校十周年大庆，省水产局局长车光彪、荆沙市人大常委会主任余永信、副市长郭大孝等领导到会祝贺。

12 月 30 日，经省水产局鄂渔人教〔1996〕08 号文批复同意，荆沙市成立华中农业大学水产学院荆沙市教学辅导站，辅导站办公室设在市水产局政工科，教学基地设在市水产学校。

12 月 31 日，荆沙市人民政府办公室以荆政办发〔1996〕32 号文件发出通知，对市长湖水产管理处经营管理的海子湖认定为海子湖渔港。

是年，水产世行贷款项目首次报账外资折合人民币 3598129.52 元，国内配套资金省计委配套资金 35 万元到位，复合肥折价款 35.24 万元到账，购置桑塔纳轿车三部。

1997年

4 月 16 日，市政府成立工作组赴洪湖处理"蓝田岛"纠纷。到 12 月底，纠纷圆满解决。

5 月 19 ～ 20 日，全省水产产业化研讨会在洪湖市召开。副省长王生铁等领导到会并讲话。

10 月 21 日，全国农业博览会在北京召开。市水产部门 5 个单位报送的 3 个产品在会上参展，并被省农委编入《荆楚农业之窗》。其中洪湖蓝田水产品开发公司参展的"红莲子乳"荣获国家级名牌产品称号。

12 月 10 日，市水产学校与沙市区岑河镇共同研究的科技攻关课题"月鳢人工繁殖及基地建设"，荣获市科技进步二等奖。

1998年

3 月，由市人事局批准，市水产局赵恒彦等 29 人通过考试过渡为国家公务员。

5 月，市水产局保留为市政府工作部门，共设 7 个科室，定编 24 名，其中行政 22 名、工勤 2 名。

11 月 24 ～ 27 日，全市在荆州宾阳饭店举行了 2 期渔政港监人员岗位培训班，省、市领导到会并讲了话。培训班共培训人员 182 名，换发新渔政渔港监督管理证 176 个。

1999年

1 月，全市水产业加大科技兴渔力度，制定了《科技进步年水产工作实施方案》，确定了名特优养殖、大水面开发、立体渔业、稻田养鱼等 6 项重点技术和模式，拟定了 20 个科技示范项目点。

11 月 9 ～ 11 日，全市水产工作会议在石首市召开。会议总结交流了国有渔场改革的经验，分析了水产生产面临的形势，研究了下段发展思路和工作重点，部署了冬季渔业开发工作。

通过一年实施，20 个科技示范项目均达到方案要求，立体渔业亩效益达 1940 元，名特优养殖亩效益达 2 万元以上，大水面开发亩效益 1000 元以上，稻田养殖亩效益 1000 元以上。

2000年

3 月 25 ～ 30 日，省水产学会和荆州市水产技术推广中心联合在市农业技术培训中心举办了一期黄鳝、甲鱼等名特优水产品养殖技术培训班。培训班为期 6 天，邀请了中国科学院水生生物研究所伍惠生先生等水产知名专家授课，来自省内外 68 名水产技术人员参加了培训。

6 月 10 日，由省水产局立项、省计委批准、全省唯一的国家级鳜鱼原种场在洪湖市新堤渔场正式建成。

9 月 20 日，由华中农业大学水产学院与市水产科学研究所共同承担的"黄颡鱼繁育技术研究"项目通过省级鉴定。

12 月 20 日，中华鲟放流仪式在长江沙市四码头举行。农业部渔业局、省水产局及市委、市政府领导参加。共放流 10 厘米以上中华鲟苗 2 万尾，1.5 千克 / 尾的中华鲟 200 尾。

2001年

7 月，省级长吻鮠良种场在石首市中湖渔场正在挂牌成立，省水产行业管理办公室副主任王惠平、处长饶泽民及市水产局副局长陈福斌、石首市领导参加了挂牌仪式。

10 月，在国际农业博览会上，石首市绣林笔架山鱼肚获中国名牌产品称号。

12 月，市政府出台《关于加速发展水产业的决定》文件，有力地促进了水产名特优生产的大力发展。

2002年

1 月 8 日，全省中华鲟放流活动在荆州举办，共放 1 千克 / 尾的中华鲟幼鱼

100 尾及 15 厘米左右中华鲟幼苗 5 万尾。

1 月 9 日，市水产学校正式移交荆州开发区，共移交 62 名干部人事档案及部分财产。

1 月 10 日，市水产科学研究所"黄颡鱼良种场建设项目"通过省级专家论证。

3 月 15 日，召开各县市区水产局长及渔政局长（站长）会议，市政府副市长黄建宏做动员讲话。

3 月 17 日，召开洪湖渔业管理工作会议，副市长黄建宏出席会议并作了重要讲话。

4 月 8～13 日，农业部渔政指挥中心祝处长、东海区渔政局局长李富荣等领导乘坐 42003 号中国渔政船，对荆州长江江段禁渔工作进行了为期 5 天的巡江检查。

5 月初，省人大常委会法制工作委员会到荆州市进行《湖北省渔业管理实施办法》的立法调查。

5 月 14～17 日，农业部东海区渔政港监管理局副局长张秋华对石首市、监利县和洪湖市等长江江段禁渔情况进行了巡江检查。

8 月 18 日，市水产科学研究所举办了"省级窑湾黄颡鱼良种场"的挂牌仪式。

10 月 18 日，荆市编委和市公安局批准的荆州市公安局治安大队洪湖治安管理科挂牌成立。定编 3 人，主要管理洪湖大湖水上治安，查处渔业违法案件，协调处理洪湖水域纠纷。

10 月 10～12 日，市委市政府在监利县召开全市水产工作会议。市委副书记马林成、副市长黄建宏出席会议并讲话。

2003 年

2 月底，江陵县和监利县先后被省政府列为全省水产板块建设点。

2 月 25 日，石首市珍珠养殖协会正式挂牌成立，石首市副书记张少华任名誉会长。协会共有个人和团体会员 228 名。

3 月 25 日，全市实行长江禁渔期制度动员大会在荆保宾馆召开。

4 月 10 日，农业部渔业局养殖处助理调研员陈家勇一行来荆州公安县检查养殖证制度实施情况。

4 月 21～25 日，省水产办主任徐汉涛一行四人对洪湖市、监利县、石首市、松滋市的春季渔业生产情况进行专题调研。

6 月 9～12 日，市人大对全市实施长江禁渔期制度的工作情况进行了专题调研检查。

10 月 25 日，农业部渔业局刘美华副局长、省水产办主任徐汉涛及副主任祝细汉一行到荆州进行渔业生产调研。

11 月 3～5 日，省水产办主任徐汉涛参观公安县花基台水产开发点，同时对石首市水产开发、珍珠养殖协会及农（渔）民收入等情况进行调研。

11 月 25 日，农业部水产技术推广总站副站长司徒建通一行来荆州验收实施养殖证制度试点工作。

12 月 20 日，市泥港湖渔场改制为国有民营，对渔场实行整体出租 10 年。

12 月 23 日，荆州市水产品运销协会正式成立，协会会长吴天云。协会拥有团体会员单位 20 个，个人会员 150 多名。

2004年

1 月 9 日，省政府水资源组听取荆州市水资源情况汇报。

2～3 月，市人大先后召开了 4 次关于洪湖、长湖湿地保护问题的座谈会，并形成了专题报告，上报给省、市政府。省委书记俞正声在洪湖召开了现场会，并决定组建荆州市洪湖自然保护区湿地管理局。

3 月底，市泥港湖渔场整体出租改制工作全面完成。

4 月 8 日，全省长江渔业增殖放流活动在荆州码头举行。此次人工放流中华鲟 2 万多尾。

6 月 24 日，在全省水产工作会议上，荆州市被评为水产先进市。

4 月 1 日至 6 月 30 日，东海渔政局、省水产办领导多次来荆检查长江禁渔工作，使荆州长江禁渔工作取得圆满成功。

7 月 2 日，渔业局船检局李健华局长在省水产办副主任刘能玉的陪同下来荆州检查船舶检验工作。

7 月 8 日，召开全市水产局长会议，总结交流上半年水产工作，安排部署下半年的水产工作。

2005年

1 月底，市委、市政府撤销荆州市洪湖渔业管理局，成立了荆州市洪湖湿地自然保护区管理局，制定了《洪湖生态建设综合规划》和《洪湖湿地自然保护区管理办法》。

4月，荆州长江江段渔业增殖放流活动仪式启动，省水产办副主任刘能玉到会讲话。

6月13日，市政府以荆政办发〔2005〕32号文，将《荆州市2005—2010年水域滩涂养殖规划》下发至各县市区人民政府及市直有关部门实施。

7月，全市开展"孔雀石绿"等禁用兽药专项整治活动。

9月，全市开展打击电、毒、炸鱼等非法捕捞作业专项整治活动。

2007年

1月，市政府副市长刘曾君专题调研荆州水产工作。

2月，全市农村工作会议印发了《荆州市水产业壮大工程实施方案》。

3月27～28日，市委书记应代明率农业、水利、交通、电力、银行等部门负责人在洪湖市、监利县、江陵县进行水产工作专题调研。

4月17日，农业部渔业局养殖处处长丁晓明，全国水产技术推广总站副站长居礼、孙喜模，中国水产学会常务副会长司徒建通等一行到洪湖参加全国水产养殖规范用药科普下乡活动暨2007年湖北省渔业科技入户示范工程启动仪式。

4月，市委、市政府成立了以市委书记应代明为组长的荆州市水产工作领导小组，并召开第一次水产工作会议。

4月，市政府印发《关于切实抓好当前小龙虾备种育种工作的通知》。

4月，农业部副部长范小建、渔业局局长李健华、省政府副省长刘友凡等领导出席中华鲟放流仪式，并考察荆州市窑湾国家级黄颡鱼良种场。

5月，市人大常委会副主任孙贤坤、副市长刘曾君率荆州市党政代表团赴河南考察农业产业化工作。

5月28日，全市渔政工作会议在洪湖召开。

6月，市政府印发《关于大力发展虾稻连作养殖的通知》。

6月，市水产工作领导小组召开第二次水产工作会议，讨论《荆州市现代渔业经济区发展规划（初稿）》。

6月20日，"洪湖市发展现代水产业战略研讨会"在洪湖召开，中科院院士曹文宣等专家一行30多名应邀参会。

9月，《荆州市现代渔业经济区发展规划》在武汉市通过由省发改委组织的专家评审。

10月8日，第一次全市水产工作现场会在洪湖市召开，市委书记应代明作重要讲话。

11 月，市编委 66 号文件批准恢复荆州市水产局。

12 月，全市秋冬水产开发汇报会在监利县召开。

2008年

1 月，洪湖市、监利县、公安县被省委、省政府评为全省水产大县，市水产局被省农业厅评为全省农业系统先进单位。

1 月，荆州水产业遭受雨雪冰冻灾害，全市水产受灾面积 141.5 万亩，造成直接经济损失 79705 万元。

2 月，省委书记罗清泉在市委书记应代明、市长王祥喜的陪同下，专程到洪湖市检查指导抗灾救灾工作。市政府发出《关于抓好当前水产抗灾减灾恢复生产的紧急通知》，并召开专题会议，安排抗灾自救和恢复生产工作。

2 月 21 日，农业部渔业局局长李健华在洪湖市调研德炎水产、六合蟹苗、新旗河蟹养殖板块。

3 月，荆州市实施"水产业壮大工程"科研对接座谈会在长江水产研究所召开，10 名国家级水产专家与市内 60 多名水产专业养殖大户、水产养殖企业代表进行科技对接。

4 月，全省农业板块暨畜牧水产大县创建工作会议在荆州召开，省长李鸿忠、副省长汤涛到会作了重要讲话。洪湖市、监利县、公安县、石首市、荆州区五个县市区被评为全省水产大县创建工作先进单位。

4 月，省委书记罗清泉专程赴洪湖德炎水产调研，市委书记应代明、市长王祥喜等陪同调研。

4 月，2008 年长江渔业资源增殖放流活动在公安县举办，省水产局副局长刘能玉等参加活动并讲话。

5 月，农业部副部长牛盾、渔业局局长李健华在副省长汤涛等领导陪同下调研荆州水产。

5 月，省科技厅厅长王延觉率领调研组一行赶赴荆州，就水产业情况进行调研。

5 月，第二次全市水产工作现场会在监利县召开。市委书记应代明、市长王祥喜出席会议并作重要讲话。

8 月 6 日，洪湖市水生动物疫病防治站成立并挂牌。

10 月 9 日，第三次全市水产工作现场会在公安县召开。

11 月，全省秋冬水产开发现场会在监利县举行。

2009年

3 月，环保部部长周生贤一行在副省长赵斌、省环保局局长李兵等领导陪同下，调研"洪湖清水"大闸蟹养殖基地。

4 月，荆州市举行 2009 长江渔业资源增殖放流活动。

5 月，农业部渔业科技入户首席专家王武教授在洪湖举行河蟹健康养殖技术培训。

6 月 1 日，第四次全市水产工作现场会在石首市召开。会上市委、市政府隆重表彰 2007—2009 年度水产工作五强县市、五强乡镇、五强特色乡镇和先进单位。

6 月，全省市州水产局长暨鱼池标准化改造现场会在公安县召开，省农业厅厅长祝金水、省水产局局长徐汉涛出席会议并讲话。

10 月，第六届国际鲟鱼养护大会在湖北举行，以"人与自然和谐"为主题的第六届国际鲟鱼养护大会中华鲟放流活动在荆州长江边举行，世界鲟鱼保护学会主席 Harald Rosenthal 博士同 112 名外国专家，以及农业部渔政指挥中心副主任李彦亮等领导参加了放流活动，共向长江放流 1 龄规格 60 ～ 80 厘米中华鲟 200 尾。

11 月，省农业厅与荆州共建洪湖水产产业化示范园区。

11 月 29 日，第五次全市水产工作现场会在荆州开发区召开。市委书记应代明出席会议并作重要讲话。

12 月，省水产局副局长郑国蓉、渔政处处长周家文等出席全市渔政执法人员整训动员会。

2010年

3 月 9 日，联合国粮农组织湖北省水产品安全改善项目培训会在松滋国际大酒店召开。

3 月 14 日，农业部渔业局资环处处长吴晓春在荆州进行水生生物增殖放流工作专题调研。

4 月 22 日，丹东市副市长牛向东率丹东市部分县（市）副县（市）长、渔业主管局长到荆州考察现代渔业发展情况。

5月22日，全市在长江石首江段成功举行2010年长江"四大家鱼"原种亲本首次标志放流活动。

5月31日～6月1日，全市第六次水产工作现场会在监利县隆重召开。

6月3日，由湖北省水产局和荆州市人民政府主办的荆州市2010年长江水生生物增殖放流活动在长江沙市段二码头举行。这次放流也是农业部长江渔业资源管理委员会主办的"中华鲟世博游——世博会长江水生生物养护系列活动"之一。

7月23～25日，中国渔业协会委派专家组来到荆州，对荆州申报"中国淡水渔业第一市"进行考察和评审。

8月12日，中国渔业协会决定授予荆州市"中国淡水渔业第一市"称号。

8月16日，市政府在新闻发布厅举行2010中国荆州淡水渔业展示交易会新闻发布会，通报展交会筹备工作进展情况及会议期间相关活动安排。

8月11～13日，2010中国荆州淡水渔业展示交易会在两湖绿谷市场举办。农业部副部长牛盾、农业部渔业局局长李健华、湖北省人大常委会副主任罗辉、省政府副省长赵斌、省农业厅厅长祝金水、省水产局局长王兆民等领导出席开幕式，中国渔业协会常务副会长林毅向荆州市颁发"中国淡水渔业第一市"匾牌。

10月24日，中国水产科学院池塘生态工程研究中心（荆州）揭牌仪式在长江水产研究所荆州窑湾试验场举行。

11月24日，投资1100万元兴建的中国水产科学研究院长江水产研究所中华鲟保育和增殖放流中心顺利通过工程竣工验收。

2011年

1月7日，全省精养鱼池标准化改造现场会在公安县召开，副省长赵斌出席会议并作重要讲话。

3月15日，市委书记应代明主持召开第十二次水产工作领导小组会议，会议审议并原则通过《荆州市现代渔业发展"十二五"规划（送审稿）》和《2011中国荆州淡水渔业博览会活动方案》。

3月23日，2011年全市长江水生生物资源养护工作会议在荆州举行，副市长刘曾君参加会议并作重要讲话。

4月22日，长江监利段"四大家鱼"原种亲本增殖放流活动在监利长江轮渡码头举行。农业部渔业局局长赵兴武、农业部东海区渔政局局长李富荣等领导参加活动。

5月12日，全市遭遇旱灾，共有155.6万亩养殖水面受灾，成鱼损失94074吨，鱼种损失26193吨，虾蟹等其他水产品损失36019吨，渔业经济损失192177万元。

5月27日，"洪湖清水"河蟹注册商标被认定为"中国驰名商标"。

6月16日，市政府召开中国荆州淡水渔业博览会组委会第一次会议，专题研究博览会筹备工作。

7月2日，市政府与北京富程投资控股有限公司签订战略合作协议。

7月12日，长江中下游渔业资源修复湖北放流活动主会场在洪湖市举行。长湖、淤泥湖、石首老河故道、监利老江河故道等4个水域同时参与。农业部副部长牛盾、省人大常委会副主任刘友凡等领导出席放流活动。

7月27日，省农业厅副厅长、省水产局局长王兆民带领省水产局班子成员专题调研2011第二届中国荆州淡水渔业博览会筹备情况。

8月29日，市政府举行2011第二届中国荆州淡水渔业博览会新闻发布会。

9月27～30日，第二届中国荆州淡水渔业博览会隆重举行。农业部副部长牛盾、省人大常委会副主任罗辉等领导出席。

10月26日，石首"笔架鱼肚"被国家工商总局成功注册为国家地理标志证明商标。

11月3日，2011年国家大宗淡水鱼类产业技术体系武汉综合试验站青鱼生态高效养殖示范现场会在洪湖召开。

11月29日，洪湖市获得"湖北省淡水产品标准化示范市"荣誉称号。

2012年

2月2日，市委书记李新华到湖北大明水产科技有限公司考察指导工作。

2月16～18日，副市长王守卫带队组成考察组，到郑州商品交易所进行了农产品期货交易市场建设专题调研。

2月26日，洪湖市获得"全国平安渔业示范县（市）"称号。

3月4日，市委副书记雷文洁考察调研大明水产加工园生产及建设情况。

4月1日，荆州市2012年长江禁渔暨严厉打击非法捕捞作业启动仪式在公安县海事码头举行。

4月8日，全国水产技术推广总站副站长孙喜模在洪湖调研水产技术推广体系改革与建设情况。

4月20日，农业部东海区渔政局局长李富荣率队在荆州检查长江禁渔工作。

6月28日，省农业厅厅长祝金水率省农业厅、省水产局一行8人调研洪湖水产。

7月2日，市政府召开第十三次市水产工作领导小组会议。

7月29日，湖北大明水产精深加工园二期工程竣工投产暨三期工程开工典礼隆重举行。市委副书记雷文洁等领导出席典礼仪式，市政府副市长王守卫主持仪式。

9月27日，荆州水产代表湖北水产参加第十届中国国际农产品交易会。

9月28日，在北京举行的"中国淡水产品交易中心授牌仪式"上，农业部授予荆州市"中国淡水产品交易中心"称号，同时授予洪湖市"中国淡水水产第一市（县）"牌匾。

11月18日，2012首届中国洪湖清水螃蟹节在洪湖市闽洪水产品原产地批发市场隆重举行。省人大常委会副主任罗辉宣布首届中国洪湖清水螃蟹节开幕。

11月20日，副市长王守卫主持召开全市水产品牌创建暨中国淡水产品交易中心项目建设工作会议。

是年，洈水水库"洈水"牌"鳙、鲢、草、鲤、鲌"五种鱼类经申报被农业部中绿华夏认证为有机鱼。

2013年

1月8日，农业部和湖北省政府在荆州市签署《中华人民共和国农业部和湖北省人民政府共同支持国家级荆州淡水产品批发市场建设合作备忘录》。

2月19日，市委常委万卫东调研全市水产工作，共谋"淡水渔都"建设大计。

2月28日，国家质检总局正式批准湖北荆州鱼糕为地理标志保护产品。

3月6日，2012年度市直单位"十佳新业绩"评选结果出台，市水产局获评年度"十佳新业绩"。

4月21日，2013年长江监利段四大家鱼亲本原种标志放流活动在监利县容城镇鄢铺长江轮渡码头成功举行。

4月22日，长江渔业资源管理委员会在石首市举行长江石首段四大家鱼原种亲本标志放流活动。

5月18～19日，省农业厅信息宣传中心主任曾德云、《湖北日报》农村新闻中心主任张晓峰等组成的宣传组到荆州实地考察调研"淡水渔都"建设情况。

5月30日，市长、市水产工作领导小组组长李建明主持召开全市水产工作领导小组第十四次会议。

5月31日，省农业厅党组成员、省水产局局长李胜强到荆州调研淡水渔都建设情况。

6月1日，荆州市江河湖泊增殖放流活动在荆州码头举行，共放流中华鲟、达氏鲟、长吻鮠、团头鲂、四大家鱼等珍稀水生动物和经济鱼类苗种5000万尾。

7月10～11日，省水产局办公室组织新华社湖北分社、《湖北日报》《楚天都市报》、荆楚网记者考察荆州水产工作。

7月31日，马鞍山市副市长杨跃进率团到荆州考察渔业发展情况。市政府副市长康均心等领导陪同考察和座谈。

8月15日，"洪湖清水"大闸蟹网购节新闻发布会在武汉举行，省农业厅副厅长王敦胜、荆州市政协副主席窦华富等出席并启动网购节。

9月7日，常德市畜牧兽医水产局局长谢朝君一行12名，考察参观公安县崇湖渔场及省级健康养殖示范场。

9月15日，华中农业大学在公安县夹竹园镇的湖北五源农业水产发展有限公司成立"院士工作站"。

9月23日，市政府组织召开国家级荆州淡水产品批发市场（中国淡水产品交易中心）项目评审会。

9月25日，湖北大明水产科技有限公司获得"2013年度全国淡水渔业最具影响力企业"称号。

11月13日，农业部财务司副司长秦维明一行到石首市检查2012年渔业资源增殖放流项目。

11月22日，"为江豚来奔跑——2013长跑接力与宣传"活动荆州站接力起跑仪式在荆州古城墙东门前金凤广场举行。

11月28日，第二届中国·洪湖清水螃蟹节在武汉举办。

12月3日，第十一届中国国际农产品交易会在武汉国际博览中心闭幕。本次农交会荆州共有19个水产品牌获得展会金奖。

12月27日，全市荆州区庙湖渔场、松滋市银湖生态养殖有限公司等9个单位获得"农业部水产健康养殖示范场（第八批）"称号。全市国家级水产养殖健康示范场达到52个。

2014年

3月9日，农业部渔业渔政管理局副局长李彦亮一行到监利县调研何王庙长江故道江豚自然保护区建设工作。

3月12日，省农业厅党组成员、省水产局局长李胜强一行，赴荆州区、公安县等地开展春季渔业生产调研。

3月28日，中国科学院曹文宣院士、中科院水生生物研究所书记胡征宇、武汉地球物理研究所王学雷教授以及世界自然基金会主任朱江等领导专家，视察指导监利县何王庙长江江豚自然保护区建设。

4月2日，上海农产品中心批发市场董事长高巍、顾问邹乐平一行到荆州考察全市水产业情况。

4月30日，市长江禁渔工作领导小组一行乘坐渔政执法船对松滋市、荆州区、沙市区长江段禁渔工作进行巡查。

5月20日，省农业厅厅长戴贵洲在洪湖市调研指导水产工作。

6月10日，2014年荆州江河湖库渔业资源增殖放流活动在长江沙市段、长湖、淤泥湖、东荆河、松滋河等水域同步进行，共向长江投放中华鲟、达氏鲟等珍稀水生动物1800尾，向部分江河湖库水域放流四大家鱼、鳜鱼、鲌鱼、团头鲂等经济鱼类苗种4580万尾，并在长湖等湖泊底播贝类100吨、种植水草1000亩。

6月13日，农业部东海区渔政局副局长韩旭、长江流域渔业资源管理委员会办公室主任赵依民一行到监利县调研长江渔业资源、水域生态及渔民生产生活情况。

7月18日，农业部渔业渔政管理局副局长李书民，处长江开勇、张成一行在洪湖市调研以船为家渔民上岸安居工程和渔业法治建设情况。

7月30日，全省水产半年经济形势分析暨特色种业建设现场会在公安县召开。

7月12～16日，市政府副市长刘先德率队赴上海、南京考察招商。

8月19日，省政府副省长梁惠玲调研洪湖水产。

8月28日，市政府出台了《关于发展现代渔业建设水产强市的意见》。

10月15～16日，省水产局副局长林伟华、产业处副处长袁文芳赴洪湖专题调研河蟹全产业链工作。

10月28日，第十二届中国国际农产品交易会在青岛国际会展中心闭幕，荆州16个水产品牌喜获金奖。

2015年

3月19日，省人大常委会副主任王玲率领省人大常委会视察组在长湖就

2014 年开展《湖北省湖泊保护条例》执法检查及专题询问意见建议整改落实情况进行视察。

3 月 21 日，从江西省鄱阳湖都昌县水域捕捞并优选的两头江豚，在中国科学院水生生物研究所专家专程护送下，长途运输 6 小时，迁入到监利县何王庙长江故道暂养，效果良好。

3 月 23～25 日，农业部渔业局养殖处处长丁晓明在洪湖调研渔业健康养殖示范县（市）创建、养殖证核发、不动产权统一登记和直接使用冰鲜杂鱼做养殖饲料等情况。

3 月 24 日，监利县何王庙长江江豚自然保护区再次迎来 3 头雄豚和 1 头雌豚。首批入住新家的两头雌豚有了伴儿。

3 月 25 日，全市稻田综合种养现场推进会在公安县召开。

3 月 27 日，全省渔政船检港监工作会议在监利召开。

3 月 27 日，由农业部联合环境保护部、中国科学院和湖北、湖南、江西省人民政府共同在监利何王庙启动了长江江豚迁地保护行动暨水生生物增殖放流活动。

3 月 27 日，农业部副部长于康震一行视察监利水产生产，参观汴河镇水产长廊、棋盘乡 10 万亩虾蟹健康养殖板块。

3 月 31 日，荆州市 2015 年长江禁渔"清江行动"在公安县长江江段启动。

5 月 21 日，全国水产原种和良种审定委员会秘书处组织专家，对国家级湖北省长吻鮠良种场进行复查验收。

6 月 5 日，荆州市水生生物增殖放流活动在长湖、长江荆州段等水域同步进行。共投放珍稀水生动物中华鲟、达氏鲟 1200 尾，四大家鱼、鲌鱼等经济鱼类苗种 2622 万尾。

6 月 4～5 日，市水产局组织 14 只渔船、50 多名渔政工作人员和渔民参与东方之星救援。

6 月 28 日，荆州市首届鱼禾园杯休闲垂钓节在湖北鱼禾园生态农业开发有限公司成功举办。国家认监委科技与标准管理部主任刘先德、市政府副市长雷奋强等领导到场观摩指导。

9 月 9 日，省水产局局长李胜强、产业处处长汪亮等到公安县调研稻田综合种养工作。

9 月 23～24 日，省农业厅党组成员、省水产局局长李胜强在洪湖调研河蟹产业发展情况。

11月18日，省水产技术推广总站站长马达文一行到公安县调研水产技术推广示范站工作。

12月16日，"荆州好渔"系列品牌评选活动暨荆州味道推介招商大会圆满闭幕。

12月底，公安县荣获《农业部渔业健康养殖示范县（第一批）名单》。

2016年

1月26日，全市统一组织进行打击电捕鱼等违法捕捞行为的专项行动。

3月28～30日，全市14个水产企业和专合组织组团参加在武汉国际博览中心举办的第四届中国食材电商节。

5月8日，全市第二届"鱼禾园休闲垂钓节"在湖北鱼禾园生态农业开发有限公司举行。

8月26日，2016年中国（广州）国际渔博会在广州国际会展中心开幕。荆州10个水产企业组团参展。

9月8日，农业部渔业局渔业机械仪器研究所黄一心主任等3人到洪湖调研渔业清洁生产和节能减排。

9月10日，全市召开渔业行政执法暨履职尽责工作推进会。

9月18～20日，市人大常委会组织开展荆州市农产品质量安全荆楚行记者采访活动。

9月19日，全市2016年秋冬季打击非法捕捞和湖泊投肥养鱼专项执法行动启动仪式在公安县海事码头举行。

9月23日，全省水产业转方式调结构暨灾后复产现场会在监利召开。

12月，石首市被授予"中国江豚之乡"称号。

2017年

1月4日，全国水产技术推广站总站处长王玉堂等专家一行调研沙市区虾稻连作养殖情况。

1月10日，生态淡水渔业发展战略高峰论坛暨湖北省水产产业技术研究院成立大会在荆州举行。中国科学院院士曹文宣，全国水产技术推广总站副站长孙有恒，湖北省政协副主席、省科技厅厅长郭跃进等领导出席大会。

2 月 14 日，省水产局在洪湖举办 2017 年全省水产系统"科技下乡"活动启动仪式。

4 月 9 日，市政府市长杨智一行对全市长江禁渔工作进行调研督办。

5 月 24 日，荆州市小龙虾产业协会在监利正式成立并召开第一次代表大会。

6 月 6 日，2017 年湖北省渔业资源同步增殖放流暨荆州市长江"放鱼日"活动在荆州市长江汽渡码头成功举办。

9 月 21 日，第十五届中国国际农产品交易会在北京隆重开幕。其间，荆州鱼糕公用品牌及产品北京推广周启动仪式在北京郡王府隆重举办，全国水产技术推广总站副站长孙有恒、中国水产流通与加工协会会长崔和等出席活动。

11 月 11 日，第四届洪湖清水螃蟹节在洪湖隆重开幕。原农业部党组成员、中国农产品市场协会会长张玉香等领导出席活动。

11 月 18 日，2017 湖北·监利黄鳝节开幕式在监利县隆重举行。监利县获得"中国黄鳝美食之乡"称号。

12 月 26 ～ 29 日，全市小龙虾养殖技术能力提升培训班在市委党校举办，各县市区 200 余人参加培训。

2018年

1 月 8 ～ 15 日，荆州市小龙虾养殖技术巡回宣讲分别在洪湖、监利、公安等 8 个县市区进行巡回宣讲。

1 月 16 日，荆州鱼糕开展进武汉活动。

1 月 18 日，中国供销集团宁波公司张金成一行到荆州进行投资考察，在湖北荆香缘生态农业有限公司进行实地调研。

3 月 24 日，新疆考察团到荆州考察并参观松滋市洈水休闲渔业基地。

4 月 2 日，中国水产流通与加工协会小龙虾产业分会在北京成立，洪湖新宏业食品有限公司董事长肖华兵和荆州市水产局副局长赵恒彦当选为副会长。

4 月 11 日，中国小龙虾产业分会秘书长蔡俊一行调研荆州小龙虾产业发展情况。

4 月 13 日，公安县闸口镇通过"中国稻渔生态种养示范镇"评审。

4 月 18 日，全市举办水产电子商务技术培训班，50 多位水产业专业合作社、家庭农场及企业负责人参加培训。

4 月 19 日，全市农产品质量安全追溯系统建设工作培训会在安盛国际大酒店召开。

5月，第二届"中国智慧三农大会暨乡村振兴带头人峰会"在北京召开，小龙虾产业扶贫之荆州模式获得 2018"智慧三农"特别大奖，虾稻共作被评为"智慧三农"2018 年度创新项目。

5 月 16 日，全市开展苗种生产专项整治检查，重点检查洪湖市和监利县水产原良种场和苗种场。

5 月 18 日，荆州市水产技术创新战略联盟专家田间行活动在江陵县三湖农场举办，联盟特聘桂建芳院士等 20 多位专家参加活动，并开展小龙虾技术培训。

5 月 21 日，美国路易斯安那州专家及中国台湾海洋大学陈瑶湖教授一行考察荆州小龙虾产业发展情况，并参观虾稻基地。

5 月 22 日，荆州市小龙虾产业协会一届二次会议暨易虾网宣讲会在金凤皇冠大酒店召开。

5 月 24 日，荆楚味道第四届性灵公安闸口卤虾美食节开幕，公安县闸口镇获得"中国稻渔生态种养示范镇"牌匾。

5 月 30 ～ 31 日，第二届湖北·监利小龙虾节在监利举办。

6 月，借世界杯举办契机，荆州小龙虾试水出口俄罗斯，并在莫斯科举办了线下试吃活动。

6 月 17 日，首届洪湖清水小龙虾节在洪湖市闽洪水产批发市场开幕。

7 月 1 日，《淡水池塘水产养殖尾水排放标准》荆州市地方标准正式颁布实施。

7 月 7 日，湖北礼小龙虾生态农业科技有限公司"礼小龙虾"品牌发布会在武汉举办。

8 月 2 日，农业部渔业渔政管理局组织全国水产专家在公安县进行全国健康养殖示范县考核验收。

8 月 21 日，市人大组织人大代表对公安县和松滋市双水双绿产业和畜禽污染情况进行专题视察。

8 月，松滋市成功通过农业农村部渔业健康养殖示范县验收，成为全市第三个健康养殖示范县。

9 月 19 日，宜昌市水产局一行到荆州开展水产品质量安全交叉检查。

9 月 25 ～ 27 日，省政协副主席、民革湖北省主委王红玲一行到荆州洪湖市和监利县进行小龙虾专题调研，市政协副主席张明军陪同调研。

10 月 10 日，全市水产工作会议在荆州召开。

10 月 23 日，荆州市首席水产养殖专家赵恒彦获评 2018 年"荆州市十大科技工作者"称号。

10 月 24 日，湖北渔都生态科技发展有限公司通过湖北荆州大鳞鲃省级良种场资格验收。

10 月 29 日，全市水生野生动物保护科技宣传周启动仪式在沙隆达广场举办。

10 月 31 日至 11 月 3 日，第十六届中国国际农产品交易会在湖南长沙举办，全市组织 17 家荆州鱼糕、荆州小龙虾企业参会参展，湖北好味源食品有限责任公司速冻小龙虾获得组委会金奖。

11 月 10 日，第五届洪湖清水螃蟹节在洪湖隆重举行。

11 月 17 ～ 18 日，第十五届武汉农业博览会在武汉国博中心开幕，其间，荆州水产举办荆州优质水产品专场推介活动。

12 月 4 日，市政府召开首届湖北·荆州鱼糕节筹备会协调会。

12 月 9 日，市政府召开中华鲟救护方案的专家论证会议。

是年，洪湖市水产技术推广站被评为"十佳全国水产技术推广示范站"，王英雄同志、李德平同志被评为全国百名"最美渔技员"。"洪湖清水"小龙虾被授予"中国名虾"称号。

2019年

1 月 4 日，市政府副市长邓应军调研湖北省水产产业技术研究院中华鲟保护方案、规划选址、基地建设等情况。

1 月 7 日，市政府市长崔永辉主持召开中华鲟保护专题会议。

1 月 18 ～ 20 日，荆楚味道——首届湖北·荆州鱼糕节在公安县举办。开幕式上，公安县获得"中国鱼糕之乡"称号。直径 4 米、面积达 12.56 平方米的巨型荆州鱼糕成功挑战世界纪录，喜获证书。

2 月 18 日，荆州市荆州鱼糕加工产业协会第一届二次会员代表大会在荆州召开，大会新增 3 位副会长、7 位理事。

3 月 12 日，第三届中国（国际）小龙虾产业大会在国家级淡水产品批发市场隆重开幕，1000 多位来自全国各地的代表，美国、俄罗斯的嘉宾以及中国台湾地区的水产专家参加会议。

3 月 25 ～ 27 日，省水产局副局长林伟华一行调研洪湖小龙虾。

3 月 28 日至 4 月 15 日，中华鲟子一代整体迁运至过渡性保护基地，共迁运子一代 549 尾（含试迁运 8 尾）。

4 月 10 日，市政协主席王守卫带领部分市政协委员一行专题视察调研小龙虾加工、市场流通情况。

4 月 25 日，《海子湖保水渔业发展规划》专家评审会在武汉东湖大厦召开。

5 月 11 日，中国渔业协会副秘书长彭斌辉一行到荆州进行调研。

5 月 23 日，"荆楚味道·第五届性灵公安卤虾节"隆重举办，闸口小龙虾博物馆暨虾稻综合体项目正式对外开放。

5 月 24 日，"第三届湖北监利小龙虾节暨监利大米展销会"在监利县举行，期间举行"稻虾香米饭"品鉴会、龙虾挑战大世界基尼斯纪录、监利美食及生态农产品展销会等活动。

6 月 6 日，全市举行同步长江增殖放流活动，13000 千克四大家鱼亲本、1500 万尾鳙鲂类、2600 万尾鲌鱼、2600 万尾胭脂鱼苗放流进入长江。

6 月 16 日，第三届 66 龙虾节暨"梦享虾"计划发布会启动仪式在荆州沙市晶崴酒店举行。农业农村部原党组成员、中国农产品市场协会会长张玉香参加启动仪式。

9 月，首届全国稻渔综合种养产业技术高级培训会在荆州市绿地铂骊酒店举办，来自全国渔业三大产业技术体系的专家学者和示范户代表 600 多人参会。

9 月 22 日，"荆州小龙虾"在 2019 年中国农民丰收节"千企万品助增收"活动中获得"最受市场欢迎名优农产品"称号。

10 月 29 日，市政府副市长邓应军主持召开中华鲟保护专题会议。

11 月，荆州鱼糕成功入选《中国农业品牌目录》农产品区域公共品牌，成为全国优质农产品区域公共品牌 200 强。

是年，市水产局印发了《2019 年荆州市长江禁渔期制度实施方案》《荆州市打击非法捕捞专项整治行动方案》等文件。各地加强宣传引导，禁渔期间全市共发放禁渔宣传单 8200 份，悬挂和张贴横幅标语 745 条，新媒体平台宣传 33 次，出动宣传执法车 375 台次，加强与长航公安联合执法行动达 98 次，移送案件 16 起。共查获非法捕捞案件 64 起，查获电捕鱼器具 64 台（套），取缔迷魂阵、地笼网等违禁渔具 3677 件，没收违法渔获物 10082 千克，罚款 11.97 万元。

第一章 渔业环境

第一节　地理位置

荆州市地处湖北省中南部，位于东经 111°15′ ～ 114°05′，北纬 29°26′ ～ 31°37′，长江自西向东横贯全市，市内全长 483 千米。荆州位于沃野千里、美丽富饶的江汉平原腹地，素有"文化之邦、鱼米之乡"的美誉，是一座古老文化与现代文明交相辉映的滨江城市。荆州市东连武汉、西接宜昌、南望湖南常德、北毗荆门、襄阳，总面积 14099 平方千米，其中平原湖区占 78.8%，低山丘陵岗地占 21.2%。

第二节　水文气象

荆州市属亚热带季风湿润气候区，具有四季分明、光照适宜、热量丰富、雨水充沛、无霜期长等特点。

一、日照

全市日照时数长，历年平均日照时数为 1823 ～ 1978 小时，日照率为 41% ～ 44%，平均每天日照时数为 5.5 小时。日照时数最多为 7 月份（东南部）和 8 月份（西北部），平均每天为 8.1 ～ 8.4 小时；最少为 2 月份，平均每天为 3.3 ～ 4.1 小时。历年平均辐射总量为 105.1 ～ 112.0 千卡 / 厘米 ^{2}（4399.5 ～ 4688.3 兆焦 / 米 ^{2}），太阳辐射年变化显著，从 1 月开始逐月递增，7 月达到最高值，为 13.1 ～ 14.5 千卡每平方厘米，7 月后逐月下降，12 月份最低，为 5.0 ～ 5.5 千卡每平方厘米。全市在鱼类适宜生长期内的日照时数为全年的 76.42%，总辐射量占全年的 80.35%。充足的日照资源，对提高水域初级生产力有着重要的促进作用。

二、气温

全年气候温和，年平均气温为 16.2 ～ 16.6℃，7 月份的气温最高平均为 25.4 ～ 28.9℃；1 月份气温最低，平均为 3.0 ～ 4.2℃。历年极端最高气温为

37.9～39.7℃，出现在 6 月 22 日至 8 月 2 日；历年极端最低气温为 -19.6～-10.9℃，出现在 1 月 6～31 日。气候平面变化特点是：南高北低，平均温差 0.7℃，由南向北逐渐递减，气温最高的为南部，最低为西北部，中部大部分县年平均气温在16.3℃左右。在 1 月份平均气温最低时，南部为 4.0～4.2℃，中部为 3.4～3.8℃，北部为 3.0～3.2℃；7 月份气温最高时，中南部为 28.4～28.9℃，中北部为27.8～28.2℃。月变化特点是：1～7 月温度逐月递增，月平均递增 4.124～13℃，而 3～4 月递增 5.9～9.6℃；7～12 月温度逐月递减，月平均递减 4.4℃，10～12 月递减 4.8～5.0℃，具有春季回暖时间早、速度快，秋季降温也较快的特点。全年日平均气温 14℃以上为 190～198 天，积温为 4421～4647℃。

三、水温

水温与气温有一定的差值，但其差值随季节和水体形式而有所不同。江河一般年平均水温比气温高约 1℃，且明显表现为冬季高于气温，夏季低于气温。水库和湖泊年平均水温比气温高 1.5℃，但春季低于气温 0.5～1.0℃，其他季节均高于气温，这主要是春季水温回暖的速度慢于气温的缘故。池塘由于水面小，水体基本处于静止状态，且人工投饵施肥生物密度大，释放的能量多，故水温显著高于气温，在 4～6 月温度上升阶段，水温比气温高 2～3℃，7～10 月水温比气温高 4℃左右。

鱼类生长、发育和繁殖与水温密切相关，四大家鱼和鲤、鲫、团头鲂等鱼类产卵孵化的适宜水温为 18～26℃，应用相关计算，当鱼塘水温达到上下限指标时，相当于气温的 15℃和 28℃。全市稳定通过 15℃的平均初日为 4 月 21 日左右，高于 28℃的平均初日为 7 月 24 日，南早北迟，相差不到 4 天，在此期间均可进行催产和孵化。目前，几种主要养殖鱼类生长的界温为：水温 10℃开始摄食增重，15℃以上增重显著，20～25℃生长最快，30℃以上生长减慢。根据上述水温指标，本市鱼类生长期为 3 月中旬至 11 月下旬，长达 252 天左右，适宜生长期为 4 月 5 日至 11 月 6 日，达 215 天，最佳生长期为 5 月下旬至 9 月中旬，达 124 天左右。

四、降雨量

全市降雨量丰富，而且基本上是雨、热与鱼类生长期同季。历年平均降雨量为 1100～1300 毫米，在降雨的特点上时间分布是：秋冬两季降雨量少，春夏两季降雨量多，降雨量大部分集中在 4 ～ 9 月，占全年降雨量的 73% 左右，最大降雨量南部在 6 月，北部在 7 月，为 133.5 ～ 227.9 毫米。一日平均降雨量为 6 毫米左右，一日最大降雨量可达 282 毫米，连续最长降雨时数达 18 天，降雨量为 806 毫米，日降雨量 50 毫米的暴雨年平均 2.4 ～ 2.6 次，主要集中在 5 ～ 8 月。充沛的降雨量既可补充渔业生产的水资源、调节水质、改善水环境，又可以由大量径流水为养殖水体带入丰富的有机质和营养盐类，增加水体中的天然肥源，从而提高水体载鱼能力。

五、无霜期

全市无霜期历年平均 250 ～ 267 天，占全年 70% 左右，从 2 月中旬至 11 月下旬为无霜期，霜期在北部地区一般出现在 11 月 17 至 3 月 13 日，中南部地区出现在 11 月 24 日至 3 月 9 日。全市湖泊、水库、河流冬季很少有冰封现象，个别年份虽然出现冰封现象，但只是表面短期的冰封，因而水中的生物在冬天仍然能够生存。所有这些，对鱼类和其他水生物的生长和越冬都是有利的客观条件。

六、水质

2018 年，荆州市水环境质量监测网对长江及其主要支流、内河水系的 27 个监测断面、主要水库和湖泊的 13 个监测点位进行了监测。主要河流的 27 个监测断面中，水质优良符合Ⅱ～Ⅲ类标准的断面共计 20 个，占总监测断面数的74.1%；水质较差符合Ⅳ类标准的断面共计 4 个，占 14.8%；水质污染严重劣Ⅴ类的断面共计 3 个，占 11.1%，见图 1-1。河流主要超标项目为氨氮、总磷和化学需氧量（COD），与 2017 年相比，主要河流水质总体有所好转。见表 1-1 和表 1-2。

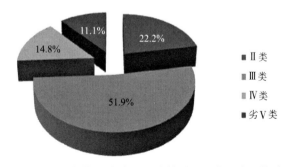

图1-1　2018年荆州市主要河流监测断面水质类别构成比

表1-1　2018年荆州市长江干流水质状况

序号	断面所在地	监测断面	规划类别	2018年水质类别	2017年水质类别	2018年超标项目
1	荆州	砖瓦厂	Ⅲ	Ⅱ	Ⅲ	—
2		观音寺	Ⅲ	Ⅲ	Ⅲ	—
3	江陵	柳口	Ⅲ	Ⅲ	Ⅲ	—
4	石首	调关	Ⅲ	Ⅲ	Ⅲ	—
5	监利	五岭子	Ⅲ	Ⅲ	Ⅲ	—

表1-2　2018年荆州市长江支流水质状况

序号	水系	断面所在地	监测断面	规划类别	2018年水质类别	2017年水质类别	2017年超标项目
1	沮漳河	荆州	河口	Ⅲ	Ⅱ	Ⅲ	—
2	藕池河	公安	康家岗	Ⅲ	Ⅲ	Ⅲ	—
3		公安	藕池口	Ⅲ	Ⅲ	Ⅲ	—
4		石首	殷家洲	Ⅲ	Ⅲ	Ⅱ	—
5	洛溪河	松滋	刘家场	Ⅲ	Ⅲ	Ⅲ	—
6		松滋	街河市	Ⅲ	Ⅱ	Ⅲ	—
7	松滋西河	松滋	德胜闸	Ⅱ	Ⅲ	Ⅲ	总磷
8		松滋	同兴桥	Ⅱ	Ⅲ	Ⅲ	总磷
9		公安	杨家垱	Ⅱ	Ⅱ	Ⅱ	—
10	松滋东河	公安	淤泥湖	Ⅱ	Ⅱ	Ⅲ	—
11	虎渡河	公安	黄山头	Ⅲ	Ⅱ	Ⅲ	—

　　主要湖泊、水库的13个监测点位中，水质优良符合Ⅱ类的点位共计1个，占总数的7.7%；水质较差符合Ⅳ类、Ⅴ类标准的点位共计12个，占总数的92.3%，见图1-2。主要超标项目为总磷、化学需氧量（COD）和高锰酸盐指数，与2017年相比，主要湖库水质总体无明显变化。见表1-3～表1-5。

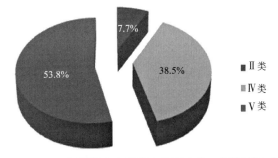

7.7%
53.8%
38.5%

■Ⅱ类
■Ⅳ类
■Ⅴ类

图1-2　2018年荆州市主要湖库监测点位水质类别构成比

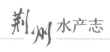

表1-3　2018年荆州市四湖流域水体水质状况

序号	水系	断面所在地	监测断面	规划类别	2018年水质类别	2017年水质类别	2018年超标项目
1	豉湖渠	荆州	何桥	V	IV	劣V	—
2	四湖总干渠	监利	新河村	III	IV	劣V	氨氮(0.2毫克/升)、溶解氧
3		洪湖	瞿家湾	III	IV	劣V	氨氮(0.1毫克/升)、COD(0.04毫克/升)
4		洪湖	新滩	III	IV	IV	COD(0.2毫克/升)、高锰酸盐指数(0.02毫克/升)
5	东荆河	监利	新刘家台	II	III	III	总磷(0.02毫克/升)
6		洪湖	汉洪大桥	II	III	III	总磷(0.1毫克/升)、COD(0.01毫克/升)
7	排涝河	监利	平桥	III	劣V	劣V	氨氮(2.9毫克/升)、总磷(2.2毫克/升)、生化需氧量(BOD₅)(0.7毫克/升)

表1-4　2018年荆州市主要湖库水质状况

序号	湖泊名称	点位名称	湖泊所在地	点位水质 规划类别	2018年	2017年	2018年超标项目	营养指数	营养状态级别
1	长湖	戴家洼	沙市	III	V	V	总磷(2.0毫克/升)	59.7	轻度富营养
2		习家口	沙市	III	V	V	总磷(1.5毫克/升)	58.0	轻度富营养
3		关沮口	沙市	III	V	V	总磷(2.4毫克/升)	60.5	中度富营养
4		桥河口	沙市	III	V	V	总磷(2.0毫克/升)	60.7	中度富营养
5	洪湖	湖心	洪湖	II	IV	IV	总磷(2.6毫克/升)、COD(1.0毫克/升)、高锰酸盐指数(0.2毫克/升)	57.2	轻度富营养
6		蓝田	洪湖	II	V	V	总磷(4.0毫克/升)、COD(0.6毫克/升)、氨氮(0.3毫克/升)	53.8	轻度富营养
7		排水闸	洪湖	II	V	IV	COD(1.2毫克/升)、总磷(2.5毫克/升)、高锰酸盐指数(0.1毫克/升)	57.2	轻度富营养
8		小港	洪湖	II	IV	IV	总磷(2.1毫克/升)、COD(0.6毫克/升)、高锰酸盐指数(0.2毫克/升)	51.7	轻度富营养

序号	湖泊名称	点位名称	湖泊所在地	点位水质			2018 年超标项目	营养指数	营养状态级别
				规划类别	2018 年	2017 年			
9	洪湖	湖心 B	洪湖	Ⅱ	Ⅳ	Ⅳ	总磷 (1.9 毫克 / 升)、COD(1.0 毫克 / 升)、高锰酸盐指数 (0.1 毫克 / 升)	55.0	轻度富营养
10		下新河	洪湖	Ⅱ	Ⅳ	Ⅳ	总磷 (2.3 毫克 / 升)、COD(0.7 毫克 / 升)、高锰酸盐指数 (0.2 毫克 / 升)	50.4	轻度富营养
11		杨柴湖	洪湖	Ⅱ	Ⅴ	Ⅳ	COD(1.0 毫克 / 升)、总磷 (0.7 毫克 / 升)、高锰酸盐指数 (0.3 毫克 / 升)	51.1	轻度富营养
12		桐梓湖	监利	Ⅱ	Ⅳ	Ⅳ	总磷 (1.5 毫克 / 升)、COD(0.9 毫克 / 升)、高锰酸盐指数 (0.2 毫克 / 升)	51.4	轻度富营养
13	洮水水库	库心	松滋	Ⅱ	Ⅱ	Ⅱ	—	40.0	中营养
洪湖				Ⅱ	Ⅳ	Ⅳ	总磷 (2.2 毫克 / 升)、COD(0.9 毫克 / 升)、高锰酸盐指数 (0.2 毫克 / 升)	53.6	轻度富营养
长湖				Ⅲ	Ⅴ	Ⅴ	总磷 (2.0 毫克 / 升)	59.8	轻度富营养

表1-5　2018年荆州城区及周边水体水质状况

序号	水系	监测断面	规划类别	2018 年水质类别	2017 年水质类别	2018 年超标项目
1	护城河	九龙渊	Ⅲ	劣Ⅴ	劣Ⅴ	氨氮 (2.2 毫克 / 升)、总磷 (0.6 毫克 / 升)、溶解氧
2	太湖港渠	砖瓦厂	Ⅲ	Ⅲ	Ⅳ	—
3		东关桥	Ⅲ	Ⅲ	Ⅳ	—
4	西干渠	幸福桥	Ⅴ	劣Ⅴ	劣Ⅴ	总磷 (1.4 毫克 / 升)、氨氮 (1.2 毫克 / 升)

第二章
水产资源

第一节 主要水域

荆州市河流交错、湖泊密布。全市有各类水域面积353550公顷，占全市总面积的25.13%，以洲滩、湖泊为主的湿地资源独具地域特色。历史上渔业生产以天然捕捞为主，1952年，全区养殖水面只有1000公顷，随后水面开发利用逐年增大，1998年，全市养殖水面72900公顷，其中池塘占48%、湖泊占37.7%、水库占5.4%。2017年，全市养殖水面141300公顷，其中池塘占93%、湖泊占6.03%、水库占0%，其他占0.97%。2019年，全市池塘养殖130590公顷，湖泊水库逐步退出养殖。全市江河过境客水4680亿立方米，区域内地表径流丰水年91.6亿立方米，枯水年48.5亿立方米。

一、河流

全市有大小河流近百条，其中较大河流有8条，分别为长江、沮漳河、松滋河（松东河、松西河）、浯水河、虎渡河、藕池河、内荆河、调弦河，均属长江水系。见表2-1。

表2-1　荆州市主要河流概况

河流名称	集水面积/公顷	区内河长/千米	平均坡度/‰	平均径流量/10^8 米^3	不同频率年径流量 /10^8 米^3		
					50%	75%	95%
长江	—	483.0	—	4689	4660	4363	3743
沮漳河	730500	57.3	0.80	27.25	25.34	18.26	10.9
藕池河	—	39.2	0.25	406	406	325	250
虎渡河	—	90.4	0.37	180	180	144	112
松东河	—	90.6	0.45	119	119	91.7	75.2
松西河	256400	108.0	0.40	323	323	288	247
浯水河	173400	172.0	4.20	6.847	6.847	5.712	4.393
内荆河	1036100	191.0	—	37.65	34.29	22.8	12.14
调弦河	—	11.1	—	119.5	119.5	91.8	75.2

注：表中单位10^8米^{3}为亿立方米，下同。

长江：自西向东贯穿荆州全境，流经所有8个县（市、区），全长483千米，流域面积68000公顷。长江过枝城至城陵矶，历史上称为"荆江"。荆江河段地势平坦，河弯甚多，常称此江段为"九曲回肠"，形成了许多天然故道，是长江鱼类栖息肥育的理想场所，国家一级保护动物白鳍豚、中华鲟常洄游在此江段。国家批准在洪湖的螺山至新滩口江段和石首天鹅洲故道建立国家级白鳍豚自然保护区，在监利老江河、石首老河两个故道建成了国家级四大家鱼原种场。

荆南四河：荆江南岸的松滋河（松东河、松西河）、虎渡河、藕池河、调弦河，统称为"荆南四河"，作为分泄长江入洞庭湖的重要通道，是沟通长江与洞庭湖的纽带。堤防总长度 1086 千米，保护面积 347100 公顷，耕地 211.9 万亩，每年汛期分流四分之一的长江洪水，对于确保荆江安全发挥着重要作用。据 2015《荆南四河水情报表》记载，由于人类活动频繁等多方面原因，四河淤塞加剧，断流时间从 11 月中旬开始，呈加长趋势，现状令人忧思。

东荆河：自潜江的泽口流经江陵、监利、仙桃、洪湖，由新滩口注入长江。其全长 172 千米，是汉江下游的分流河道。

内荆河（四湖总干渠）：西起长湖习家口，东抵洪湖新滩口，总长 191 千米。流经潜江市、江陵县、监利县和洪湖市，串通四湖即长湖、三湖、白露湖和洪湖。

二、湖泊

湖北省素称"千湖之省"，全省湖泊主要分布在荆州，并有几个百湖之县，如洪湖、监利、公安等。荆州市湖泊众多，星罗棋布，大都为平原冲积型的湖泊，共有湖泊 355 个，其中录入湖北省湖泊保护名录的共 184 个，面积 70592 公顷。在录入湖北省湖泊保护名录的湖中，面积在 500 公顷以上的大型湖泊 18 个，总面积 61292 公顷；城中湖 20 个，面积 402 公顷。见表 2-2。

表2-2　录入湖北省湖泊保护名录的荆州市重点湖泊

序号	湖泊名称	水面面积/公顷	湖泊位置	湖面中心地理位置	
				东经（E）	北纬（N）
1	洪湖	30800	洪湖市螺山镇、新堤街、滨湖办事处、汊河镇、沙口镇、瞿家湾镇，监利县福田寺镇、汴河镇、棋盘乡、桥市乡、柘木乡、白螺镇、朱河镇	113°20′13″	29°51′20″
2	长湖	13100	荆州市荆州区纪南镇、郢城镇，荆州市沙市区关沮镇、锣场镇、观音垱镇；沙洋县后港镇、毛李镇；潜江市浩口镇	112°27′11″	30°26′26″

续表

序号	湖泊名称	水面面积/公顷	湖泊位置	湖面中心地理位置	
				东经（E）	北纬（N）
3	崇湖	2120	公安县闸口镇、斗湖堤镇、麻豪口镇	112°16′22″	29°55′16″
4	淤泥湖	1810	公安县孟家溪镇、章田寺乡、甘家厂乡	112°6′39″	29°48′0″
5	老江湖	1800	监利县三洲镇、尺八镇	113°2′20″	29°35′2″
6	牛浪湖	1500	公安县章庄铺镇；湖南省澧县	111°57′21″	29°49′41″
7	天鹅湖	1480	石首市天鹅洲经济开发区	112°34′32″	29°51′1″
8	上津湖	1300	石首市东升镇、高基庙镇	112°30′7″	29°38′26″
9	天星湖	1130	石首市小河口镇	112°40′6″	29°49′13″
10	菱角湖	1060	荆州市荆州区马山镇、菱角湖管理区	111°59′32″	30°31′33″
11	小南海	803	松滋市南海镇	111°48′26″	30°6′44″
12	王家大湖	687	松滋市纸厂河镇	111°52′12″	29°58′54″
13	玉湖	683	公安县毛家港镇	112°5′7″	30°3′42″
14	中湖	657	石首市调关镇、桃花山镇	112°38′44″	29°39′34″
15	陆逊湖	633	公安县麻豪口镇	112°18′1″	29°50′58″
16	东港湖	585	监利县尺八镇	113°3′14″	29°39′34″
17	西湖	556	监利县大垸管理区	112°47′10″	29°50′48″
18	鸭子湖	538	石首市东升镇	112°30′44″	29°45′18″
19	三菱湖	486	石首市桃花山镇、调关镇	112°42′39″	29°41′26″
20	白莲湖	464	石首市东升镇、高基庙镇	112°28′16″	29°40′23″
21	筻子湖	463	石首市大垸镇	112°29′14″	29°49′31″
22	沙套湖	391	洪湖市燕窝镇、新滩镇	113°57′21″	30°8′40″
23	宋湖	322	石首市桃花山镇、调关镇	112°41′23″	29°41′27″
24	庆寿寺湖	304	松滋市南海镇	111°50′53″	30°5′50″
25	北湖	283	公安县夹竹园镇、闸口镇	112°11′46″	29°57′17″
26	黄家拐湖	279	石首市笔架山街、东升镇	112°28′29″	29°44′41″
27	蠡田湖	262	松滋市老城镇	111°43′55″	30°16′49″
28	秦克湖	221	石首市团山寺镇	112°18′8″	29°36′5″
29	湖滨挡	187	公安县甘家厂乡	112°6′14″	29°41′30″
30	三眼桥	171	公安县甘家厂乡	112°9′9″	29°42′41″
31	白洋湖	166	石首市桃花山镇	112°45′50″	29°41′39″
32	大叉湖	166	石首市桃花山镇、调关镇	112°40′54″	29°40′34″
33	黄莲湖	166	石首市高基庙镇	112°25′21″	29°41′1″
34	赤射坑	165	监利县周老嘴镇、分盐镇	112°59′31″	29°59′49″
35	马鞍湖	155	松滋市南海镇	111°52′26″	30°4′23″

续表

序号	湖泊名称	水面面积/公顷	湖泊位置	湖面中心地理位置	
				东经(E)	北纬(N)
36	东双湖	138	石首市高基庙镇	112°24′33″	29°38′23″
37	周城垸	129	监利县福田寺镇	113°6′44″	29°52′53″
38	文村渊	123	江陵县马家寨乡	112°13′44″	30°8′27″
39	郝家湖	119	公安县孟家溪镇	112°6′46″	29°52′27″
40	杨叶湖	117	石首市调关镇	112°45′4″	29°41′7″
41	里湖	112	洪湖市汉河镇	113°35′2″	29°58′36″
42	黄天湖	109	公安县黄山头镇	112°12′3″	29°40′38″
43	马尾套	108	公安县麻豪口镇	112°22′3″	29°53′17″
44	扁担湖	104	公安县藕池镇	112°14′24″	29°46′24″
45	内泊湖	101	沙市区观音垱镇	112°22′27″	30°23′3″
46	龙渊湖	57	江陵县郝穴镇	112°24′7″	30°2′40″
47	山底湖	55	石首市笔架山街、绣林街	112°25′51″	29°43′7″
48	显阳湖	50	石首市高基庙镇、绣林街	112°24′14″	29°41′38″
49	江津湖	42	沙市区崇文街	112°14′34″	30°19′9″
50	施墩河湖	29	洪湖市新堤街	113°25′15″	29°48′49″
51	九龙渊	28	荆州市荆州区东城街	112°12′36″	30°20′49″
52	北湖	23	荆州市荆州区西城街	112°10′37″	30°21′34″
53	朱家潭	23	公安县杨家厂镇	112°16′26″	30°3′27″
54	陈家湖	23	石首市绣林街	112°24′57″	29°43′1″
55	官田湖	23	石首市笔架山街、绣林街	112°25′55″	29°42′18″
56	张李家渊	13	荆州市沙市区中山街	112°14′56″	30°19′24″
57	龙王潭	13	荆州市荆州区城南经济开发区	112°9′28″	30°21′13″
58	西湖	7.8	荆州市荆州区西城街	112°10′19″	30°21′10″
59	文湖	3.6	荆州市沙市区解放街	112°14′6″	30°19′36″
60	周家沟湖	2.7	洪湖市新堤街	113°27′3″	29°49′45″
61	洗马池	2.1	荆州市荆州区西城街	112°11′2″	30°21′39″
62	南湖	2	松滋市新江口镇	111°46′51″	30°10′12″
63	太师渊	1.6	荆州市沙市区胜利街	112°15′32″	30°18′49″
64	北湖	1.4	松滋市新江口镇	111°46′40″	30°10′45″
65	廖家渊	1.4	石首市绣林街	112°23′56″	29°43′13″
66	土地湖	84	洪湖市沙口镇	113°19′21″	29°56′46″
67	大公湖	83	石首市大垸镇	112°32′20″	29°51′22″
68	破湖	69	石首市高基庙镇	112°24′43″	29°36′6″

序号	湖泊名称	水面面积/公顷	湖泊位置	湖面中心地理位置	
				东经（E）	北纬（N）
69	湘尤湖	69	石首市调关镇	112°36′50″	29°38′38″
70	月亮湖	68	石首市东升镇	112°32′56″	29°44′7″
71	龚家潭	67	公安县埠河镇	112°14′13″	30°13′27″
72	百汊湖	65	公安县东升镇	112°32′16″	29°38′26″
73	新莲湖	64	公安县南平镇	112°3′28″	29°52′47″
74	仁洋湖	62	公安县章田寺乡、孟家溪镇	112°11′34″	29°52′45″
75	老官溪	62	公安县黄山头镇	112°11′34″	29°44′25″
76	车落湖	60	石首市南口镇	112°16′16″	29°42′21″
77	清滩河	59	荆州区菱角湖农场	111°58′12″	30°26′49″
78	汪家汊	58	公安县章庄铺镇	112°0′57″	29°52′25″
79	碑亭湖	55	松滋市老城镇	111°45′7″	30°18′19″
80	刘董垸	54	监利县分盐镇	112°58′8″	29°59′39″
81	隔坝湖	53	石首市东升镇	112°29′45″	29°41′33″
82	灌挡湖	52	公安县章田寺镇	112°12′25″	29°34′4″
83	朱家湖	49	公安县南平镇	112°1′37″	29°47′7″
84	猪来湖	47	石首市团山寺镇	112°18′25″	29034′4″
85	江北渊	46	江陵县江北农场	112°18′43″	30°11′56″
86	稻谷溪	44	松滋市新江口镇	111°46′58″	30°8′42″
87	赵家渊	43	江陵县马家寨镇	112°14′31″	30°6′49″
88	后套湖	43	洪湖市燕窝镇	113°56′31″	30°7′40″
89	上关湖	41	公安县闸口镇	112°15′25″	29°53′7″
90	背时湖	35	江陵县秦市镇	112°35′56″	29°55′44″
91	文家湖	35	公安下甘家厂乡	112°9′25″	29°44′33″
92	韩高湖	35	石首市团山寺镇	112°17′2″	29°37′14″
93	老湾潭子	35	洪湖市老湾镇	113°39′32″	29°57′27″
94	余家垱	34	公安县黄山头镇	112°12′36″	29°43′28″
95	姚湖	34	洪湖市燕窝镇	114°1′5″	30°7′36″
96	南星湖	33	公安县章田寺镇	112°12′18″	29°49′52″
97	小鸭子湖	33	石首市东升镇	112°31′15″	29°44′35″
98	西湖	32	公安县斗湖堤镇	112°10′37″	30°8′33″
99	葛公垱	32	公安县甘家厂乡	112°5′9″	29°44′0″
100	朱家湖	31	公安县孟家溪镇	112°10′58″	29°54′42″
101	黄山电排湖	31	公安县黄山头镇	112°10′58″	29°39′50″

续表

序号	湖泊名称	水面面积/公顷	湖泊位置	湖面中心地理位置	
				东经（E）	北纬（N）
102	闵家潭	29	荆州市荆州区李埠镇	111°59′52″	30°20′57″
103	东都湖	29	石首市团山寺镇	112°18′14″	29°37′15″
104	西套湖	29	洪湖市新滩镇	113°54′50″	30°7′45″
105	还原湖	27	洪湖市龙口镇	113°44′13″	29°57′25″
106	撮箕湖	27	洪湖市新堤街	113°25′48″	29°48′39″
107	曹家湖	26	公安县藕池镇	112°14′2″	29°48′39″
108	王家垱	26	公安县章庄铺镇	112°0′18″	29°50′58″
109	祝家湖	25	公安县黄山头镇	112°11′20″	29°43′45″
110	梅兰渊	24	监利县红城乡	112°50′16″	29°51′27″
111	滚子垱	23	公安县斑竹当镇	112°4′4″	29°58′21″
112	庵汉	23	公安县章庄铺镇	112°0′21″	29°53′36″
113	朱家垱	23	公安县黄山头镇	112°14′13″	29°41′40″
114	彭湖	22	监利县柘木乡	113°5′9″	29°33′57″
115	塘子河渊	22	监利县程集镇	112°42′39″	29°53′1″
116	石子渊	22	江陵县白马寺镇	112°27′3″	30°8′36″
117	瓦台垸	22	江陵县六合垸	112°34′44″	30°10′10″
118	金猫潭	22	公安县夹竹园镇	112°10′4″	30°2′29″
119	港北垸湖	22	洪湖市乌林镇	113°33′57″	29°57′28″
120	四百四	22	洪湖市燕窝镇	114°1′48″	30°6′39″
121	曾家垸	21	监利县程集镇	112°39′28″	29°52′50″
122	鹤湾湖	21	石首市团山寺镇	112°17′32″	29°36′24″
123	祝河塘	20	监利县尺八镇、三洲镇	112°58′1″	29°37′0.8″
124	护城垸	20	公安县南平镇	112°3′54″	29°53′18″
125	王家汉	20	公安县章庄铺镇	111°59′6″	29°47′12″
126	北闸湖	20	公安县埠河镇	112°8′16″	30°16′46″
127	渔栏渊	19	监利县汪桥镇、程集镇	112°43′40″	29°53′17″
128	黑狗渊	19	江陵县马家寨镇	112°16′8″	30°5′26″
129	竹篙湖	19	荆州市荆州区弥市镇	112°4′51″	30°8′18″
130	桃果湖	19	石首市桃花山镇	112°45′46″	29°42′10″
131	下关湖	18	公安县闸口镇	112°15′3″	29°52′23″
132	烈货山潭子	18	石首市东升镇	112°30′54″	29°42′46″
133	下倒口潭	17	监利县白螺镇	113°11′27″	29°32′18″
134	鞭果湾	17	石首市团山寺镇	112°18′3″	29°32′24″

续表

序号	湖泊名称	水面面积/公顷	湖泊位置	湖面中心地理位置	
				东经 (E)	北纬 (N)
135	团方湖	17	石首市调关镇	112°35′13″	29°38′43″
136	铁子湖	16	监利县福田寺镇、分盐镇	113°4′30″	29°55′33″
137	范家渊	16	荆州市开发区沙市农场	112°19′1″	30°16′29″
138	黄家潭	15	公安县埠河镇	112°15′10″	30°15′39″
139	王家垸	15	公安县章庄铺镇	112°0′54″	29°53′9″
140	牛角湖	15	石首市调关镇	112°35′60″	29°39′29″
141	昌老湖	15	洪湖市乌林镇	113°35′34″	29°55′54″
142	南凹湖	15	洪湖市汊河镇	113°32′52″	29°57′39″
143	虾子沟	15	洪湖市燕窝镇	113°59′16″	30°9′22″
144	堤套湖	14	监利县大垸管理区	112°37′41″	29°53′16″
145	赖氏湖	14	公安县黄山头镇	112°9′21″	29°40′50″
146	白沙湖	14	洪湖市龙口镇	113°47′27″	30°0′0.7″
147	民生湖	14	洪湖市新滩镇	113°50′31″	30°9′24″
148	车渊	13	江陵县熊河镇	112°27′28″	30°9′24″
149	关庙潭	13	公安县埠河镇	112°10′51″	30°17′10″
150	杨家洪	13	公安县埠河镇	112°8′20″	30°16′13″
151	罗家湖	13	松滋市宛市镇	112°2′42″	30°16′13″
152	老测潭子	13	洪湖市龙口镇	113°42′50″	29°59′5″
153	高小渊	12	监利县汪桥镇	112°46′30″	29°53′26″
154	邓兰渊	12	监利县红城乡	112°51′25″	29°51′8″
155	丁堤咀	12	公安县章庄铺镇	111°58′12″	29°54′39″
156	柏塘渊	12	洪湖市大沙湖管理区	113°53′16″	30°5′18″
157	谈家湖	11	公安县狮子口镇	111°59′31″	29°54′50″
158	胡家汊	11	公安县章庄铺镇	111°59′2″	29°47′52″
159	山岗湖	11	松滋市南海镇	111°49′19″	30°2′48″
160	古荡湖	11	石首市团山寺镇	112°15′39″	29°40′26″
161	浩子湖	11	石首市高陵镇	112°15′39″	29°40′26″
162	响荡湖	11	石首市东升镇	112°32′9″	29°39′55″
163	柳湖	10	石首市南口镇	112°20′16″	29°43′25″
164	西湖	10	石首市团山寺镇	112°16′4″	29°37′42″
165	袁家垱	9.5	公安县章庄铺镇	111°56′34″	29°55′21″
166	上倒口潭	9.4	监利县白螺镇	113°11′2″	29°31′38″
167	观曲渊	9.2	江陵县资市镇	112°25′33″	30°9′55″

序号	湖泊名称	水面面积/公顷	湖泊位置	湖面中心地理位置	
				东经（E）	北纬（N）
168	高垱湖	9.2	公安县黄山头镇	112°11′24″	29°42′53″
169	太马湖	9.1	洪湖市滨湖办事处	113°26′13″	29°57′14″
170	郝家塘子	9	监利县尺八镇	113°0′46″	29°40′17″
171	字纸篓	9	荆州市荆州区李埠镇	112°3′39″	30°19′20″
172	团湖	8.9	公安县甘家厂乡	112°9′32″	29°43′35″
173	孟家湖	8.2	松滋市宛市镇	111°54′21″	30°18′11″
174	硚口潭子	8	松滋市乌林镇	113°34′8″	29°54′21″
175	毛家潭	7.9	公安县埠河镇	112°12′0″	30°11′51″
176	月亮湾	7.7	江陵县郝穴镇	112°25′15″	30°3′1″
177	雷家湖	7.7	公安县狮子口镇	111°58′30″	30°0′16″
178	沙湖	7.7	石首市笔架山办事处	112°25′58″	29°42′6″
179	彭家边湖	7.6	洪湖市燕窝镇	113°59′2″	30°6′32″
180	平家渊	7.5	江陵县资市镇	112°24′36″	30°12′0″
181	新潭子	7.3	洪湖市乌林镇	113°37′48″	29°55′59″
182	新潭	7.1	松滋市宛市镇	111°58′15″	30°16′46″
183	熊家渊	6.7	江陵县熊河镇	112°27′3″	30°5′2″
184	双桥潭子	6.7	洪湖市龙口镇	113°47′31″	29°57′14″

　　2018年荆州市政府办公室公布第一批新增的景塘湖等10个水面面积在20亩以上的城中湖泊和100亩以上的农村湖泊名录，分别为江陵县白马寺镇黄淡村的景塘湖、监利县毛市镇沙湖渔场的锦沙湖、监利县红城乡赵夏村的林长湖、洪湖市老湾乡的杨柳湖、洪湖市沙口镇汤山路44号的汤山湖、松滋市纸厂河镇桂花树村的桂花湖、公安县孟家溪镇的南港湖、公安县斗湖堤镇大圣村的杨林湖、公安县黄山头镇马鞍山村的新民湖、石首市久合垸乡獾皮湖村的獾皮湖。

　　洪湖：洪湖是江汉湖群大型湖泊之一，为全国第七大淡水湖泊，位于长江中游，跨监利、洪湖两县市。承水面积598000公顷，控制蓄水面积40200公顷。湖底平均高程22.2米，常年平均水深1.34米，湖内水草繁茂、水质清新。洪湖总面积35330公顷，1994年，成鱼总产量1万吨左右；1994—2005年，洪湖由荆州市洪湖渔业管理局管理，下设洪湖市渔政管理站、监利县渔政管理站；2005年，因体制变更，洪湖由荆州市洪湖湿地自然保护区管理局管理，2005年成鱼总产量 3.05 万吨。为加强生态环境保护建设，自 2018 年 7 月 15 日起，洪湖全面禁捕。

长湖：位于湖北省中部，荆州市北郊，长江中游四湖流域上游，水域跨荆州、荆门、潜江三地市。长湖是湖北省的第三大湖泊，岸线全长 310 千米，承雨面积 226500 公顷，总面积 14670 公顷，湖面 15750 公顷。长湖盛产鲤、鲫、鳊、乌鳢、菱、莲藕等，是重要的水产种质资源库，同时兼有调蓄、灌溉、生活饮水、旅游、渔业、航运等多种功能。长湖水域有浮游植物 27 属，平均数量 31583 个 / 升（ind/L，每升液体里生物个体数量）；浮游动物 44 种，其中原生动物 4 种、轮虫 25 种、枝角类 13 种、桡足类 2 种，平均数量 4412 个 / 升；水生高等植物 34 科，62 属，98 种；底栖动物 15 种；鱼类 77 种，以鲤科鱼类最多，共 6 亚科 48 种，占 61.5%。长湖由荆州市长湖水产管理处负责管理，主要任务是宣传贯彻《中华人民共和国渔业法》《长湖湖泊管理章程》，办理登记、发放、核检入湖捕捞许可证和渔船牌照及围栏养殖水面使用证；征收渔业资源增殖保护费和查处渔业违章案件、调处渔业纠纷。由于管理体制不顺，管理机构的效能也受到客观制约。管理处为了适应市场经济和自身发展的需要，先后发展了一些水产企业，先后有白庙水产良种场、海子湖渔场、外六台鱼种场、禽蛋加工厂、塑料厂和渔业公司。1994 年，长湖成鱼总产量 0.5 万吨；2005 年成鱼总产量 0.8 万吨。2008 年长湖被批准为国家级鲌类种质资源保护区。2015 年，长湖划归纪南文旅区管理，成立荆州市长湖生态管理局，专门管理长湖水域。2018 年，长湖全面禁捕。2019 年 4 月 1 日，《荆州市长湖保护条例》正式颁布实施。

三、水库

全市内共有水库 114 座，其中 2 座大型水库，分别是泒水水库、太湖港水库；中型水库 6 座，分别是北河水库、南河水库、文家河水库、卷桥水库、张家山水库、沙港水库；小型水库 106 座。见表 2-3。

1971 年，荆州地区水库可养面积 37.89 万亩，其中已养水面 29.22 万亩，生产成鱼 77 万千克。20 世纪 80 年代初期，全区大中小型水库 486 座，水面 37.19 万亩。其中大型水库 5 座，面积 16.2 万亩；中型水库 21 座，面积 9.2 万亩；小（一）型水库 104 座，面积 6.52 万亩；小（二）型水库 356 座，面积 5.27 万亩。水库养鱼是水库的功能之一，也是渔业养殖的新领域，水库的网箱养殖、冷水性鱼类养殖、深水捕捞等养殖方式，为水库渔业发展起到了积极推动作用。由于行政区划变化，2000 年，全市水库面积只有 6.05 万亩。到 2017 年，全市水库养殖面积和产量均为零。

表2-3 荆州市重点水库概况

水库名称	集水面积/公顷	总库容/10⁸ 米³	兴利库容/10⁸ 米³	所在县市	备注
洈水水库	114200	5.7600	3.0900	松滋市	大型，农灌、发电
太湖港水库	18956	1.2192	0.2814	荆州区	大型，农业灌溉
张家山水库	4330	0.2112	0.0558	荆州区	中型，农业灌溉
文家河水库	1800	0.1720	0.1277	松滋市	中型，城镇生活
沙港水库	1278	0.1403	0.0775	荆州区	中型，农业灌溉
卷桥水库	1600	0.1180	0.0720	公安县	中型，农业灌溉
北河水库	7500	0.5640	0.2744	松滋市	中型，农业灌溉
南河水库	1250	0.1037	0.0606	松滋市	中型，农业灌溉

四、池塘

全市池塘主要包括精养池塘和塘堰二类，共有面积 130590 公顷，是全市养殖生产的主体。

1. 精养池塘

在由天然捕捞转向人工养殖生产过程中，精养池塘的养殖已经成为人工养殖的主体。1978 年，全区开挖精养池塘 6200 亩，到 1984 年，农业部共拨款 3864 万元，扶持开挖标准化精养池塘 13.76 万亩。标准化精养池塘要求连片面积 300 亩以上，鱼池水面 15～20 亩，池坡 1∶3，水深 3 米以上，水面与种青饲料地的比例为 1∶0.4，一般埂宽 10 米以上。由于精养池塘具有养殖生产的专业功能，亩产一般可达 200 千克以上，产量高，效益好，广大农民开挖精养池塘发展水产生产的积极性很高。20 世纪 80 年代，各乡镇组织劳力、资金，每年开挖精养池塘 3 万～4 万亩。1991 年，全区渔业专业户 7343 个，建设国家商品鱼基地 745 个，累计建成面积 12.4 万亩，精养池塘面积达到 37.46 万亩，养殖产量 118766 吨，占总产量 55.94%。2005 年全市精养池面积达 71.67 万亩，产量达 37.6 万吨，占养殖总产量 66.14%。

2. 塘堰

塘堰是农村零散的天然池塘,其功能主要是农田灌溉和农民生活用水,以养鱼为辅,多分布在丘陵地带。塘堰规格不一,一般可分为三种类型:一类塘,水面4亩以上,水源能排灌,好看管;二类塘,水面2～4亩,水深1.5～2米,常年能保持水深1米以上;三类塘,水面较小,水深1.5米以下,保水性能差,管理不便。1949年,全区塘堰可养面积33.27万亩;1978年,全区塘堰可养面积24.47万亩;2005年全市塘堰可养水面14.19万亩,产量3.6万吨。2005年以后,精养池塘进一步发展,2019年,全市池塘养殖面积以精养池塘为主,总面积197万亩,其中精养池塘180万亩,普通塘堰17万亩;养殖产量分别为72.91万吨、3.33万吨。

五、稻田

全市常用耕地面积1024.45万亩,粮食种植面积1107.0万亩,粮食产量473.5万吨,其中低湖冷浸田600多万亩。2019年,全市以提质增效为重点,以绿色发展为引领,进一步推进种植业结构调整,充分利用低湖冷浸田大力发展稻渔种养、虾稻共作,面积达到251万亩。

全市主要年份养殖面积分类统计见表2-4～表2-7。

表2-4　荆州主要年份养殖水面变化表　　　　　　单位:万亩

项目		1971年	1978年	1988年	1992年
总计	可养水面	260.88	192.83	262.74	234.44
	养殖水面	115.46	96.60	173.42	154.55
湖泊	可养水面	163.71	128.8	130.08	118.01
	养殖水面	56.78	51.31	58.72	54.99
水库	可养水面	37.89	30.85	30.17	20.38
	养殖水面	29.22	20.90	18.09	10.50
塘堰	可养水面	44.36	24.47	56.27	47.3
	养殖水面	27.22	19.81	53.25	41.6
河渠	可养水面	14.92	8.10	9.49	7.92
	养殖水面	2.24	3.96	6.63	6.64
精养鱼池	可养水面	—	0.62	36.73	40.83
	养殖水面	—	0.62	36.73	40.82

表2-5 荆州1978年水面分类统计年报表

县名	水面分类														
	合计			湖泊			塘堰及精养鱼池			水库			河港沟渠		
	现有面积/万亩	放养面积/万亩	养殖产量/吨	现有面积/万亩	放养面积/万亩	养殖产量/吨	现有面积/万亩	放养面积/万亩	养殖产量/吨	现有面积/万亩	放养面积/万亩	养殖产量/吨	现有面积/万亩	放养面积/万亩	养殖产量/吨
合计	192.83	96.6	19432	128.8	51.31	7246	25.08	20.34	9399	30.85	20.9	1717	8.10	3.96	1069
沙市	0.43	0.43	577	0.10	0.10	23	0.3	0.3	496	—	—	0	0.03	0.03	57
江陵	7.76	6.75	1750	1.93	1.79	307	2.6	2.34	1170	3.01	2.5	215	0.22	0.12	57.5
松滋	12.95	7.95	1550	3.0	2.39	246	5	2.39	1081	3.95	2.67	157	1	0.5	66
公安	11.53	10.7	2884	9.0	8.4	1194	1.6	1.56	1457	0.53	0.53	112	0.4	0.21	121
石首	8.94	7.38	900	8.36	6.84	800	0.3	0.3	52.5	0.03	0.03	15	0.21	0.21	35
监利	11.0	9.03	1371	8.20	7.6	890	1.8	1.43	481	—	—	—	1		
洪湖	13.25	9.76	2266	10.35	7.07	1220	1.92	1.71	1020	—	—	—	0.98	0.98	128
沔阳	8.47	7.99	2280	4.87	4.68	860	2.1	2.02	1050	—	—	—	1.5	1.29	370
天门	6.0	5.0	900	3.0	2.5	365	1.8	1.8	475	0.2	0.2	10	1	0.5	50
潜江	5.68	5.1	1050	3.57	2.82	240	1.55	1.05	760	—	—	0	0.56	0.25	50
钟祥	10.5	10.4	950	2.70	2.70	400	1.96	1.95	200	5.84	5.84	350	—	—	—
京山	8.5	7.24	975	—	—	—	1.50	0.24	323	6.50	6.50	324	0.50	0.50	134
荆门	8.0	6.0	1550	2.45	1.56	650	2.4	1.4	480	3.15	2.4	440	—	—	—
农场	2.02	0.94	210	0.33	0.15	40	1.25	0.56	160	0.44	0.23	41	—	—	—
地直	77.77	1.93	220	70.87	1.03	120	—	—	—	7.02		100	—	—	—

表2-6 荆州市1994—2006年水产养殖面积一览表   单位：公顷

年份	合计水产养殖面积	湖泊水产养殖面积	水库水产养殖面积	精养池塘水产养殖面积	塘堰水产养殖面积	河渠水产养殖面积	网箱水产养殖面积	围栏水产养殖面积	稻田水产养殖面积	其他水产养殖面积
1994年	97378	30880	13020	27440	20906	3406	0.2	2590	620	1726
1995年	99020	31350	12910	30640	19020	3410	0.7	2580	970	1690
1996年	78180	28760	4247	27107	12320	2840	0.9	3360	30	2906
1997年	79641	29330	4090	28120	12287	3087	0.9	3090	150	2727
1998年	79889	29620	4293	27213	10830	3293	1.1	5540	3510	4640
1999年	80040	27310	3900	27170	13390	2980	3.7	5850	3330	5290
2000年	82100	29412	3892	30593	11450	3380	970	4330	4310	3373
2001年	88470	28870	3810	35850	11280	3790	35	4050	9790	4870
2002年	100410	30470	3750	42130	11000	4520	73	5490	21150	8540
2003年	114870	30870	3960	47050	12900	6150	800	4000	19990	13940
2004年	115420	29822	3790	49884	10906	5890	33	5360	18030	15128
2005年	112886	39342	3396	47783	9658	6938	250	3790	16450	5769
2006年	111530	34607	3430	50510	8949	7297	1320	4630	18810	6737

注：网箱、围栏和稻田面积不计算在总面积中。

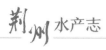

表2-7 荆州市2007—2019年水产养殖面积产量一览表

年份/年	合计		湖泊		水库		池塘		河沟		其他养殖		稻田水产养殖		网箱(池塘)		工厂化	
	面积/公顷	产量/吨	面积/公顷	产量/吨	面积/公顷	产量/吨	面积/公顷	产量/吨	面积/公顷	产量/吨	面积/公顷	产量/吨	面积/公顷	产量/吨	面积/公顷	产量/吨	面积/公顷	产量/吨
2007	104473	596465	36694	75489	4540	8503	60580	459571	—	—	2660	8334	27260	44568	6447	15167	61	910
2008	125321	785378	37464	80577	4182	8222	78898	613584	4378	12641	399	1169	63196	69185	41202	30771	106	1540
2009	141244	937436	37839	82077	4575	7210	92016	742088	4866	14060	2128	7789	67678	84212	21659	87081	90	1531
2010	146619	972527	37239	65441	4575	4964	97258	784866	5135	6301	2412	5614	67513	105341	22490	80180	90	588
2011	150708	1011914	37712	71896	4708	6071	101494	844155	4337	3738	2457	5377	81375	80677	27294	69443	83	706
2012	147094	859995	36195	55565	3461	4557	102817	724703	2748	2778	1873	5136	86836	67256	—	56360	12	110
2013	149112	913006	36841	51583	3401	4419	102969	776243	3902	3730	2009	4885	88475	72146	—	—	8580	36244
2014	150916	972286	36499	37526	3206	2990	105645	827896	3752	3699	1814	3372	91548	96803	—	—	5000	28
2015	150476	1028870	33305	37649	3154	2774	108478	862448	3744	3567	1795	3510	108701	118922	—	—	4	42
2016	160383	1083971	35841	33179	3090	2092	115595	916114	3623	3539	2234	4773	110988	124274	—	—	5	42
2017	141302	1063767	8516	3619	0	0	131460	827814	586	176	740	1366	139011	230792	—	—	1105	192
2018	131386	1067897	—	—	—	—	131386	777922	—	—	—	—	156552	289975	—	—	3823	1025
2019	130592	1104341	—	—	—	—	130592	762489	—	—	—	—	173627	341852	566685	13274	6747	358

第二节　养殖水域滩涂功能区划

依据《养殖水域滩涂规划编制工作规范》（农渔发〔2016〕39 号）等法律法规、政策文件要求，对荆州市养殖水域滩涂的功能区划进行合理、科学地布局。具体规划为禁止养殖区、限制养殖区和养殖区三个功能区，为产业转型升级提供导向。在有效保护水域资源的前提下，对养殖水域滩涂资源进行优化配置，提升资源综合利用效率。

一、禁止养殖区

① 禁止在饮用水水源地一级保护区、自然保护区核心区和缓冲区、国家级水产种质资源保护区核心区和未批准使用的重点功能生态区开展生态养殖。

② 禁止在港口、航道、行洪区、河道堤防安全保护区等公共设施安全区域开展水域养殖。

③ 禁止在有毒物质超过规定标准的水体开展水域养殖。

④ 法律法规规定的其他禁止从事水产养殖的区域。

荆州市共涉及城市集中饮用水源地 11 处，乡镇饮用水源地 119 处，饮用水水源一级保护区全部划为禁养区。荆州市长江荆江段、四湖总干渠、西干渠、豉湖渠、沮漳河、东荆河、松滋河、藕池河、虎渡河、护城河、荆沙河、荆襄内河等重点河流沟渠全部划为禁养区，涉及河流沟渠 211 条。荆州市共有省级以上自然保护区 5 个，国家级水产种质资源保护区 16 个，按照规定，自然保护区核心区和缓冲区，水产种质资源保护区核心区为禁止养殖区。除国家级省级自然保护区以及国家级水产种质资源保护区外，荆州市国家级湿地公园保育区与恢复重建区、省级水产种质资源保护区的核心区也列入禁养区。

禁止养殖区涉及水源地一级保护区 130 处，港口、航道、行洪区、河道堤防安全保护区 211 处，自然保护区、水产种质资源保护区 21 处，城中湖禁养区 13 处，其他禁养区 8 处，总计 383 处，禁养面积 170942 公顷。

二、限制养殖区

限制在饮用水水源二级保护区、自然保护区实验区和外围保护地带、国家级水产种质资源保护区实验区、风景名胜区、依法确定为开展旅游活动的生态功能区开展水域养殖。在以上区域内开展水域养殖的应采取污染防治措施，污染物排放不得超过国家和地方规定的污染物排放标准。

限制在重点湖泊水库等公共自然水域开展网箱围栏养殖。重点湖泊水库饲养滤食性鱼类的网箱围栏总面积不超过水域面积的 1%，饲养吃食性鱼类的网箱围栏总面积不超过水域面积的 0.25%。

法律法规规定的其他限养区。国家级、省级水产种质资源保护区核心区以外的区域划入限养区。洪湖国家级湿地保护区的实验区划入限养区；环荆州古城国家湿地公园、老江河故道国家湿地公园、崇湖国家湿地公园、三菱湖国家湿地公园、沮水国家湿地公园和菱角湖国家湿地公园的保育区及恢复重建区以外区域划入限养区。

荆州市目前纳入湖泊保护名录的湖泊共有 194 个湖泊，其中 184 个湖泊为省重点保护湖泊，所有湖泊原则上全部应划入限制养殖区。由于上述湖泊中，有部分湖泊水域划为自然保护区、水产种质资源保护区、湿地公园，还有部分湖泊为城中湖，因此部分湖泊按照禁养区进行管理。限养湖泊以增殖放流养殖方式为主，养殖污染物排放严格控制在相关规定标准之内。荆州市共有各类水库 114 座，其中大中型重点水库 8 座。除部分水库因划入水源地一级保护区或水产种质资源保护区核心区按禁养区进行管理外，其余水库全部划入限养区。

限养区涉及水源地二级保护区 46 处，湖泊 181 处，水库 98 处，总计 325 处，限制养殖面积 51272 公顷。

三、养殖区

养殖区是指禁止养殖区、限养区以外的适宜发展水产养殖的区域，主要包括池塘养殖区、稻田养殖区和其他养殖区。池塘养殖包括普通池塘养殖和工厂化设施养殖等，其他养殖包括网箱养殖、围栏养殖等。

荆州市池塘养殖面积 131386 公顷，约 197.08 万亩；稻田综合养殖面积 156552 公顷，约 234.83 万亩。荆州市水域滩涂养殖现以池塘养殖和稻田综合养殖为主体。

第三节　水生经济动物

一、鱼类

据 20 世纪 80 年代渔业资源调查，全市鱼类有 83 种，分属 9 目 20 科，可分为三类：一是古北区鱼类中的江汉平原类群，如青、草、鲢、鳙等鱼类，约占 60%；二是中印区鱼类，如黄鳝、沙塘鳢等，约占 10%；三是第三世纪早期鱼类，如鲤、鲫、胭脂鱼、麦穗鱼、泥鳅等，约占 20%。20 世纪 80 年代后新引进和新培育鱼类有 20 多种，如白鲫、湘云鲫、彭泽鲫、加州鲈、长丰鲢、大鳞鲃、异育银鲫中科 3 号、中科 5 号、乌苏拟鲿、匙吻鲟、西伯利亚鲟、俄罗斯鲟等。目前全市鱼类约 109 种。

83 种鱼类名录：

① 鲟科：中华鲟、长江鲟。

② 白鲟科：白鲟。

③ 鳀科：长颌鳀、短颌鳀。

④ 银鱼科：太湖短吻银鱼、长江银鱼。

⑤ 鳗鲡科：鳗鲡。

⑥ 鲤科：鲤、鲫、青鱼、草鱼、鲢、鳙、赤眼鳟、鳡鱼、鳤鱼、鯮鱼、黄尾鲷、银鲴、细鳞斜颌鲴、圆吻鲴、逆鱼、花鲭、华鳈、黑鳍鳈、蛇鮈、长蛇鮈、吻鮈、棒花鱼、圆口铜鱼、麦穗鱼、团头鲂、三角鲂、长春鳊、红鳍鲌、蒙古红鲌、翘嘴红鲌、青梢红鲌、尖头红鲌、拟尖头红鲌、餐条、油餐条、银飘鱼、中华鳑鲏、高体鳑鲏、大鳍刺鳑鲏、斑条刺鳑鲏、彩副鱊、无须鱊、中华倒刺鲃、马口鱼、似鲅。

⑦ 胭脂科：胭脂鱼。

⑧ 鳅科：紫薄鳅、中华沙鳅、泥鳅、大鳞副泥鳅、大斑花鳅。

⑨ 鲇科：鲇、南方大口鲇。

⑩ 鲿科：黄颡鱼、长须黄颡鱼、瓦氏黄颡鱼、光泽黄颡鱼、长吻鮠、叉尾鮠、粗唇鮠、大鳍鳠。

⑪ 鮨科：鳜、大眼鳜。

⑫ 鲚科：青鳉。

⑬ 鳜科：鳜鱼。

⑭ 合鳃鱼科：黄鳝。

⑮ 鳢科：乌鳢、月鳢。

⑯ 攀鲈科：圆尾斗鱼、叉尾斗鱼。

⑰ 塘鳢科：中华沙塘鳢、黄黝鱼。

⑱ 虾虎鱼科：栉虾虎鱼。

⑲ 刺鳅科：刺鳅。

⑳ 鲀科：暗纹东方鲀。

二、其他水生经济动物

① 白鳍豚：为水生哺乳动物，国家一级珍稀保护动物。白鳍豚分布于长江中下游长江水域里，20世纪80～90年代在石首、洪湖江面时有发现。由于人们生产活动和环境变化影响，目前长江中白鳍豚已经功能性灭绝。

② 大鲵：又名"娃娃鱼"，为国家二级保护动物，全市数量不多，2019年产量达到120吨，主要养殖分布于城区防空洞、建筑物地下等处。本市较大的养殖加工企业有湖北优鲵可生物科技有限公司和荆州市绿水泉大鲵生态养殖股份有限公司，每年生产大鲵苗种200万尾以上。

③ 中华鳖：俗称"王八""脚鱼"。主要分布于湖、河、塘、港汊中，荆州地处水网湖区，各地都有分布，且天然产量较多。为了提高产量，20世纪90年代初开始人工养殖且发展迅速，到90年代中期，鳖产量曾达到万吨以上，后来受市场经济的影响，鳖价格下跌，产量下降，2005年为4537吨。随着生态养殖的发展，全市鳖的产量逐年增加，到2019年，产量达到18892吨，增长4倍多。

④ 龟类：荆州常见品种为草龟（又称泥龟、乌龟），分布于河、湖、塘中，食杂草和小动物。全市除天然产量外，近年来已开展人工养殖，2005年为783吨，2019年产量达到2945吨，增长3倍多。

⑤ 蟹类：俗称螃蟹，多分布于湖、河、塘中，天然产量不多。近十多年来，已开展大量的人工养殖。品种主要以长江的中华绒螯蟹为主，另外也有辽河水系的俗称"辽蟹"。长江蟹生长快、个体大、湖泊放流产量高、品质好，1994年，全市蟹产量6000吨左右，2005年达到1.9万吨，2019年为10.49万吨，产量比

2005 年增长 4.5 倍。

⑥虾类：主要品种有克氏原螯虾（小龙虾）、青虾。青虾主要产于洪湖、长湖及监利、石首、公安等地，年产量在 2 万吨左右。克氏原螯虾俗称小龙虾，原产地在美国路易斯安那州，1918 年传入日本，二战期间传入我国，1929 年首次在南京与安徽滁州交界处被发现。1974 年，武汉市水产局从江苏南京引进小龙虾到武汉市汉口养殖场试养，1976 年武汉天然水域出现了大量小龙虾的踪迹。1983 年，中国科学院动物研究所戴爱云研究员在《动物学杂志》上发表文章《介绍一种水产资源——蝲蛄》，提倡"将小龙虾作为水产资源加以利用"，同时湖北省水产科学研究所成立舒新亚为主的甲壳动物研究小组，华中农学院魏青山教授等开始对其进行养殖研究。荆州市的洪湖、监利、石首、公安等地也开始规模养殖，主要模式是稻田野生寄养，一般亩产小龙虾 100 千克左右，到 2005 年，荆州小龙虾产量达到 4000 吨。经过多年的发展，2019 年，荆州小龙虾养殖面积 328 万亩，其中虾稻共作面积 254 万亩，超过全省虾稻共作面积的 1/3，荆州小龙虾产量达到 40.7 万吨，成为全市渔业支柱产业。

⑦蛙类：全市蛙类主要有古巴牛蛙、美国青蛙和黑斑蛙等，年产量 6000 吨以上。近几年来，受生态环境制约，蛙类养殖主要以稻田养殖黑斑蛙为主，2019 年蛙类总产量 2531 吨。

⑧贝类：全市贝类品种较多，主要有田螺、三角帆蚌、褶纹冠蚌等，年产量 2000 吨左右。三角帆蚌主要用于培育珍珠，田螺和褶纹冠蚌为食用。近几年来，受生态环境制约和市场需求影响，我市全面取缔珍珠养殖，贝类养殖萎缩，2019 年，全市贝类产量 268 吨。

三、水禽

荆州气候四季分明，适宜部分杂色水禽、候鸟的生长繁育。水禽不仅是珍贵的美味品，而且其羽毛具有较高的经济价值，在全市大型湖泊均有分布，以洪湖、长湖居多，主要有鸿雁、灰雁、白额雁、小白额雁、豆雁、赤麻鸭、翘鼻麻鸭、绿头鸭、鹈鹕、鸬鹚、苍鹭、草鹭、芦鸡等。由于人类活动和环境影响，水禽数量品种急剧减少，1996 年，荆州市政府发出通告，禁止在洪湖猎捕水禽，对保护洪湖生态环境和水禽起到了重要促进作用。

· 第四节　水生经济植物 ·

一、莲藕

莲主要有白莲（俗称家莲）、红莲（俗称野莲）两种。白莲为引进人工杂交品种，有湘莲、建莲等。荷叶面大、叶柄粗、莲蓬大、凸圆形、籽粒大、产量高、品质好。红莲为野生的湖莲，为本地品种，叶面小、叶柄细、莲蓬小、呈凹形、籽粒小、产量低。莲子富含多种维生素，营养丰富，有较高的药用价值。全市野生莲蓬主要分布于洪湖、监利、石首、公安的湖塘之中。白莲主要为人工栽培，洪湖、监利较多。2005 年，全市莲子产量为 4500 吨。2019 年，全市莲子种植面积 11 万亩，产量 16500 吨。

藕有"家藕"和"野藕"两类。家藕为人工杂交栽培，品种较多，藕入泥浅、节短、粗、色白、味短，池塘和稻田栽种较多，年产量 10 万吨左右。野藕主要生长在天然湖泊、池塘、沼泽地，自生自灭，藕入泥深、节长、细、味长。2005 年，全市莲藕产量为 2540 吨。2019 年，全市藕种植面积 52 万亩（含藕带种植面积），产量 78 万吨。

二、菱

菱主要有"家菱"和"野菱"两种，均生长于湖、河、塘等浅水中。家菱为人工栽培的品种，皮薄肉厚，个大，呈暗红色，产量高，一般亩产可达 500 千克以上，全市年产量在 2 万吨左右，可生食和熟食，市场俏销。野菱为野生生长，皮厚角长肉少，呈青色，产量不高，全市产量在 2500 吨左右。2019 年，全市菱角种植面积 1.1 万亩，产量 7500 吨。

三、芡实

芡实俗称"鸡头包"，生长于湖泊、池塘、汊湾等静水中，叶大且圆，茎叶上均有刺，芡果为球形，去果皮即为芡米。芡实营养丰富，且可作药用，花茎可作蔬菜，根茎可作饲料。全市主要产于洪湖、监利、公安、石首等地，20 世纪 80 年代开始人工种植芡实，年产量在 60 吨左右。2019 年，全市芡实种植面积 3500 亩，产量 600 吨。

四、芦苇

芦苇有岗柴、茅柴等，主要生长在江河湖滩上。主要分布在石首、监利两县市，芦苇面积近 20000 公顷，亩产为 0.8 吨左右。芦苇经济价值高，是造纸业的重要原料，芦花可做枕芯，芦叶能制笠，芦笋可食用，芦根可入药，芦茎可编织席。

第五节　饵料生物

水体中饵料生物主要包括浮游生物（浮游植物、浮游动物）、底栖动物和水生维管束植物，是水体中鱼类、贝类、虾蟹类等的天然饵料。

一、浮游植物

全市共有浮游植物 280 余种，隶属 8 门 114 属，其中蓝藻门 17 属，绿藻门 57 属，硅藻门 21 属，裸藻门 6 属，金藻门 6 属，甲藻门 4 属，隐藻门 2 属，黄藻门 1 属。浮游植物资源丰富，种类以绿藻最多，硅藻和蓝藻次之。浮游植物在湖泊和水库中分布较多，河流中种类分布较少。浮游植物的密度为 $1 \times 10^5 \sim 9 \times 10^5$ 个 / 升。水体浮游植物生物量在 0.4 ～ 80 毫克 / 升，其中湖泊水体生物量为 0.5 ～ 30 毫克 / 升，水库生物量为 0.1 ～ 10 毫克 / 升，池塘生物量 1 ～ 80 毫克 / 升，沟渠生物量为 0.05 ～ 1.0 毫克 / 升。

二、浮游动物

全市浮游动物较丰富，常见浮游动物有 4 类 119 属。其中原生动物 51 属，轮虫 29 属，枝角类 21 属，桡足类 18 属。水体浮游动物生物量在 0.1 ～ 150 毫克 / 升，其中湖泊水体生物量为 0.1 ～ 15 毫克 / 升，水库生物量为 0.1 ～ 5.0 毫克 / 升，池塘生物量 20 ～ 150 毫克 / 升，沟渠生物量为 0.05 ～ 0.2 毫克 / 升。浮游动物密度和生物量的季节变化趋势由大到小依次为：夏季、春季、秋季、冬季。

三、底栖动物

全市常见底栖动物有 3 门 14 科 32 属 37 种，其中软体动物门 7 科 17 属 22 种，节肢动物门 6 科 12 属 12 种，环节动物门 1 科 3 属 3 种。以软体动物为主，其次有少量寡毛类和昆虫幼虫，湖泊底栖动物生物量为 24～220 克 / 米^2；水库为 0.007～0.6 克 / 米^2。常见的优势种包括中国圆田螺、铜锈环棱螺、赤豆螺、纹沼螺、耳萝卜螺、淡水壳菜、背角无齿蚌、螺形无齿蚌、三角帆蚌、褶纹冠蚌及河蚬等，这些底栖动物均可被鱼类摄食，是重要的鱼类饵料资源，其中部分底栖动物由于其味道鲜美，目前已成为餐桌上的珍品。底栖动物在湖泊、水库、池塘等养殖水域中分布广、数量多，其水平分布特点是，水草覆盖率高的沿岸带密度高于中心区。

四、水生高等植物

水生高等植物不仅是鱼类栖息繁殖的场所，一部分也是鱼类的可口饵料。全市水生高等植物现有 39 科 182 种。水蕨类有：水蕨、萍、满江红、槐叶萍。双子叶植物有：三白草、两栖蓼、水蓼、旱苗蓼、荭草、羊蹄、连明子、节节花、芡实、荷、萍蓬莲、睡莲、菱、金鱼藻、石龙芮、水田芥、沼菜、貉藻、合萌、水马齿、草龙聚草、狐尾藻、水芹、荇菜、石龙尾、轮叶石龙尾、水苦卖菜菱、细丝狸藻、小狸藻、淡花狸藻、黄花狸藻、裂合子草。单子叶植物有：蒲草、菹草、水竹叶眼子菜、篦齿眼子菜、小眼子菜、八雄蕊眼子菜、光叶眼子菜、多孔茨藻、大茨藻、小茨藻、草茨藻、矮慈姑、长瓣慈姑、黑藻、水车前、芳草、大花看麦娘、菵草、稗、牛鞭草、李氏禾、荻、草芦、芦苇、菰、棕苔、垂穗苔、马茨苔、异型莎草、水莎草、碎米莎草、莎草、飘拂草、牛毛毡、沼针蔺、野荸荠、湖瓜草、荆三棱、水毛花、萤蔺、扁穗草、白菖蒲、小浮萍、三叉浮萍、紫背浮萍、稀脉浮萍、水竹叶、凤眼莲、鸭舌草、雨久花、灯心草、地耳草、半边莲、排草种、轮藻、丽藻、弧枝轮藻、长苞灯枝藻。优势种类和生物量较大的有黄丝草、轮叶黑藻、聚草、苦草、金鱼藻等 10 多种，在各类水体中均有分布。以湖泊和小型河渠生物量最大，平均为 4234 克 / 米^2；池塘次之，平均为 1042 克 / 米^2。

第三章
水产养殖与种植

第一节　鱼苗鱼种生产

一、鱼苗生产

1. 天然捕捞

全市鱼苗生产主要为人工繁殖和天然捕捞两种，在人工繁殖未普及前，主要是靠长江天然捕捞。20 世纪 50 年代经科学家调查研究长江流域不仅鱼类品种、种群数量多，而且鱼苗资源丰富，特别是适合养殖的四大家鱼鱼苗的产量高、体质好。由于长江从宜昌的青滩至古老背的 100 千米江段位于峡谷区（南津关上下），两岸山岳绵延，江面窄隘，水流湍急，水深在 30 米以上，江底全为石质，又有深潭连贯，其自然条件是四大家鱼良好的产卵场。春暖以后亲鱼溯江而上，到达产卵场集结成群体，当发江之际，雌雄击流追逐发情产卵，鱼卵的胚胎发育成苗（水花）一般需 5～7 天。荆州地处长江中游，从宜昌产卵，经过 5～7 天孵化漂流，正好在荆州地区江段成苗。由于具有独特的地理优势，故历史上就盛产四大家鱼鱼苗。1949 年，全区捕捞江苗 3420 万尾，1958 年达到 300736 万尾，1960 年增加到 848101 万尾，其中洪湖最多。1958—1961 年，全县投入鱼苗捕捞生产的劳力高达 2.2 万名，平均年产 229723 万尾。从 20 世纪 50～70 年代家鱼人工繁殖没有普及以前，全区苗种生产除满足本地放养外，每年有几十亿尾远销全国各地，既支援了全国渔业生产，又促进本地渔业发展。

因人类活动的影响，江河污染，生态环境恶化，长江鱼类种群日益减少，天然捕捞鱼苗基本停止，仅监利老江河、石首老河两个国家级四大家鱼原种场每年从长江捕捞少量江苗补充养殖和作后备亲鱼培育。

2. 灌江纳苗

荆州地区的湖泊大多紧倚长江，具有灌江纳苗的有利条件。所以大型湖泊的鱼类资源增殖主要是采取灌江纳苗措施，"灌江"有"顺灌"和"倒灌"两种。顺灌是指江水高于湖水，在鱼苗汛期（4～6 月），开闸让江水注入湖中，同时引进鱼苗；倒灌是指湖水高于江水，开闸放水时，鱼类逆流迎水而上进入湖中（多为个体较大的鱼类）。

新中国成立前，湖泊均与长江相通，每年春季涨水时，鱼苗随江水灌入湖泊中生长繁殖，天然鱼产丰富。新中国成立后，因大兴水利，各湖湖口都建了节制闸，从此江湖隔断，内湖鱼类资源减少。为增殖洪湖大湖鱼类资源，1972年省投资2万元在洪湖新闸的第四、五两孔安装灌江纳苗的专用设备。在长江发江产鱼苗季节，利用水位差适时开闸灌江，江水入湖引进天然鱼苗。据1982年5月18～20日开闸纳苗40个小时测算，进水128万立方米，纳苗1200万尾，其中四大家鱼鱼苗占3.8%，当年鱼产量达到500吨，渔获物中野杂鱼占40%，多系灌江而来。几十年来，累计灌江纳苗2.3亿尾，其中四大家鱼鱼苗912万尾。

二、家鱼人工繁殖

由于人类活动的影响，江河污染，生态环境恶化，长江鱼类种群日趋减少，再者由于生产快速发展，依靠捕捞长江天然鱼苗，提供养殖苗种已不能适应生产发展的需要，水产科技部门20世纪50年代末开始探索鱼类人工繁殖。1955年，荆州地区开始从鲤鱼着手改良养殖鱼种。沙市、沔阳、潜江等地的国营鱼场先后对鲤鱼人工繁殖进行了小型试验研究，并孵化出鲤鱼苗300多万尾。1958年，广东珠江水产研究所钟麟工程师等，根据鱼类的繁殖活动主要是受中枢神经的反射作用，而中枢神经的反射又受外界因素影响的科学论断，创造了"外界条件与内在催情相结合"的刺激法，首次取得鲢、鳙鱼在池塘产卵、孵化成功。1960年，潜江县水产局与中国科学院水生生物研究所协作，在全省首先取得家鱼人工繁殖试验成功。20世纪60年代初，家鱼人工繁殖只注重攻克产卵、孵化的难关，而设备简陋，产卵池不规范，产量普遍不高，随后各县营渔场修建产卵池、孵化环道等基础设施，产量也相继提高。20世纪70年代中期，荆州地区水产科学研究所和长湖水产管理处由林梅蓉同志设计的产卵、孵化、集苗全程自流化的先进设施，使家鱼人工繁殖"三率"（产卵率、孵化率、成活率）显著提高，年均产量10亿尾，曾在全区和省内外推广。由于荆州生产鱼苗数量多、质量好，1988年，农牧渔业部和省水产局指定由荆州地区水产科学研究所空运200多万尾青鱼苗到原苏联，该所顺利完成这项国际任务，同时还引进了乌克兰3厘米规格的镜鲤1000尾。

家鱼人工繁殖主要技术与经验就是抓好亲鱼培育、适时催产和养好鱼苗三个关键环节。

在人工繁殖和养殖生产中，为了保持四大家鱼苗种的优质性状，全区每年除人工繁殖鱼苗外，还从长江捕捞2亿～3亿尾江苗，补充养殖和作后备亲鱼培育，同时国家根据监利老江河和石首老河口两个长江故道的得天独厚的优势，于20世纪90年代末投资500多万元，建成了国家级四大家鱼原种场，向全国供应四大家鱼原种，对全国四大家鱼品质改良起到了很大促进作用。同时利用国家级原种场的优势，对人工繁殖的四大家鱼亲鱼进行了更新换代，保持了四大家鱼的优良性状。

全区家鱼人工繁殖设备不断改革，由最初的孵化箱到孵化桶、孵化缸，再到圆形环道孵化，到现在的全漏形钢化环道，不仅具有卵粒漂浮均匀、孵化量大、出苗率高等特点，而且还管理方便、造价低。在人工繁殖鱼苗中，荆州地区水产科学研究、长湖白庙良种场和江陵县四新渔场每年鱼苗产量达25亿尾，不仅满足了本地县市，且每年空运30多个架次到外省地，苗种达5亿多尾。

1994年，全市鱼苗总产量113.21亿尾，其中人工繁殖109.1亿尾，天然捕捞4.11亿尾；2000年，全市共生产鱼苗约107.26亿尾，其中人工繁殖鱼苗106.96亿尾，占鱼苗总产量的99.72%。而长江捕捞鱼苗0.3亿尾，仅占0.28%，产量寥寥，行将停业。2005年，全市鱼苗总产量115.6亿尾，全部为人工繁殖鱼苗；2019年，全市鱼苗生产数量达到236亿尾。人工繁殖鱼苗品种主要为青、草、鲢、鳙四大家鱼，占总产量的70%左右，鲤、鲫、鳊、黄颡鱼、大口鲇等占30%左右。见表3-1。

三、鱼种生产

鱼种一般指3～15厘米的稚鱼，习惯称"乌子""夏花""冬片""春片"。但根据养殖条件和生产需要，也有略小或略大规格的鱼种（有的为250克或500克以上）。鱼种是成鱼养殖的基础，根据其繁殖和生产条件，可分为天然鱼种和人工养殖鱼种。

天然鱼种是指湖泊、河流、水库等水域的鱼类，在河流、浅水草滩、港湾、湖泊中自然产卵、繁殖成长的，如鲤、鲫、鳊等，或者是江河的鱼苗游入湖泊、港湾，在天然环境条件下生长的。这些鱼种游动面广，体质健壮，但因生活的环境条件差、敌害多，成活率较低。这些天然鱼种可就地捕捞、就地放养，补充种源不足，一般作为湖泊自然增殖的种源。

人工养殖的鱼种是指天然捕捞或人工繁殖的鱼苗实行人工养成的鱼种。鱼种生产的发展，历经70年历程，可分三个阶段。

第一阶段：新中国成立初期，鱼苗来源依赖长江捕捞，沿用传统的饲养和供种方式。其方法是将长江捕捞回来的"江花"经过"除野"，将餐条、鳡鱼、鳜鱼等凶猛鱼类去掉，保留四大家鱼。"除野"的方法有三种，一是在丝质捆箱密集挤死；二是在水桶、水缸中密集将耗氧浮出水面的野鱼用盘子撇出；三是将小池塘用大粪肥水，鱼苗放入池后，使耗氧量大的野杂鱼慢慢浮头致死。鱼种"除野"后即开始培育鱼种，用鸡蛋黄拌面粉做成饵料定时撒入池内喂养，十天半月养成"乌子"，再用粪肥培育水质，繁殖浮游生物作饲料，饲养 20 天左右成"寸片"。在这阶段要经常拉网，一方面是继续清除野杂鱼，另一方面是锻炼鱼的体质，使其适应运输操作。例如：松滋宛市、江陵郝穴、监利尺八等地的渔农，从长江捕捞鱼苗养成 3～5 厘米鱼种，供应农村塘堰养鱼。一般养鱼种的水面 1～2 亩，设备简陋，技术水平不高，生产规模不大，成活率很低。

第二阶段：20 世纪 50～70 年代，沿长江各县国营渔场为了适应规模生产的要求，改革鱼种养殖方式，先后从浙江的菱湖、广东的顺德、湖南的湘潭请养鱼技工，传授外地技术和生产方式，使鱼种生产水平有了较大的提高。其共同点是采用大池深水培育鱼种，适应大规模、大批量生产。特别是广东的养殖模式得到了很快推广，其方法是采用池边青草沤肥、用粪肥作底肥培育浮游生物作饵料，鱼种养成"寸片"后，投喂米糠、麦麸、豆饼等，经常对鱼种拉网、过筛，按规格分池饲养。这种养殖方式不仅成本低，而且鱼种体质好、规格整齐、成活率高。20 世纪 60 年代中期，家鱼人工繁殖鱼苗逐渐取代了长江天然鱼苗，在饲养过程中废除了"除野"的环节，人工繁殖鱼苗既保持了苗种的纯度，又减少了劳动强度。养鱼生产的实践证明，成鱼的产量与鱼种投放的规格、密度和品种搭配有直接的关系。投放大规格的鱼种，不但当年能养成商品鱼，而且成活率高，产量高，一般投放规格要求达到 50 克以上。为了适应成鱼生产要求，鱼种生产上又进行相应的技术改革，即采取扩大水面、加深池水、精细喂养、稀养速成等一系列措施，增加了鱼种养殖规格，保证了投放要求。为发展湖泊成鱼生产，各地根据湖泊成鱼生产湖泊大、水体中敌害多、更需要放养大规格鱼种的特点，采取了就地孵化、就地育种、就地投放的"三就"办法，即在湖边开挖鱼种池、寄养池，或利用港湾、河汊拦网培育、寄养鱼种。如洪湖的金湾、公安的崇湖、监利的老江河等渔场均采用上述方法培育大规格鱼种取得了较好的效果。

1966—1971 年，鱼种生产不少单位处于停滞状态，产量下降。为了保证鱼种供应，20 世纪 70 年代初期，除鱼种场供应种子外，农村养鱼开始兴办种子塘。

1972年仙桃有1153个生产队办种子塘1374口，面积1598亩，年底养成5厘米左右的鱼种1092万尾，占全县鱼种产量20%，鱼种规格由以前的3厘米提高到12厘米，成活率由20%上升到40%以上。并总结出"清、肥、选、稀、精、分、防、管"八字鱼种培育经验。1978年，全区鱼种产量达到5亿尾，7517吨。

第三阶段：1978年后，逐步放开水面经营权，养殖水面实行承包制，国家、集体、个人一起上，调动了群众养鱼积极性，从而促进了鱼种生产的蓬勃发展，鱼种养殖面积不断扩大，生产也向专业化、商品化、社会化方向发展。同时，还大力推广网箱、稻田、湖库汊河池塘套养等多种鱼种生产方式。

1. 网箱养鱼种

1980年，京山雁门口大观桥渔场在水库放养9口网箱，面积0.43亩，其中6口网箱饲养两季，共养成10厘米以上鱼种18.39万尾，平均每口网箱生产2万多尾。1979—1981年，洪湖三年共设置网箱面积8.75亩，实际养出鱼种70.6万尾，平均每亩网箱生产8万多尾。

2. 稻田养鱼种

新中国成立后，荆州地区稻田养鱼分为养鱼种和养成鱼两种。主要有稻鱼间作、稻鱼轮作、稻鱼间作和轮作相结合、稻田改为鱼池等四种方式。1982年，松滋万家公社腰店子大队第四小队，在2.1亩的中稻田饲养鱼种，经过80天放养，收获3～5厘米的草鱼种3650尾；10厘米以上鱼种1737尾，成活率达47.6%。1984年，监利县7个区利用3200多亩水田开展稻田养鱼种，年底产10厘米以上鱼种40吨。

3. 成鱼池套养鱼种

一般是在7～8月份实行轮捕轮放时，将达到商品规格的鱼起捕出售，然后套养3～5厘米的鱼种，投放比例占成鱼20%～30%，养到年底达到大规格鱼种，用于第二年成鱼生产。自20世纪90年代起，成鱼养殖所需鱼种主要是靠套养解决的，占鱼种投放量的80%以上。

4. 池塘专养鱼种

这种生产方式主要是生产销售鱼种的专业鱼种场，其生产的品种、规格都必须以市场需要为前提。鱼池一般为2～5亩，水深1～1.5米，饲养的鱼种必须严格锻炼，以适应长途运输。市水产科学研究所和各县市良种场就是为了满足各地养殖成鱼的需要而建设的具有多品种、多规格苗种系列化生产的专业鱼种场。

1994 年，全市鱼种养殖产量 6 万吨左右；2005 年达到 12.26 万吨左右；2019 年，全市鱼种生产达到 25 万吨左右，扣蟹生产 2135 吨，生产稚鳖 2820 万只，稚龟 414 万只，生产小龙虾苗 698.2 亿尾。见表 3-1。

表3-1　鱼苗鱼种生产统计表

年份/年	鱼苗		鱼种	
	合计/万尾	其中人工孵化量/万尾	合计/吨	其中15厘米以上量/吨
1949	3420	—	736	—
1958	300736	—	88537	—
1966	186289	3661	34543	—
1978	266160	237276	49784	—
1982	449993	400414	82960	—
1988	1208978	1181756	134396	62325
1992	1173546	1169796	130326	72290
1994	1132100	1091000	60053	52184
2000	1072600	1069600	66316	55555
2005	1156000	1156000	122577	112401
2010	1690000	1690000	237043	211832
2015	2500000	2500000	242500	221300
2019	2360000	2360000	249959	238656

20 世纪 80 年代末，石首老河长江四大家鱼原种场、长江四大家鱼监利老江河原种场先后被国家确定为长江水系四大家鱼种质资源天然生态库，种质资源库的建设为全市原良种繁育体系发展奠定了良好基础，带动了水产苗种生产经营。1999 年，全市人工孵化鱼苗超过 100 亿尾，苗种销售遍布全国各地。2006 年，全市从事苗种生产场家接近 140 个，其中省部级水产原良种场 6 个。2008 年 6 月 10 日，《湖北省水产苗种生产管理办法》施行，全市苗种生产管理进一步规范，为渔业养殖的快速兴起和发展提供了保障。按照优质苗种供求平衡、良种覆盖大幅度提高、种业市场健康有序发展目标，全市大力推进水产种苗科研攻关、生产经营管理，大宗淡水产品种苗繁育持续稳步发展，河蟹、黄鳝、小龙虾、泥鳅等名特水产苗种繁育取得突破性进展。2008—2018 年，全市对水产苗种生产经营行为进行了从严规范，淘汰了一批条件差、规模小、管理弱的水产苗种生产单位，将 101 家苗种生产企业规范至 88 家（见表 3-2），初步形成了以荆州区鲟鱼，江陵县泥鳅，监利黄颡鱼、黄鳝，洪湖市河蟹、小龙虾和石首市老河、监利

县老江河四大家鱼的苗种繁育布局；建设了湖北省长吻鮠良种场、荆州市长湖水产良种场、洪湖市六合水产开发有限公司、监利县天瑞渔业科技发展有限公司4个国家级现代渔业种业示范场；石首老河长江四大家鱼原种场等4个国家级原良种场，湖北公安淤泥湖团头鲂良种场等17个省级原良种场（见表3-3），苗种繁育能力超过250亿尾。

表3-2 荆州市水产苗种生产场汇总表

序号	所属县市	生产许可证编号	苗种生产场名称	生产品种	生产能力/万尾
1	市直	D2015001	荆州市长湖水产良种场	四大家鱼	69000
2		D2016066	湖北大明淡水鱼种业科技有限公司	四大家鱼、黄颡鱼	23000
3	荆州区	D2015002	荆州渔都特种水产养殖有限公司	黄颡鱼、匙吻鲟、胭脂鱼、大鳞鲃	870
4		D2015003	荆州市荆州区张家山渔场	四大家鱼、团头鲂	12200
5		D2015004	荆州市荆州区水产技术推广站	四大家鱼、黄颡鱼、南方大口鲇、鲟鱼	55000
6		D2015005	荆州区八岭山镇三中渔场	四大家鱼、团头鲂、鲫鱼、黄颡鱼	16000
7		D2015006	湖北精本渔业有限公司	四大家鱼、匙吻鲟、杂交鲟、胭脂鱼	40850
8		D2013080	荆州市金泰隆水产品开发有限公司	黄鳝	500
9		D2016072	荆州市明鹰生态农庄开发有限公司	泥鳅	2000
10		D2015007	荆州市荆州区太湖港工程供水公司	四大家鱼、鲤鱼、鲫鱼、鳊鱼、匙吻鲟	43300
11		D2015088	荆州市作新鱼苗繁育有限公司	长吻鮠、匙吻鲟	330
12		D2015089	荆州市成冠鱼苗繁育有限公司	胭脂鱼、黄颡鱼、中华倒刺鲃	1200
13		D2016067	荆州市菱湖之花水产养殖专业合作社	四大家鱼、鳊鱼、黄颡鱼、鳜鱼、泥鳅	65000
14		D2016068	荆州区荆福甲鱼产销专业合作社	中华鳖	1500
15		D2016069	荆州市长和生态渔业有限公司	西伯利亚鲟、匙吻鲟、达氏鲟	1050
16		D2018078	荆州渔都特种水产养殖有限公司	胭脂鱼、翘嘴鲌	39500
17	沙市区	D2015008	荆州市旺隆农业科技有限公司	黄颡鱼、大口黑鲈、乌苏拟鲿、泥鳅	31000
18		D2015009	荆州市千亩水产特种养殖专业合作社	四大家鱼	8000
19		D2015010	荆州市德源水产专业合作社	杂交鲇	80000
20		D2015011	荆州市百容水产良种有限公司	草鱼、团头鲂、鲫鱼、黄颡鱼	13000
21		D2014084	湖北广发水产养殖有限公司	泥鳅、黄颡鱼、四大家鱼	
22		D2016070	荆州市志华水产苗种家庭农场	四大家鱼、鲈鱼	5350
23		D2017075	湖北广发水产养殖有限公司	四大家鱼	4500
24		D2017076	湖北三同水产种业有限公司	黄颡鱼、翘嘴鲌、沙塘鳢	145000

续表

序号	所属县市	生产许可证编号	苗种生产场名称	生产品种	生产能力/万尾
25	江陵县	D2015012	江陵县文村渔场 鱼苗生产基地	四大家鱼、鲫鱼、鳊鱼	40000
26		D2015013	江陵县樊湖水产品专业合作社	四大家鱼、鲫鱼、鳊鱼	30000
27		D2015014	荆州市雷岭泥鳅养殖专业合作社	泥鳅、黄鳝	200000
28		D2015015	江陵县德高生态水产养殖专业合作社	黄鳝	1000
29		D2015016	江陵县资市镇家渔孵化场	四大家鱼、团头鲂	100000
30	石首市	D2013082	湖北五湖渔业股份有限公司	四大家鱼、长吻鮠	135000
31		D2015017	石首市行云水产发展有限公司	四大家鱼	27500
32	松滋市	D2015018	松滋市沙道观镇豆花湖渔场苗种场	四大家鱼、团头鲂	35000
33		D2015019	松滋市松峰鱼苗场	四大家鱼、团头鲂	28000
34		D2015020	松滋市鳜鱼原种场	鳜鱼、草鱼、鲢鱼、团头鲂、鲤鱼	70000
35		D2015021	松滋市大湖水产养殖场	四大家鱼、鲤鱼、鳊鱼	43000
36		D2015022	松滋市南海水产养殖场	四大家鱼、团头鲂、鲤鱼	43000
37		D2015023	松滋市老城镇苗种场	四大家鱼、团头鲂	28000
38	监利县	D2015024	胜利垸水产苗种基地	四大家鱼、鳜鱼	10200
39		D2015025	监利县分洪口水产养殖专业合作社	四大家鱼、鲈鱼、黄颡鱼、鳜鱼	30000
40		D2015026	监利县乾坤水产养殖家庭农场	加州鲈、鳜鱼	40000
41		D2015027	监利县振华渔业专业合作社	翘嘴红鲌、鲈鱼、丁鱥	100000
42		D2015028	监利县海河水产养殖专业合作社	黄鳝	1500
43		D2015029	监利县华科水产养殖专业合作社	四大家鱼、黄鳝、鳜鱼	12200
44		D2015030	监利县东港湖渔场	四大家鱼、黄鳝	26100
45		D2015031	监利县周城垸渔场	四大家鱼、鳊鱼	7900
46		D2015032	湖北两岸养殖有限公司	澳洲红螯螯虾、克氏原螯虾	2000
47		D2015033	监利县水产良种繁殖场	四大家鱼	8200
48		D2015034	监利县马嘶湖水产苗种基地	四大家鱼、鳜鱼	10500
49		D2013079	监利县天瑞渔业科技发展有限公司	黄颡鱼	2
50		D2013083	湖北监利新渔源水产养殖专业合作社	黄鳝	500
51		D2016073	监利德山水产苗种有限公司	四大家鱼、鳜鱼	31800
52	洪湖市	D2015035	洪湖福野养殖有限公司	小龙虾	4000
53		D2015036	洪湖市六合水产开发有限公司	河蟹	50
54		D2015037	洪湖市弘华生态投资有限公司	四大家鱼、鳊鱼、澎泽鲫、鳜鱼	8650
55		D2015038	洪湖市长河水产开发有限公司	中华绒螯蟹	90000
56		D2015039	洪湖市万和水产开发有限公司	四大家鱼、小龙虾	83000
57		D2015040	洪湖市大自然水产开发有限公司	小龙虾	10000

续表

序号	所属县市	生产许可证编号	苗种生产场名称	生产品种	生产能力/万尾
58	洪湖市	D2015041	德炎水产食品股份有限公司	斑点叉尾鮰、四大家鱼	425000
59		D2015042	洪湖市久加久水产苗种场	泥鳅、黄颡鱼	30600
60		D2015043	洪湖市强合水产养殖专业合作社	黄鳝	300
61		D2015044	洪湖市新龙水产开发服务有限公司	四大家鱼、鲤鱼、鲫鱼、鳊鱼	1200
62		D2015045	湖北柏枝水产股份有限公司	四大家鱼、鲤鱼、鲫鱼、鳊鱼	26000
63		D2015046	洪湖市长江水产开发有限公司	黄金鲫、泥鳅、四大家鱼	978000
64		D2015047	洪湖市黄家口镇形斗湖渔场总场	四大家鱼、鳊鱼、鲫鱼、鲤鱼	29900
65		D2014085	洪湖市湿地水产养殖专业合作社	河蟹	140万公斤
66		D2014086	洪湖市兴国农林开发有限公司	中华鳖、中华草龟	130000
67		D2014087	洪湖市顶洪龙虾养殖专业合作社	克氏原螯虾	800
68		D2016071	洪湖市粤龙达桂鱼养殖专业合作社	鳜鱼	800
69		D2018077	洪湖市鑫隆水产股份有限公司	鳜鱼、鳊鱼、鲢鱼、草鱼、鲫鱼、鲤鱼	17800
70	公安县	D2015048	公安县东港渔场水产苗种场	四大家鱼	16500
71		D2015049	公安县麻豪口镇马影套渔场苗种场	四大家鱼、鲤鱼、鲫鱼、鳊鱼	27700
72		D2015050	公安县麻豪口镇沙场渔场水产苗种场	四大家鱼、鲤鲫鱼、团头鲂、鳜鱼	27300
73		D2015051	公安县玉湖渔场水产苗种场	四大家鱼、团头鲂、鲤鱼、鲫鱼	28330
74		D2015052	公安县斑竹垱镇滚子垱渔场水产苗种场	四大家鱼、鲤鲫鱼、团头鲂、鳜鱼	29100
75		D2015053	公安县杨家厂镇新江村渔场苗种场	四大家鱼、团头鲂	23600
76		D2015054	公安县斗湖堤镇同升苗种场	四大家鱼	20000
77		D2015055	公安县斗湖堤镇兴发水产苗种场	四大家鱼	27000
78		D2015056	公安县崇湖渔场中华鳖苗种场	中华鳖、中华草龟	35
79		D2015057	湖北省公安县城关水产苗种场	四大家鱼、团头鲂、鲤鱼、鲫鱼	33300
80		D2015058	湖北五源泥鳅良种场	黄斑鳅、乌鳅	28800
81		D2015059	公安县旭峰黄鳝苗种场	黄鳝	2000
82		D2015060	公安县淤泥湖渔场水产苗种场	四大家鱼、团头鲂	27300
83		D2015061	公安县藕池镇扁担湖渔场水产苗种场	四大家鱼、鳊鱼、鲫鱼、鲤鱼	16300
84		D2015062	公安县建良长江渔种繁殖场	四大家鱼	18800
85		D2015063	湖北省三军黄鳝苗种场	黄鳝	400
86		D2015064	公安县永兴甲鱼苗种场	中华鳖、黄河鳖、日本鳖	115
87		D2015065	公安县宏欣水蛭苗种场	宽体金线蛭	3000
88		D2017074	荆州市民康生物科技有限公司	日本医蛭、宽体金线蛭	9000

表3-3　荆州市国家级和省级原良种场名单

（国家级4个、省级17个）

序号	所属县市	名称	所属单位	等级
1	市直	湖北窑湾黄颡鱼良种场	荆州市水产科学研究所	国家级
2	石首市	石首老河长江四大家鱼原种场	石首市水产局	国家级
3		湖北省长吻鮠良种场	石首市水产局	国家级
4	监利县	长江四大家鱼监利老江河原种场	监利县水产局	国家级
1	松滋市	湖北松滋鳜鱼原种场	松滋市水产技术推广中心	省级
2	市直	湖北长湖青鱼良种场	荆州市长湖水产良种场	省级
3	沙市区	湖北荆州鲇鱼良种场	荆州市德源水产专业合作社	省级
4		湖北恒升匙吻鲟良种场	湖北恒升实业有限责任公司	省级
5	荆州区	湖北荆州大鳞鲃良种场	荆州渔都特种水产养殖有限公司	省级
6		湖北荆州西伯利亚鲟良种场	荆州市长和生态渔业有限公司	省级
7	江陵县	湖北江陵黄鳝原种场	江陵县德高生态水产养殖专业合作社	省级
8	监利县	湖北监利翘嘴红鲌原种场	监利县振华渔业专业合作社	省级
9		湖北监利黄颡鱼"全雄1号"良种场	监利县天瑞渔业科技发展有限公司	省级
10	洪湖市	湖北洪湖河蟹原种场	洪湖市六合水产开发有限公司	省级
11		湖北洪湖长河河蟹原种场	洪湖市长河水产开发有限公司	省级
12		湖北洪湖兴国龟鳖原种场	洪湖市兴国农林开发有限公司	省级
13		湖北洪湖万和名优鱼类良种场	洪湖市万和水产开发有限公司	省级
14		湖北洪湖斑点叉尾鮰良种场	洪湖市万农水产食品有限公司	省级
15		湖北洪湖黄金鲫良种场	洪湖市长江水产开发有限公司	省级
16	公安县	湖北公安水蛭原种场	荆州市民康生物科技有限公司	省级
17		湖北公安淤泥湖团头鲂良种场	公安县水产局	省级

第二节　成鱼养殖

　　成鱼养殖的品种很多，其中青、草、鲢、鳙称为"四大家鱼"，是荆州的传统养殖品种，其产量占全市成鱼养殖总产量的半数以上。后来由于推广多品种混养，从外省引进一批优良品种。目前全市养殖的品种有：青、草、鲢（包括新品种长丰鲢）、鳙、鲤（包括新品种兴国红鲤、荷包鲤、高背鲤、镜鲤、荷元鲤、颖鲤、匡鲤）、鲫（包括新品种白鲫、东北银鲫、异育银鲫、高背鲫、中科 3 号、中科 5 号等）、长春鳊、三角鲂、团头鲂、细鳞斜颌鲴（黄条）、赤眼鳟、莫桑比克罗非鱼和尼罗罗非鱼（引进品种）、虹鳟（引进品种）、革胡子鲇和斑点叉尾鮰（引进品种）以及乌鳢、月鳢、鳜鱼、黄颡鱼、黄鳝、泥鳅、甲鱼、乌龟、小龙虾和罗氏沼虾（引进品种）、加州鲈（引进品种）等 30 多个品种。

一、湖泊养鱼

荆州湖泊主要分布在长江沿岸一带。新中国成立前，湖泊由湖主、湖霸占有，湖泊渔业为单纯捕捞，渔业不兴，产量较少。鱼类产量全为单纯捕捞，故其产量极低，最高亩产（单产）不过 5 千克。

新中国成立后，湖泊渔业由单纯捕捞转向捕养并举，继而转向以人工养殖为主。全市湖泊面积大、资源丰富，长期以来，由于受资金投入、防洪因素、渔农矛盾和管理体制诸多因素制约，湖泊的水产生产潜力没有得到充分利用。

20 世纪 50 ～ 70 年代末，多数湖泊实行"灌江纳苗、人放天养"粗放经营，单产长期徘徊在 10 千克左右。尤其是三年困难时期，为开展生产自救，提出了"靠山吃山、靠水吃水、百业下湖、向湖进军"的错误口号，全区出现了围湖垦殖高潮，三至四年的时间，湖泊面积减少 15 万亩以上。此外，许多湖泊被滥捕，甚至干湖，致使湖泊水域鱼类资源遭到破坏，造成湖泊渔业生产严重减产。

20 世纪 80 年代初，由于小水面精养鱼池的兴起，推动了湖泊渔业的发展，养殖水平不断提高。据 1985 年渔业区划调查，湖泊可养水面 127.83 万亩，已养水面 57.92 万亩，利用率为 45.31%，成鱼产量 1.03 万吨，占全市养殖产量的 9.7%，平均单产 17.74 千克。其中监利县湖泊放养水面 13.78 万亩，成鱼产量 0.23 万吨，平均单产 16.67 千克；仙桃市湖泊放养水面 2.91 万亩，产量 0.1 万吨，平均单产 34.3 千克。

20 世纪 90 年代，随着生产发展和市场需求，各地除提高湖泊养殖水平外，还利用湖泊资源，开展了名特水产品养殖，主要有河蟹、鳜鱼、黄颡鱼等，如洪湖、监利、石首、公安等地开展湖泊放养河蟹，取得了较好效益。石首市中湖渔场 8000 亩的湖泊，年产河蟹 40 吨，平均单产 5 千克，亩产值 1000 元以上，是养蟹前的 20 倍以上。

1994 年，全市湖泊可养水面 75060 公顷，放养水面 30880 公顷，总产量 3.18 万吨，单产 68 千克。

2000 年，全市湖泊放养面积 44.1 万亩，平均单产 92 千克，其中湖泊河蟹放养面积达 22 万亩，产量 3500 吨，创产值 4 亿元以上。

2005 年，全市放养面积扩大至 39330 公顷，总产量增至 7.05 万吨，单产达到 119 千克。

受长江禁捕影响，2019 年，全市湖泊放养面积减少至 2200 公顷，总产量 0.95 万吨。

二、水库养鱼

水库养鱼始于 20 世纪 50 年代中期，在钟祥、京山等地小型水库放养，当时放养面积小、产量少、养殖水平低。20 世纪 50～60 年代初，地委提出塘堰养鱼和湖库养鱼并重的方针，全区又陆续兴建了一大批中小型水库，水库养鱼逐渐兴起。由于水库渔业存在调蓄的矛盾，水体面积大、天然饵料少，凶猛鱼类多、起捕难度大等问题，水库养鱼相对发展较慢。20 世纪 60～70 年代，养殖单产一直徘徊在 10 千克左右。

为提高水库养殖产量，水库还开展了网箱养鱼、拦汊养鱼等。由于水库推广了小水面精养技术，开展了集约化、水库网箱及网拦库汊养殖多种形式的养鱼，大大推动了水库渔业发展。从 1980 年起，全区水库养殖产量持续增长，到 1985 年平均单产达 14 千克。

1994 年，全市大中小水库 401 座，可养水面 20.76 万亩，放养水面 19.53 万亩，养殖产量 7000 吨，平均单产达到 36 千克。1995 年，钟祥、京山划出荆州市，全市水库数量锐减。

2005 年，全市有大中小水库 66 座，总面积 6.05 万亩，养殖总产量 4670 吨，养殖单产达到 92 千克。

2019 年，水库放养面积缩减至 44160 亩，产量 418 吨。

三、塘堰养鱼

全市塘堰养鱼大多分布在荆北荆西山丘地区。历史上据《京山县志》（光绪八年）记述：清光绪年京山就有"陂塘埭堰"2990 区，大塘堰号称"三十六大堰"，故至今仍有"七十二堰"的传说。新中国成立前，山区、丘陵和平原地带的零星塘堰就有养鱼习俗，方法多为 5～6 月间将鱼苗投入塘堰，亩放几十尾，一般不喂饲料，让其自然生长，到来年秋冬捕捞，亩产 15 千克左右。

新中国成立后，塘堰养鱼有一定的发展，逐步由传统的粗放粗养向集约养殖转变，但产量不多，主要是以自养自食为主。从20世纪80年代初开始，塘堰养殖面积和产量均有较大增加和提高，如京山县1984年有塘堰水面5.59万亩，鱼产量0.43万吨，平均亩产77千克。平原地区的塘堰，除农田排灌外，还种莲植藕、牧鸭和养鱼，实行多种副业生产。仙桃市1991年塘堰面积为6.1万亩，鱼产量1.2万吨，亩产194千克。

1994年，全市塘堰可养水面32.83万亩，放养水面31.36万亩，总产量5.85万吨，单产186千克；1995年钟祥、京山划出荆州市，全市塘堰数量锐减，2005年全市塘堰面积14.5万亩，总产量3.6万吨，单产248千克。2019年，全市普通池塘15.6万亩，产量3.33万吨。

四、精养池塘养鱼

20世纪70～80年代，全区农村掀起千家万户养鱼高潮，农村和国营渔场建设连片精养基地，狠抓小水面精养高产，推动了全区水产生产的快速发展。1978—1984年，国家共拨给荆州地区建设鱼池专项资金3864万元，建成标准化精养鱼池13.76万亩。

1986年，洪湖、监利、仙桃等地的精养高产连片鱼池6433亩，平均单产473千克。其中仙桃市2003亩，平均单产600千克；其中有一口8.5亩的高产引路塘，平均亩产达1638千克。1992年，全区精养池塘增至40.82万亩，年产量15.68万吨，平均亩产384.2千克。由于精养鱼池建设标准高、易管理、产量高、效益好，渔民尝到了甜头，在后期没有国家投资的情况下，国营、集体和个人自己出资，自发地开挖建造了大批的精养池塘，形成了稳产高产的商品鱼基地。

20世纪90年代，由于农村产业结构调整，又一次推动了水产基地建设的快速发展，农村调整低湖冷浸田开挖鱼池，面积不断增加，同时养殖水平也在不断提高。

1994年，全市精养池塘面积41.16万亩，总产量16.46万吨，平均亩产400千克。

2005年，全市精养池塘面积71.67万亩，总产量达到37.6万吨，占全市鱼类总产量的66.14%，平均亩产525千克。

2019年，全市水产养殖面积195万亩，全部为池塘，其中精养池塘达到150

万亩，产量 72.9 万吨。

五、河渠养鱼

河渠养鱼主要是在流速较小、污染少、易管理的河渠拦坝或拦网养殖。河渠养鱼从 20 世纪 70 年代开始，1971 年，仙桃在排湖电排河郭新口至东堤闸河段养鱼 13 千米，水面 800 亩，投放鱼种 46 万尾，年底起捕成鱼 108 吨；1972 年起捕成鱼产量 260 吨。京山新市镇任家畈村溾水城关段 2 千米长的河渠拦坝养鱼，1972 年投放 10 万尾鱼种，年终起捕成鱼 4 吨，此后，每年产量 5 吨左右。

由于河渠养鱼有水位不稳定、污染等因素的影响，河渠利用率不高、发展不快。1985 年，全市河渠放养水面 4.5 万亩，平均单产 58 千克。

1994 年，全市河渠可养水面 5.99 万亩，放养水面 5.11 万亩，总产量 7312 吨，亩产 143 千克。

2005 年，全市河渠放养水面 10.4 万亩，产量 2.7 万吨，亩产 260 千克。

2017 年，全市河渠不再进行水产养殖。

六、网箱养鱼

网箱养鱼即是用网线材料做成网箱置于水中，在箱中投鱼养殖。它要求敞水、流速慢、水深 3 米以上。网箱养鱼是 20 世纪 70 年代新兴的高密度、集约化人工养殖新模式。1981 年，京山县水科所在惠亭水库使用网箱养鱼试验成功；1982 年设置 8 口网箱，面积 32 平方米，投放鱼种 5600 尾，平均尾重 43 克，经四个月饲养，生产成鱼 546.5 千克，折合亩产 11.38 吨。1983—1984 年，继续扩大网箱试验，连续取得好成绩，1985 年平均每平方米生产成鱼 64.2 千克，折合亩产 42.8 吨，经省组织专家鉴定"网箱养鱼和饵料配方均达到国内先进水平"。为了发展水库网箱配套养殖，解决鱼种来源，孙桥区养殖大户小吴试验网箱养鱼种，经 97 天饲养，每平方米生产鱼种 18.7 千克，折合亩产 12.5 吨，规格均达 100 克以上。网箱养鱼占用水面少、好管理、产量高，由于加大了推广力度，网箱养鱼出现了不同规格、不同水面、不同品种的养殖模式。1994 年，全市网箱养鱼折合面积 3 亩，产量 23 吨；1995 年折合面积 11 亩，产量 150 吨；1999 年折合面积 56 亩，产量 185 吨，以后逐年大幅增加，2005 年，折合面积 3730 亩，产量 1.44 万吨。2019 年，全市网箱养鱼面积 56.66 万立方米，产量 2.5 万吨。

七、围栏养鱼

围栏养鱼是 20 世纪 80 年代湖泊养殖生产中引进和发展的养鱼模式。其方法是在湖泊中或湖汊用竹篙和网围成"圆形"或"方形"的面积，围圈内投放草食性鱼种，打捞湖泊周围的水草投喂，年底起捕成鱼。洪湖最早开始围栏养殖，1979 年，洪湖县水产技术推广站在愚公湖用网片围养 2.25 亩，当年收获成鱼 297.5 千克，单产 132 千克。1985 年，沙口区王岭渔场 9 户渔民在洪湖围养 114 亩，其中养鱼种 14 亩，年底起捕成鱼 19.5 吨，鱼种 6.4 吨（含套养），亩产成鱼 190 千克，鱼种 56 千克，为大面积围栏养鱼摸索了经验。

由于围栏养鱼不需建池，水体活，不需要投喂商品饵料，投资省、养鱼比较效益高，一般亩产可达 250 千克以上，亩纯利在 500 元以上，在洪湖、长湖等大型湖泊迅速推广。围栏养殖品种除草食性鱼类外，还养殖河蟹、鳜鱼、乌鳢等名特水产品，效益十分显著。但由于盲目扩大围栏面积，掠夺水生资源，湖内水草遭受严重破坏，严重影响了围栏养鱼的产量和效益。

1994 年，全市围栏养鱼面积 3.88 万亩，产量 7140 吨。2005 年，养鱼面积 5.68 万亩，产量 1.38 万吨。2017 年，全市围栏养鱼面积 8.9 万亩，产量 3.5 万吨。2018 年，全市开始全面拆除围栏养殖。

八、稻田养鱼

稻田养鱼是根据稻鱼共生原理，在稻田中开挖鱼沟和鱼溜，投放鱼种养殖，以达到鱼稻共生提高经济效益的目的。全市稻田养鱼始于 1982 年，松滋县万家公社腰子店大队第四小队在 2.1 亩稻田饲养鱼种取得成功，而后在洪湖、监利、公安石首等地推广。1985 年，监利县余埠区易阳村稻田养鱼 780 亩，共收获粮食 445 吨，亩产 572 千克，生产成鱼 14.8 吨，鱼种 98 吨，亩产 32 千克。村党支部书记稻田养鱼 88 亩，亩产鲜鱼 613 千克，其中鱼种 38 千克，稻鱼合计亩产值 480.65 元，亩盈利 383.72 元，投资收益为 1∶4.84，比单独种植稻谷的效益净增 2 倍以上。由于效益好、易推广，稻田养鱼在水乡湖区形成一种养殖模式，且改变了传统的养殖方法，在地点上由原来全面推广，变为以水乡湖区低湖冷浸田为主；在施工工程上，由原来的小沟小溜变为了深沟大渠，对改造低湖冷浸田效果好，既抽沟滤水降低地下水位，提高了稻谷产量，同时也养殖了鱼种和商品鱼，提高生产效益；在品种结构上由单一的四大家鱼变为了以名特优品种为主，除常规品种外还养殖了河蟹、虾、鳜鱼、泥鳅、黄鳝、大口鲇等品种，效益大大增加，一般亩增加纯收入 500 元以上；在养殖技术上，由原来的粗放粗养变为了集约化的精养。1994 年，全市稻田养鱼面积 9240 亩，产量 420 吨；2005 年达到 24.68 万亩，产量 2.18 万吨，养殖品种为鳖、鳝、鳅等特种水产品。经过多年的发展，稻渔综合种养养殖品种不断丰富，呈现多样化，其中稻虾共作成为主要模式，稻田养鱼面积减少。2019 年，全市稻田养鱼面积 13410 亩（虾鳅鳖除外），产量 6467 吨。

九、生态养鱼

生态养鱼即是在养鱼的同时，充分利用土地、水体空间，根据食物链和能量流的关系，科学合理地套养（种植）水生动（植）物，使养鱼的小生态环境形成良性循环，以提高单位面积产量和效益。1982 年，监利县桥市区与荆州地区水产科学研究所在洪湖消落区 13000 亩水面试验水体农业开发，采取湖岸边种稻、浅水区种植经济植物、深水区养鱼的办法，种水稻 400 亩，植红莲 2000 亩、芡实 2000 亩，投放鱼种 27 万尾，当年产值达 14.5 万元，取得了较好的效果，当时称为"水体农业"，也是初始的"生态渔业"。随着精养塘面积扩大，为增加连片精养池效益，除养鱼外，还采用了埂上菜（林或经济植物）、池边猪、水面鸭、水中蚌的立体养殖方式，取得了较好的效益，并通过逐步摸索，形成了各具特色的生态渔业模式。1995 年，全市生态渔业面积达到 15 万亩，2000 年面积达到 20 万亩。经过多年的进一步发展，2019 年，全市生态渔业养殖面积达到 120 万亩。

十、工厂化养鱼

工厂化养鱼始于 20 世纪 60 年代，它是利用机械、电气、自动化现代设施，在人工控制的水体中高密度养鱼、虾、龟、鳖、鲟鱼等，使水产品终年在最佳水温、水质、溶氧、光照、饲养等条件下，强化养殖，从而缩短养殖周期，降低饵料系数，促进快速生长，以达到最大限度的高产目标，一般每平方米产量高达 200 千克。到 20 世纪 90 年代，温室养龟鳖和鲟鱼养殖开始盛行，工厂化养鱼又叫设施渔业，2000 年，全市设施渔业养殖面积达到 100 万平方米，产量 1.2 万吨。到 2013 年发展到 268 万平方米，产量 30231 吨。2019 年，全市工厂化养殖 1327 万立方米，养殖产量 3.5 万吨。

全市主要年份水产品产量见表 3-4 ～表 3-8。

表3-4　荆州地区主要年份成鱼产量按水面分类统计表　　单位：吨

年份	合计	湖泊产量	塘堰产量	水库产量	河渠产量	精养鱼塘产量
1965 年	12558.7	4216.6	6725.4	1616.7	—	—
1970 年	13319.2	4990.5	6791.7	1537	—	—
1978 年	18901.8	7221.9	8691.7	1717.2	1012	259
1982 年	41427.3	6315	22491	1653.3	9984	984
1988 年	216239	20280	67639	3724	6738	117858
1992 年	266115	26195	71624	4676	7584	156036

表3-5　1949—1992年历年水产品产量产值表

年份	水产品产量 / 吨	成鱼产量 / 吨	养殖鱼产量 / 吨	渔业产值 / 万元
1949 年	19210	18755	125	1168
1959 年	44485	42635	11435	2000
1960 年	48840	40800	11725	2098
1978 年	37735	29215	18905	1900
1980 年	36695	32315	23880	2274
1982 年	49600	47235	41300	12855
1988 年	239340	233224	216239	98699
1991 年	249510	237818	209800	106907
1992 年	303238	291599	266567	129157

表3-6　荆州市1994—2006年水产养殖产量一览表　　单位：万吨

年份	合计	湖泊产量	水库产量	精养池产量	塘堰产量	河渠产量	稻田产量	其他产量
1994 年	27.44	3.18	0.7	16.46	5.85	0.73	0.022	0.5
1995 年	33.35	3.78	0.86	21.14	6.02	0.86	0.066	0.63
1996 年	25.42	2.12	0.3	17.17	4.46	0.81	0.05	0.51
1997 年	33.02	3.38	0.33	22.49	4.85	0.8	0.14	1.03
1998 年	32.22	3.46	0.44	21.36	3.96	0.8	0.26	1.94
1999 年	36.47	3.53	0.23	23.27	6	0.9	0.394	2.146
2000 年	35.82	4.08	0.26	24.89	4.33	0.98	0.48	0.8
2001 年	41.89	3.69	0.21	29.61	4.55	1.35	1.02	1.46
2002 年	48.11	4.16	0.27	33.54	4.56	1.8	2.27	1.51
2003 年	51.62	4.64	0.46	35.66	4.04	1.55	2.63	2.64
2004 年	54.8	4.84	0.31	38.35	4.1	2	2.49	2.71
2005 年	55.86	7.05	0.47	37.61	3.6	2.71	2.17	2.25
2006 年	57.61	6.09	0.50	39.77	3.39	2.74	2.61	2.51

表3-7　荆州市1994—2006年水产生产基本情况一览表

年份	养殖面积/公顷	水产品总量/万吨			渔业产值/亿元	占大农业比例/%
		合计	养殖产量	捕捞产量		
1994 年	97370	33.38	27.44	5.94	16.45	14.3
1995 年	99020	40.7	33.35	7.35	21.23	16.3
1996 年	78180	31.71	25.41	6.3	16.31	18.3
1997 年	79630	40.76	33.02	7.74	23.72	22.06
1998 年	79890	42.66	32.22	10.44	27.39	27.77
1999 年	80040	46.47	36.47	10	31.34	30.55
2000 年	82100	44.17	35.82	8.35	27.19	29.14
2001 年	88470	49.44	41.89	7.55	30.01	30.61
2002 年	100410	56.8	48.11	8.69	34.78	35
2003 年	114810	60.54	51.62	8.92	36.72	35.6
2004 年	115400	63.47	54.8	8.67	43.39	22.41
2005 年	112890	65	55.86	9.14	48.94	23.55
2006 年	111530	67.91	57.63	10.28	60.42	30

表3-8　荆州市2007—2019年水产生产基本情况一览表

年份	养殖面积/公顷	水产品总量/万吨			渔业产值/亿元
		合计	捕捞产量	养殖产量	
2007 年	104470	69.06	59.65	9.41	78.02
2008 年	125320	84.43	78.54	5.89	92.61
2009 年	141240	100.04	93.74	6.30	115.73
2010 年	146620	104.30	97.25	7.05	123.05
2011 年	150710	108.05	101.19	6.86	132.0
2012 年	147090	90.07	4.07	86	150.61
2013 年	149110	95.48	4.18	91.3	173.2
2014 年	150920	101.09	3.86	97.23	196.18
2015 年	150480	106.21	3.32	102.89	209.4
2016 年	160380	111.16	2.76	108.40	237.95
2017 年	141300	109.77	3.39	106.38	259.90
2018 年	131390	108.99	1.22	106.79	238.72
2019 年	130590	112.21	0.67	110.43	235.19

注：2018年开始，水产品总量含增殖渔业产量。

第三节　名特优水产品养殖

20 世纪 90 代后期，随着水产业的发展与人民生活水平的不断提高，在保持常规品种数量增加的同时，大力发展名特优水产品养殖。名特优水产品的养殖，不仅调整了养殖品种结构，提高经济效益，而且满足了群众要求，繁荣了市场经济。

一、珍珠

荆州市湖泊盛产三角帆蚌、褶纹冠蚌，为河蚌育珠提供了丰富资源。20 世纪 60 年代中期开始引进河蚌育珠工艺，经过了一个较长发展时间，1971 年，洪湖螺山植莲场当年插片 3500 个河蚌，吊养在 4 亩池塘中，次年 3 月解剖 3 个河蚌就取珠 120 粒，并在荆州农业展览会上展出；1973 年共获珍珠 21 千克，收入 8600 元。1980 年春，江陵县观音垱公社三洲渔场与江苏无锡县阳市公社联营，在 13 亩水面中吊养手术蚌 3 万只，取珠 19.5 千克，产值 2.59 万元。1981 年潜江县水产局在全县发展河蚌育珠生产点 30 个，育珠人员 345 名，次年增加到 541 个生产点、677 名人员。为解决蚌源不足，由该县技术干部黄宏铭在汉江、牛湾、张义咀三处进行幼蚌人工繁殖并获成功。1982 年产幼蚌 136.7 万只，每只体重 100 ~ 150 克，同年市水产局在该县举办河蚌育珠训练班，除训练本地学员外，还有襄阳地区及外地培训学员 125 名。20 世纪 80 年代中期，全市珍珠养殖达到高潮，1985 年吊养珍珠水面 1677.5 亩，产珍珠 8350 千克。20 世纪 80 年代末，因国内外市场需求减少，产品滞销，加之品种和质量不纯，竞争力不强，珍珠生产逐渐冷落。20 世纪 90 年代中后期，由于市场需求和养殖生产改革，珍珠生产又开始回升，出现稳步发展势头。1994 年，全市珍珠养殖水面只有 200 亩，产量 160 千克。2000 年，全市珍珠养殖水面达到 3870 亩，产量 32 吨。松滋市金松水产集团有限公司与浙江山下湖珍珠股份有限公司合作，以湖泊为重点，建立繁殖、养殖、加工、科研为一体的珍珠养殖基地，2000 年底投资 3750 万元，扩大珍珠养殖面积 7000 亩，珍珠养殖总资产达亿元以上。2005 年，全市珍珠养殖面积 6030 公顷，贝类育苗 3535 万粒，产量 71.3 吨，其中石首市养殖面积 4000 公顷，产量 35.3 吨。2019 年，全市全面取缔珍珠养殖。

二、中华绒螯蟹

中华绒螯蟹俗称河蟹，原盛产于长江中下游的湖泊、河渠中，后因水利工程建设，江湖隔绝，洄游截断，河蟹产量下降。全市从 20 世纪 70 年代初开始人工养殖河蟹，1972 年 4～6 月，省水电局与省外贸局合作从上海崇明岛空运蟹苗入鄂，开展湖泊放流，取得了较好效益。1975—1983 年，洪湖在大湖共投蟹苗 2596 千克，共捕成蟹 228 吨。1978—1979 年，公安县外贸局从崇明岛运回蟹苗 35.2 千克，分别投入崇湖、陆逊湖、玉湖、淤泥湖养殖，1981 年收获成蟹 65.4 吨，大部分由外贸出口港澳等地。20 世纪 80 年代中期，由于天然蟹苗产量下降，直接影响成蟹生产。为了解决苗种的问题，1985 年，洪湖水科所在中国水产联合总公司的支持下，建立了湖北省第一家工厂化半咸水蟹苗人工繁殖场，当年突破蟹苗人工繁殖技术大关，全省首次产出 17.5 千克蟹苗，填补了湖北省河蟹人工繁殖的空白，人工繁殖蟹苗成功为商品蟹大规模生产提供了苗源。由于产品结构调整和市场需求，20 世纪 90 年代后出现了河蟹养殖热潮，除大湖放流河蟹外，还开展了池塘、围栏圈养等养殖形式，均取得了较好效果。据统计，一般湖泊放流亩产可达 5 千克左右，池塘、围栏养殖亩产可达 50 千克左右。1994 年，全市河蟹养殖面积 9330 公顷，产量 8393 吨；1995 年，全市河蟹养殖面积 14.35 万亩。2000 年，养殖面积达到 30.4 万亩，其中湖泊养殖 22 万亩，产量 3492 吨；2005 年，养殖面积 45270 公顷，产量 18964 吨；2019 年，养殖面积 69410 公顷，产量 10.49 万吨。

三、中华鳖、草龟

全市的龟、鳖养殖始于 20 世纪 80 年代初。1985 年，潜江县水产技术推广站收购本地野生鳖 130 只（雌 77 只、雄 53 只），重 41.25 千克，在城关、羊湖垸渔场利用鱼池养殖，建有栖息、产卵及活动场所和小型孵化温室。1986 年 6～7 月在城关、羊湖垸两处共产卵 1.55 万枚，孵出幼鳖 1.22 万只，孵化成活率 78.71%。1987 年，人工养鳖单位发展到江汉油田管理局、广华农场等，生产面积达 36.4 亩。

20 世纪 80 年代末期，随着生活水平不断提高，龟鳖成为美味佳肴，而天然捕捞产量日趋减少，在市场供求矛盾突出情况下，人工养殖龟鳖快速发展，养殖基地由分散到集中连片鱼池；由鱼池养殖到温室养殖；种源由利用天然苗种到自繁自养；饲料由利用天然饲料到配合饲料；养殖技术由粗放粗养到高密度精养，形成了一套成熟的技术，20 世纪 90 年代末期达养殖高峰。1999 年，全市养鳖面积 2.35 万亩，其中温室 99.8 万平方米，产量 8351 吨；养龟面积 1347 亩，其中温室 8.9 万平方米，产量 317 吨。由于市场饱和、价格下滑，鳖养殖回落，2000 年，温室养鳖面积减少三分之一，产量为 5392 吨；养龟面积回落至 419 亩，其中温室 2.1 万平方米，产量 242 吨。2001 年开始回升，2005 年龟鳖养殖面积达到 1281 亩，温室面积 32.9 万平方米，产量 5320 吨。2013 年达到最高峰，中华鳖养殖面积达到 28732 公顷，其中温室面积 155308 平方米，生产稚鳖 4224 万只，养殖产量 24268 吨；龟类养殖面积 945 公顷，其中温室面积 112610 平方米，生产稚龟 238 万只，养殖产量 1945 吨。2019 年全市龟养殖面积 15930 亩、鳖养殖面积 78765 亩，龟类温室面积 8.9 万平方米、鳖 6.61 万平方米，生产稚鳖 2820 万只、稚龟 414 万只，龟产量 2945 吨，鳖产量 1.89 万吨。

四、小龙虾

小龙虾学名克氏原螯虾，是荆州独特的名优水产品之一，主要生活在鱼池、河流、沟渠等各类水体和稻田中。荆州市地处江汉平原腹地、北纬 30° 间，土壤肥沃，多为壤土，pH 值 8 左右，水域辽阔，生态环境优良，部分水质达到国家 Ⅱ 类标准，拥有丰富的螺、蚌等水生动物。优越的水域资源和丰富的天然饵料，造就了荆州小龙虾高蛋白、低脂肪的特征。

荆州小龙虾不仅外形肥硕，前螯粗壮，背腹圆弓饱满，甲壳呈深红色或青褐色，壳薄，头胸部占体长的 50% 左右，出肉率高。而且鲜虾肉质细嫩，味道鲜美，整体色浅鲜红，不泛黑，腹部清洁透明，鳃丝洁白无异味。

荆州小龙虾营养丰富，整体可食比例为 20% ～ 30%，虾尾肉占体重的 18% ～ 20%，虾肉中蛋白质含量占鲜体重 17.62%，脂肪为 0.29%，氨基酸总量占蛋白质的 77.2%，每 100 克虾肉中含硒 0.028 毫克，是其他地方的 3 ～ 4 倍。

荆州小龙虾自 1983 年在洪湖、监利、石首、公安等地开始大规模养殖，主要模式是稻田野生寄养，一般亩产小龙虾 100 千克左右，到 2005 年全市小龙虾产量达到 4013 吨。随着养殖技术水平的不断提高和小龙虾市场行情的看涨，十多年来，全市深化农业供给侧结构性改革，引导布局农业产业化，公安县、石首市、监利县、洪湖市等水产主产区因地制宜建基地，抓培训，大力推广虾蟹混养、虾稻共作等优化模式，重点扶持洪湖新宏业食品有限公司和万农水产食品有限公司、湖北桐梓湖食品股份有限公司和湖北广利隆食品股份有限公司、公安县的湖北海瑞渔业股份有限公司和湖北美斯特食品有限公司、荆州区的湖北金鲤鱼农业科技股份有限公司等 20 多家企业发展小龙虾精深加工，建成了小龙虾产品流通的集散地、出口创汇的集群区，打造名副其实的中国淡水小龙虾第一市。2018 年，全市制定了地理标志产品《荆州小龙虾》《荆州小龙虾稻田综合种养技术规范》《稻虾综合种养农田面源污染防控技术规范》《虾稻综合种养田间工程标准》4 个荆州市地方标准。2019 年，荆州小龙虾养殖面积达到 328 万亩，其中虾稻共作面积 254 万亩，超过全省虾稻共作面积的 1/3，荆州小龙虾产量达到 40.7 万吨，综合产值超过 550 亿元，成为荆州农业农村经济的支柱产业、特色产业、扶贫产业和小康产业。

《小龙虾产业发展报告（2019）》显示，在全国小龙虾产量十强县市中，荆州占据 4 席，其中监利县位居第一，洪湖市位居第二，公安县位居第七，石首市位居第九。2018 年，监利县被中国水产流通与加工协会授予"中国小龙虾第一县"称号，洪湖市被授予"中国小龙虾第一名城"称号，公安县闸口镇被授予"中国稻渔生态种养示范镇"称号。"洪湖清水"小龙虾被授予"中国名虾"称号，并取得"中国绿色食品"标志认证，获评中国名牌农产品，建立了完整的 HAC-CP 质量监控体系，并通过了美国 FDA（美国食品药品监督管理局）、欧盟 EEC 卫生注册和 ISO9001：2000 质量管理体系认证，产品畅销欧洲、美国、俄罗斯及东南亚等 20 多个国家、地区和北京、上海、南京、武汉等国内大中城市，成为最受消费者欢迎的特种水产品。

五、黄鳝

黄鳝亦称鳝鱼、罗鳝、蛇鱼。荆州黄鳝体细长呈蛇形，体前圆后部侧扁，尾尖细，头大呈锥形、吻尖、口大、上颌稍突出、眼小、无胸鳍和腹鳍，背鳍和臀鳍退化仅留皮褶，体色橙黄，有深灰色斑点，腹部黄麻，体态匀称。荆州市河湖港汊纵横，水草覆盖面广，湖蚌、蚯蚓、小鱼虾、红丝虫等纯天然无污染水生生物为黄鳝生长提供了丰富饵料和良好的生长环境。水域丰富的浮游生物富含大量的蛋白质，作为荆州黄鳝的物质增重基础，使得黄鳝肉质细嫩，味道鲜美，每百克鳝鱼肉中蛋白质含量高达 18.8 ～ 20.0 克。且鳝鱼具有强筋骨、补虚损、祛风湿、驱痹症等药用价值，深受消费者青睐。荆州黄鳝除畅销全国数十个大中城市外，还远销日本、韩国及东南亚等国家和地区。1998 年后，荆州黄鳝由天然捕捞转为人工养殖,养殖面积逐年扩大。

荆州黄鳝养殖始于 20 世纪 70 年代末。1979 年,天门横林公社芦埠大队农民危某某利用住宅空地,饲养鳝鱼 80 尾,重 1.5 千克,60 天后,增重 3.5 千克。1981 年扩大饲养地,投放 3000 尾,重 45 千克,年底收获 143 千克。20 世纪 90 年代前,黄鳝养殖零星分散、规模不大。20 世纪 90 年代初,洪湖开始试验网箱养鳝并获成功,主要方法是在池塘和水稻田设置 15 ～ 20 平方米的敞口网箱,每平方米投种 1.5 千克左右。由于网箱养鳝设施简单、投资少、操作简便、好管理、效益好,得到迅速推广,养殖面积成倍增长。全市黄鳝规模养殖起步于 1997 年,当年养殖面积为 2900 亩,产量 1422 吨。2000 年,全市黄鳝养殖面积 6900 亩,其中网箱养殖 17.15 万口,270.21 万平方米,产量 4500 吨;2005 年,荆州黄鳝养殖面积达到 4.64 万亩,其中稻田养殖黄鳝 1.65 万亩,产量 5.19 万吨。同时荆州市被确定为湖北省黄鳝养殖示范基地,全国黄鳝无公害养殖产业化示范基地。2017 年举办了首届湖北·监利黄鳝节,"监利黄鳝"获中国农产品百强标志性品牌。《湖北省黄鳝养殖产业发展报告》发布,洪湖、监利、公安黄鳝养殖分别居全国黄鳝养殖县市前十名中的第一、第二、第五。2019 年,全市黄鳝养殖面积达到 15.4 万亩,产量 4.9 万吨。

六、乌鳢

乌鳢又称黑鱼、财鱼、乌鱼,是荆州市主要名特水产品之一。荆州生产的乌鳢叫荆州财鱼,其体型略呈圆筒状,头尖,稍平扁;口裂斜伸至眼后,上下颌具尖齿;头部覆盖鳞片,背鳍、臀鳍基部很长,胸鳍、尾鳍圆形,腹鳍小。荆州财鱼出肉率高,肉厚色白、红肌较少、无肌间刺,含有丰富的蛋白质、氨基酸等和人体必需的钙、磷、铁及多种维生素,营养丰富、肉味鲜美。早在两千多年前财鱼就被《神农本草经》列为虫鱼上品,特别适用于身体虚弱、低蛋白血症、脾胃气虚、营养不良、贫血之人食用,有祛风治暗、补脾益气、利水消肿之效,还有伤口消炎的作用,一向被视为病后康复和老幼体虚者的滋补珍品。荆州水域广阔,财鱼资源丰富。20 世纪 70 年代,荆州财鱼由天然捕捞转为人工养殖。20 世纪 90 年代,荆州市沙市区观音垱镇水煮财鱼风靡全国,全镇以张莉餐馆和腾龙酒家为代表的餐饮店达 200 多家,经营的招牌菜就是"水煮财鱼",全国各地的美食爱好者络绎不绝前来品尝,每天财鱼销售量达 6000 千克。至 2005 年,荆州财鱼年产量达到 4285 吨,产品畅销全国各地。2013 年,荆州财鱼养殖面积达到

1 万多亩，产量达到 11872 吨。随着市场价格的波动，到 2019 年，荆州财鱼年产量缩减到 3085 吨。

七、鲟

全市鲟鱼养殖从 20 世纪 80 年代末期开始。仙桃水产研究所从美国引进匙吻鲟卵，孵化成苗后，经过精心培育，成活率高、生长速度快，在池塘养殖每尾年均可增重 1～2 千克。随着生产发展，20 世纪 90 年代中期，全市又引进俄罗斯鲟、黑龙江鲟、史氏鲟、杂交鲟、小体鲟等苗种进行人工养殖，取得较好效果。养殖方式主要是建设或利用养殖甲鱼的温棚，利用地下水循环养殖，当年的苗经过二年的饲养可达 1.5 千克。养殖点主要集中在沙市、荆州、监利、洪湖、石首等地，以荆沙城郊为主。2000 年，全市鲟鱼养殖点有 67 个，养殖面积 63 万平方米，产量达 460 吨。2019 年，全市鲟鱼产量达到 1005 吨。此外全市建立了 2 个省级良种场（湖北恒升匙吻鲟良种场、湖北荆州西伯利亚鲟良种场），对中华鲟及其他鲟进行繁殖驯养，每年向长江投放驯养的中华鲟种苗 10 万～20 万尾，补充了长江中华鲟种群数量，对保护这一珍稀动物资源起到了积极作用。

八、蛙类

蛙类养殖品种主要是黑斑蛙和引进的古巴牛蛙、美国青蛙。牛蛙自 1986 年由长江水产研究所从古巴引进，1987 年列为国家星火计划重点攻关项目。沙市引进牛蛙种蛙 28 对，当年繁殖小蛙 2 万尾，繁殖养殖专业户 818 个，养殖面积 1348 亩，养殖效益近百万元。美国青蛙于 20 世纪 90 年代初引进，各地陆续进行试养，并形成一定规模。监利县桥市乡被誉为"牛蛙乡"，1993 年全乡养殖户达到 3120 户，占全乡总农户 40%，养殖面积 1000 亩，养殖成蛙 400 万只，成蛙总产量达到 1000 吨，产值达 3000 万元，获纯利 700 多万元。

1994 年，全市食用蛙养殖面积 3300 亩，产量 1500 吨；2000 年全市食用蛙养殖面积 750 亩，产量 385 吨；2005 年，全市食用蛙养殖产量为 85 吨。

野生的黑斑蛙（青蛙）是国家保护动物，这些年因被大量捕杀，所剩不多。因黑斑蛙肉质口感很不错，市场需求量较大，人工养殖面积逐渐变广。20 世纪 80、90 年代，黑斑蛙开始人工驯养，历经几十年的发展，养殖规模逐渐庞大，养殖技术已经成熟。全市从 2004 年起就开始规模化人工养殖黑斑蛙，早期以活饵（黄粉虫、蝇蛆）投喂，从 2010 年起开始用全价饲料养殖，到 2019 年底，荆州市范围内养殖面积有 1 万亩左右，主要养殖模式为稻 - 蛙、稻 - 蛙 - 鱼（鳅）等综合种养，养殖户亩平产量在 500 千克左右。养殖成功的养殖户平均养殖效益在 5000 元 / 亩以上，养殖好的在 1 万元 / 亩以上。

2019 年，全市成蛙总产量达到 2531 吨。

九、野鸭

荆州历史上湖区盛产野鸭，特别是洪湖野鸭久享盛名。由于湖区自然环境变化和猎捕等人为活动影响，野鸭产量下降。为了保护和开发野鸭资源，地处洪湖湖边的付湾村，1985 年进行野鸭家养试验，当年农历五月由董希胜等三人从江西引进野鸭 1000 只，经半年多精心饲养，产蛋 2.8 万枚，价值逾万元，纯利6000 多元；1986 年又孵出幼鸭 600 多只，为野鸭家养闯出了一条成功之路。

十、其他品种

除上述珍珠、龟、鳖、蟹、蛙、鳝、鲟、乌鳢等名特水产品外，全市还有大口鲇、鳜鱼、青虾、银鱼、泥鳅、黄颡鱼等名特水产品的养殖，但规模不大，产量不高。2005 年，全市鳜鱼产量 1174 吨、各类虾 4000 吨、泥鳅 1045 吨、黄颡鱼 3097 吨。全市高度重视产业布局，大力发展名特水产品养殖，2019 年全市鳜鱼产量 1.8 万吨、泥鳅 6794 吨、黄颡鱼 4.2 万吨、鲈鱼 8391 吨、鲖鱼 7258 吨、长吻鮠 531 吨。

第四节　水生经济植物种植

全市水生经济植物种植品种有莲、藕、藕带、菱角、茭白、芡实、莼菜、芦苇等，分布面积较广，多为浅水湖泊、港汊和塘堰。

一、藕、莲

藕：按生产方式分为野生和人工栽培。20 世纪 90 年代农村产业结构调整，人工栽培成为农民致富门路。1990 年，沙市锣场乡、关沮乡引进中国农科院武汉植物研究所研制的新品种"武植二号"，种植面积近 1000 亩，经农办组织专家取样测产，平均亩产 2165 千克。1994 年，全市人工栽培面积 5230 公顷，产量 10.52 万吨；2000 年，种植面积 5270 公顷，产量 11.37 万吨。此后产量逐渐减少。2005 年，栽培面积为 3170 公顷，产量 2.55 万吨。见表 3-9。

莲：按颜色分为红（野）莲、白（家）莲两种。1994 年全市植莲面积 3790 公顷，产量 2377 吨；2005 年产量 4538 吨。见表 3-9。

二、菱

历史上产菱均为野生。20 世纪 80 年代后期开始引种移植家菱，主要栽植在池塘、湖泊和浅水中。1994 年，全市菱角栽植面积 1170 公顷，产量 1.33 万吨；2000 年全市植菱面积 980 公顷，产菱 7471 吨；2005 年植菱面积为 560 公顷，产量 2614 吨。见表 3-9。

三、芡实

芡实原为野生，产量不高，随着市场对水生蔬菜的需求，芡实即开始人工栽培，主要生产于湖泊、沟渠和塘中。1994 年，全市种植面积 60 公顷，产量 103 吨；2000 年种植面积 90 公顷，产量 3520 吨；2005 年达到 150 公顷，产量 630 吨。见表 3-9。

四、芦苇

芦苇又称"第二森林"，野生于湖边荒滩，通过注重技术管理，适时治水、治藤、治虫，改良品种等技术措施，结束了"自生自灭、丰歉靠天"的历史。1994 年全市芦苇面积 4890 公顷，产量 13.18 万吨；2000 年全市芦苇面积 20000 公顷，产量 24 万吨；2005 年全市芦苇面积 26670 公顷，产量 30 万吨。

表3-9　水生经济植物种植情况

年份 / 年	莲子		藕		菱角		芡实	
	面积 / 亩	产量 / 吨	面积 / 亩	产量 / 吨	面积 / 亩	产量 / 吨	面积 / 亩	产量 / 吨
1985	155500	2832	—	40030	—	2222	—	53
1993	73600	2778	68600	82950	19400	11484	200	50
1994	56800	2377	78400	105217	17500	13300	900	103
1995	61500	3193	48600	66176	20500	10044	1500	3073
1996	57100	1572	50400	60389	12400	11128	5600	386
1997	100200	7167	72900	69191	11500	19117	2400	5108

年份/年	莲子		藕		菱角		芡实	
	面积/亩	产量/吨	面积/亩	产量/吨	面积/亩	产量/吨	面积/亩	产量/吨
1998	96690	4958	73320	88079	11010	5332	1410	3533
1999	85410	5826	51675	82846	7485	3733	4725	4457
2000	121605	7094	79290	113724	14685	7471	1380	3520
2001	168564	10083	45778	82046	8169	5902	1892	4363
2002	143693	7730	42448	69412	8737	4755	1932	4311
2003	205635	10154	77865	64243	8805	6285	75	22
2004	—	4330	22860	23315	13320	6668	135	8
2005	—	4538	47460	25459	8335	2614	2310	630
2006	—	5749	10829	92034	987	5200	28	136
2007	—	7207	16668	113748	1569	9325	248	147
2019	110000	16500	520000	780000	11000	7500	3500	600

第五节　鱼病防治

　　20 世纪 50 年代初,荆州地区开始进行鱼病防治工作。1953 年前,多数养殖场在放鱼前,使用生石灰、巴豆、茶饼进行鱼池消毒清除野杂鱼。其间,用生石灰、漂白粉、硫酸铜、硫酸亚铁和孔雀石绿防治鱼病的颇多,有的用中草药防治鱼病效果较好。

　　20 世纪 60 年代,地区水产局与省鱼病调查组对本地区作鱼病调查,基本摸清了鱼病发生情况和流行规律,鱼病防治工作由"以土为主,土洋结合"转向以积极预防为主,实行综合防治。具体措施是:每年在发病季节,每 10 ～ 20 天在鱼池或食场中挂袋挂篓投放漂白粉、硫酸铜和硫酸亚铁合剂。定期全池泼撒生石灰或漂白粉,经常进行"三消"(鱼种消毒、饵料消毒、工具消毒)、"四定"(投饵做到定时、定量、定质、定位)。从此放养前进行药物清塘消毒,发病季节进行定期消毒预防,患病后进行季节治疗,已经成为养殖户的习惯。

　　20 世纪 70 年代,中草药发展较快,各地就地取材,用土方土法大制中草药防治鱼病。如三黄粉、五倍子、辣椒粉、苦楝树叶、大青叶、大蒜素、菖蒲等都是行之有效的中草药,这些中草药的应用,使养殖鱼类尤其是草鱼的发病率和死亡率明显降低。

20世纪90年代，荆州开始发生暴发性传染病，主要危害对象是花白鲢、鲫鱼。全市发病面积63万亩，占放养面积的46%，亩平均死鱼52千克，死亡率高达14.3% ～ 53.3%，高于草鱼"三病"的死亡率。为此，全区组织长江水产研究所及大专院校专家进行大规模技术培训，并进行现场指导。1994年，暴发性传染病基本得到了控制。

2007年，全市重抓水产，实施水产业壮大工程，依托长江水产研究所建立荆州市鱼类病害预警防控体系，每年开展鱼病流行性调查、预警预报、技术培训、远程诊断和现场指导，贯彻"预防为主、防治结合"的方针，做到"无病早防，有病早治"，有效控制鱼病的发生和流行，减少鱼病造成经济损失。

全市鱼类病害主要有三大类。

① 传染性鱼病。由病毒、细菌、真菌等传染性病原引起。这类鱼病所造成的损失约占鱼病总体损失的60%。病毒性鱼病主要有草鱼出血病、青鱼出血病和鲤痘疮病等。细菌性鱼病主要有赤皮病、烂鳃病、白头白嘴病和打印病等。真菌性鱼病由真菌寄生于鱼的皮肤、鳃或卵上引起，主要有水霉病、鳃霉病等。

② 侵袭性鱼病。由动物性病原引起。按病原通常有下列几类：一是原生动物病。如小瓜虫、鱼波豆虫、斜管虫、车轮虫等寄生于体表，能使鱼患病，严重时引起鱼类大量死亡。二是单殖吸虫病。单殖吸虫除少数营腔寄生外，绝大部分寄生在鱼类体表和鳃上，如三代虫、指环虫、双身虫等。尤其是在鱼苗、鱼种阶段，常因大量寄生而影响鱼的生长发育，甚至引起幼鱼大批死亡。三是复殖吸虫病。如复口吸虫、侧殖吸虫等大量寄生时，可使草鱼、青鱼、鲢、鳙等大量死亡。四是绦虫病。草鱼种往往遭受九江头槽绦虫严重感染，能引起大量死亡，水库和湖泊鱼类常患舌状绦虫病或双线绦虫病，对产量也有不同程度的影响。五是线虫病。寄生于鱼类毛细线虫、嗜子宫线虫、胃瘤线虫等严重感染时，能引起鱼病甚至死亡。六是棘头虫病。棘头虫是专性的内寄生虫，鲤长棘吻虫对鲤、乌苏里似棘吻虫对草鱼鱼种都可导致死亡。七是蛭病。蛭类俗称蚂蟥。有些发现在鱼体上，吸食宿主的血液或体液。八是钩介幼虫病。该虫常寄生于鱼苗体表，使其嘴部无法开合、不能摄食而死亡，但对较大的鱼种则危害较小。九是甲壳动物病。甲壳动物通常寄生在鱼体的鳍条、体表、鼻、口腔和鳃，只有个别种类寄生在鱼体内。对鱼类危害最大的是中华鳋、锚头鳋、鲺和鱼怪。

③ 非寄生物引起的鱼病。包括由物理、化学因素或其他非寄生的有害生物

（包括各种天敌）引起的鱼病。物理因素主要是鱼类在养殖、捕捞、运输过程中受到压伤、碰伤、擦伤等，可引起皮肤坏死和继发性鱼病（赤皮病、肤霉病等），最后致死。化学因素指遭污染的水体中，农药、重金属、石油、酚类及其他有毒物质可致鱼畸变或死亡。少数藻类被鱼吞食后不能消化而产生有毒物质，或其代谢产物含有毒素，也可引起鱼类中毒死亡。常见的有害藻类有铜绿微囊藻、水花微囊藻、裸甲藻、三毛金藻等。鱼类的敌害主要有青泥苔（丝状绿藻）、水螅、蚌虾（蚌壳虫）、水蜈蚣、水生昆虫、凶猛性鱼类以及虎纹蛙、水蛇、水鸟和吃鱼的水鼠、水獭等。

几种主要鱼病及其防治方法见表3-10。

表3-10　几种主要鱼病及其防治方法

疾病类型	危害鱼类	流行时间	防治方法
病毒性出血病	草鱼鱼种	5～9月	① 注射灭活疫苗预防 ② 外用复合碘全池泼洒2～3天 ③ 内服三黄粉＋免疫多糖5～7天
草鱼三病：细菌性肠炎、烂鳃、赤皮病	青鱼、草鱼成鱼及大鱼种	5～9月	① 漂白粉全池遍撒预防 ② 外用二氧化氯全池泼撒 ③ 内服大蒜素等
水霉病及鳃霉病	主要养殖鱼	2～3月	0.04% 食盐＋小苏打合剂浸洗鱼体或全池泼洒
白皮病	白鲢鱼种	2～6月	食盐洗澡
白头白嘴病	夏花草鱼种	5～7月	0.7毫克/升硫酸铜和硫酸亚铁合剂全池泼洒
中华鳋病	草鱼、鲢鱼	5～8月	敌百虫（晶体）全池泼撒
孢子虫病	鲫、鲂	3～9月	石灰清塘预防
锚头鳋病	鲢鱼	3～9月	敌百虫（晶体）全池泼撒
车轮虫病	主要养殖鱼	5～8月	① 石灰清塘预防 ② 0.7毫克/升硫酸铜和硫酸亚铁合剂全池泼洒
小瓜虫病	主要养殖鱼	3～10月	① 石灰清塘，杀灭虫卵虫体 ② 辣椒粉和生姜加水煮沸，连汁带渣全池泼洒，连用3天

第四章
水产捕捞

荆州水域历来江、河、湖相通，有"天然鱼仓"之称，从事捕捞的渔民，有专业渔民和兼业渔民。专门从事捕捞渔业或以渔为主的是纯渔民，又称专业渔民；以农为主，农忙时务农，农闲时捕鱼的是半渔民，又称兼业渔民。本区渔民大都集中在沿江滨湖区，以长江和湖泊为捕捞场所，多为一户一船或两户一船。渔民人数占全村总人口数 80% 以上的又称渔业村。

新中国成立前，渔霸横行，层层盘剥，渔民生活十分贫困，纯渔民尤甚。值鱼汛旺季，且遇鱼价好，还能勉强维持生活；值淡季，则需采菱角、挖野菜、跑运输才能糊口。渔民成年累月住在船上，在官吏、地主、湖主、渔霸的层层压榨下，食不果腹，衣不遮体。1949 年，全区专业捕捞渔民 2647 名，捕捞产量 1863 万千克，占水产品产量的 99.3%。

新中国成立后，渔民成了湖区的主人。1950 年，部分湖区开展湖改，成立渔民协会、渔民小组等组织机构，领导渔民生产。1954 年，全区有渔业互助组 1426 个，1956 年扩大为渔业生产合作社。1958 年后，渔民大都逐步转向农副生产，就地定居。1972—1982 年，国家拨款 134.4 万元解决"连家渔船"上岸定居，但洪湖、监利还有许多以船为家的捕捞渔民。到 2016 年，国家又出政策才彻底解决渔民上岸问题。

第一节　鱼苗捕捞

一、捕捞地点

长江从宜昌新滩到古老背 50 多公里江段峡谷，水流湍急，其天然条件适合四大家鱼产卵。每年小满芒种季节前后，长江的四大家鱼逆流而上，群集在这一带水域产卵，经 7 天左右，在荆江成苗，荆江两岸渔民历来从事捕捞天然鱼苗。每年春季，江水上涨即进入鱼苗盛产期，由于亲鱼产卵的时间、场所以及江水的不同流势（速），使鱼苗漂流形成不同地段的集散点，俗称埠头。全市较大的埠头有窑湾、埠河、雷洲、观音寺、下车湾、老江河、石码头和龙口等，这些捕捞码头是随着江水变化而形成的。

二、捕捞季节

捕捞季节在每年农历谷雨前后开始，夏至左右结束。其中有"头江水"：谷雨—夏至；"二江水"：小满—芒种；"尾江水"：芒种—夏至。其成色最好为"二江水"，草、鲢鱼占80%，俗称"小满籽"和"芒种籽"，体质好、产量高、气候适宜、便于运输，成活率高。"夏至籽"成色较差，青、鳊、鲤鱼较多，有"夏至花，不到家"之说。天然鱼苗"发江"也有一定的自然规律性：一般是谷雨后发现批量野杂引路，即预兆一两天后渔汛到来。夏至来临，桂花（粉红色）青、鳊"断江"，表明本年天然鱼苗已近结束。

三、捕捞工具

以麻布"缏网"捕捞效果最好。1994年，全市鱼苗捕捞产量4.11亿尾，最多的是监利和洪湖，洪湖除可捕捞顺江而下的"川江水花"外，又可捕捞洞庭湖入江的"南水鱼苗"，形成了天然鱼苗产量高、品种多的独特优势。

第二节　成鱼捕捞

新中国成立前，湖区渔民多以捕鱼为生计。新中国成立后，湖泊所有权收归国有，但湖区渔民仍以捕捞天然成鱼为业。为有利湖泊渔业生产，凡入湖作业的渔民，由当地管理部门发给入湖作业证，并控制外地船只入湖，遏制酷鱼滥捕现象。1958年，为提高产量，酷鱼滥捕盛行。以洪湖为例，每日下湖船只6000只以上，劳力达万余人，掠夺式渔具"迷魂阵"增多，连一两重的小鱼苗也不放过。天然捕捞成鱼产量在2万～3万吨左右，到20世纪70～80年代，产量都不到1万吨。成鱼捕捞一般在全市的江、河、湖、库进行。自《中华人民共和国渔业法》颁布实施以来，渔民对水产资源和生态环境保护意识增强，天然捕捞产量有所回升。1991年，全区天然捕捞成鱼产量达到39710吨；1994年，全市捕捞产量为5.94万吨；2000年为8.35万吨；2005年为9.14万吨，其中鱼类7.17万吨、虾蟹等甲壳类1.31万吨、贝类0.54万吨、其他0.12万吨。为进一步保护渔业资源，恢复生态环境，随着长江及重点水域全面禁捕工作稳步推进，全市捕捞产量

下降，2019 年，全市捕捞总产量为 1821 吨，其中鱼类 1684 吨，虾蟹等甲壳类
134 吨。见表 4-1。

表4-1 荆州市历年天然捕捞成鱼产量 单位：吨

年份	成鱼产量	年份	成鱼产量	年份	成鱼产量
1949 年	18630	1961 年	11775	1975 年	8425
1950 年	21900	1962 年	15200	1976 年	8885
1951 年	24720	1963 年	18015	1977 年	8680
1952 年	27515	1964 年	20815	1978 年	6310
1953 年	32615	1965 年	21430	1979 年	6795
1954 年	66830	1966 年	17115	1980 年	8440
1955 年	43745	1967 年	19620	1981 年	6815
1956 年	33820	1968 年	17840	1982 年	5935
1957 年	33430	1969 年	27805	1991 年	39710
1958 年	32200	1970 年	18840	1994 年	59347
1959 年	32415	1971 年	16585	2000 年	83516
1960 年	24485	1972 年	10175	2019 年	1684

第三节　渔具渔法

一、渔具

新中国成立初期，渔业以捕捞为主，旧式渔具多被袭用。1956 年，实行大湖蓄禁，保护水产资源，密眼花篮、密眼小网、地纲、卷把等禁止使用，泥网、鸬鹚等限制使用。20 世纪 60 年代，江湖隔断，适宜泛水作业的大钓、带钓、晾网等失去作业场所，逐步被淘汰。内垸湖泊水面缩小，养殖水面扩大，站网、花罩日渐淘汰。20 世纪 70～80 年代，渔具改革益精，使用渔具用料都采用化纤尼龙线，经久耐用，提高捕获率。20 世纪 90 年代后，池塘起鱼只用大拉网、抬网或干塘起鱼。湖库捕捞为大网、八字赶网、联合渔法等作业。其他小罾、赶罾、鳝鱼钩等均为农户副业捕捞工具。全市有各类渔具共计 80 多种。渔具使用最多的是网具，其次是钩类。主要渔具如下：

1. 网类

丝网、线网、大网、小网、凉网、泥网（百袋子）、洗网（夹网）、站网、顶网、飞网、溜网、撑篙网、大罾网、大罾、小罾、提罾、瞄罾、赶罾、迷魂阵、麻罾、麻濠、撬子、舀子等23种，其中有定位和流动两种方式作业。

2. 钩类

地钩、亮钩、鲤鱼钩、黑鱼钩、鳝鱼钩、甲鱼钩、滚钩、带钩、拖钩、游钩、淌钩、窝钩等12种，前6种属饵料钩，后6种属直接钩。

3. 竹篾类

卡子、花篮、花罩、鳜鱼花篮、络子花篮、濠子、风濠、虾濠、腰须濠、喇叭濠、鳝鱼濠、纽濠、裤络等13种，除卡子外，均是定位的。

4. 杂具类

镣排叉、灯叉、耙子、地网、白鱼把、鳝鱼把、白船、锩把、赶站、甲鱼枪、摸窝、鹭鸶等12种。

二、渔法

使用渔具、渔法主要是根据季节、水域类型、捕鱼种类、规格和生活习性确定。湖泊水面大、水较浅、水草多，使用钩、竹篾类较多；江河沟渠水流动性大，使用网和杂具类较多；水库有水深、库底不平、捕捞难度大的特点，一般采用网具，实行"赶、拦、刺、张"联合渔法。

这是选取多种渔具的优点和特长进行联合作业捕捞方法。20世纪80年代，在各大中型水库和湖泊推广，较好地解决了深水捕捞的技术问题，减轻了劳动强度，提高了捕捞能力。海子湖渔场运用联合渔法，一网曾捕获300多吨的好产量。此渔法使用三层刺网、拦网、张网（具有"八"字形网翼）、白板绳索、木船及机船作业。其生产步骤如下。

制订捕捞计划。首先要了解湖（库）情和鱼情，以确定"集鱼区""赶鱼区"，并绘制简单作业示意图。

赶鱼。利用三层刺网、拦网和机船，带动白板等渔具配合声响惊吓鱼群，驱赶鱼群向"集鱼区"聚集而捕获之。

拦鱼。赶鱼要与拦鱼同时结合起来，才能逐渐缩小鱼类活动范围，达到聚而捕之目的。即用三层刺网和拦网拦断鱼群往回逃的去路，使鱼向集鱼区集中。

刺鱼。三层刺网既能赶、拦鱼群，又能刺捕鱼群。当鱼群逐渐集中于"集鱼区"时，三层刺网就能发挥刺捕效能。

张鱼。当完成赶鱼作业后，在集鱼区用三层刺网、拦网配合声响，惊吓鱼群，使其进入张网而捕之。

迷魂阵又名箔旋、鳖塘子，为浅水定置渔具。渔者以竹或苇楷编制成箔旋，高 15～18 厘米，长 1 米，由百千张箔帘连结在一起，选在鱼群活动场所，插成 1～5 道倒"八"字形墙箔，道道相套，层层递进，若能引进流水，则捕捞效果更佳。鱼儿多有沿边、顶流游动习性，这样便可将其引入圈套，最后使其陷入早已设置好的陷阱网中，聚而捕之。

迷魂阵、百袋子、麻濠、电打鱼等渔具渔法对鱼类资源危害极大，被列为有害渔具渔法加以取缔。

第五章
渔业经济体制

新中国成立前，渔业生产资料系封建私有制，区域内江河、湖泊、塘堰等私人占有，形式大体有五种：官府所有；宗族共有；多户多姓共有；几户共有，轮流管理；一户独有。这些大都世袭相传。渔区总户数不到5%的渔霸、湖主几乎占有所有水面，渔民按照船头、业司交纳渔租、水课。洪湖渔霸彭占魁（彭霸天）就是一个典型例子。

第一节　经济体制

一、国营渔业

国营养殖企业是社会主义全民所有制企业，其任务是供应苗种，提供商品，支援出口，积累资金和技术示范等。

本区国营养殖企业始建于20世纪50年代初。国家对国营水产养殖企业予以大力扶持，不断给予基本建设和生产投资，养殖场规模由小到大，放养由粗转精，产量由低到高。1952年，全区兴建国营养殖场13个，养殖面积0.21万亩，养殖产量5000千克。1963年，一些国营水库陆续组建水库渔场，全区国营渔场达到34个，养殖面积18.87万亩，养殖产量1900吨。1978年，全区国有渔场46个，劳力2359名，养殖水面32.77万亩，水产品产量3382吨。1994年全市有国营渔场85个，在职职工9970名，放养水面40.38万亩，水产品产量2.727万吨，占养殖总产量的9.94%，生产鱼苗60.69亿尾，鱼种1.23万吨，成鱼2.73万吨。1995年，钟祥、京山划出荆州市，国营渔场减至61个，在职职工7314名，养殖面积30.07万亩，养殖产量2.49万吨。此后随着市场经济的发展，渔业改革进一步深化，不少国营渔场拍卖、出售。2000年，全市国有渔场79个（荆州区6个、沙市区5个、江陵县11个、松滋市15个、公安县7个、石首市7个、监利县6个、洪湖市22个），在职职工3979名，放养水面29.85万亩，水产品产量32790吨。2005年，全市国有渔场32个（荆州区2个、沙市区5个、江陵县1个、松滋市3个、公安县6个、石首市7个、监利县3个、洪湖市5个），在职职工3576名，放养水面23.02万亩，水产品产量4.8万吨，占全市养殖总产量的8.6%。2008年，国营农牧渔良种场（小三场）实行改革，转制后实现属地管理，统计年报不再对国营渔场进行统计。见表 5-1。

二、集体渔业

集体渔场包括乡镇渔场和村办渔场，主要是经营小型湖泊、港汊、小Ⅰ型和Ⅱ型水库及部分池塘。

1956 年，本区首先在生产任务较大的农业社组建了一批专业水产队。1958年，全区"社社建场、队队开池、湖湖建场、库库建队"，当时有水产专业队或组 4500 多个，渔业劳力 47318 名，养殖水面 30 多万亩。1978 年，全区集体渔场 975 个（乡镇渔场 193 个、村级渔场 782 个），劳力 12718 名，养殖水面 24.81万亩，水产品产量 6864 吨。1994 年全市集体渔场 1590 个，从业劳动力 4.67 万名，养殖面积 44.06 万亩，养殖产量 11.97 万吨，占养殖总产量的 35.89%。2005 年，全市集体渔场 1101 个，从业劳动力 3.89 万名，养殖面积 61.69 万亩，养殖产量 23.2万吨，占养殖总产量的 41.53%。集体渔场一般具有鱼苗、鱼种、成鱼的配套生产，为农村家庭养鱼、专业承包户的苗种供应、技术指导起示范作用。见表 5-1。

表5-1　国营、集体渔场基本情况统计表

年份 / 年	国营渔场			集体渔场		
	数量 / 个	养殖面积 / 万亩	产量 / 吨	数量 / 个	养殖面积 / 万亩	产量 / 吨
1978	46	32.77	3382	975	24.81	6864
1980	48	32.77	3254	1404	27.61	15300
1985	49	32.94	5892	1282	32	40176
1990	48	34.64	13723	1424	46.02	89053
1991	53	35.05	14867	1370	43.5	74576
1992	55	35.30	14928	1455	44.12	88956
1993	83	39.70	22598	1302	37.36	86920
1994	85	40.38	27274	1590	44.06	119752
1995	61	30.07	24913	1192	40.97	129313
1996	69	20.04	26286	1148	40.63	121681
1997	68	28.94	27887	1112	40.97	136643
1998	73	37.97	39777	998	38.53	139842
1999	73	37.94	68078	1083	63.55	193886
2000	79	29.85	32790	1101	41.70	158887
2001	74	38.84	70436	999	38.89	135851
2002	71	36.7	77310	996	45	125433
2005	32	23.02	48000	1101	61.69	232000

三、个体渔业

个体渔业主要指专业户、重点户的家庭养鱼。1978年，全区有渔业乡镇2个，渔业村29个，渔业户3575户，渔业人口18657名，渔业劳力9308名（专业7539名、兼业1769名）。1994年全市农村家庭养鱼4.85万户，占农村总户数的3.65%，放养面积14160公顷，产量16.62万吨，占全市养殖总产量的49.8%。从20世纪90年代初开始，个体渔业户以名特品种为主攻方向，经济效益明显提高。1995年，沙市观音垱镇出现农民养殖甲鱼、乌龟的热潮，全镇特种水产养殖达5000户，养殖温室达30多万平方米，并出现了一些百万元的养殖大户。2005年，全市农村家庭养鱼8.8万户，占农村总户数的8.8%，放养面积56400公顷，产量27.77万吨，占全市养殖总产量的49.71%。2019年，全市有渔业乡镇14个（洪湖市11个、监利市3个），渔业村333个，渔业户101567户，渔业人口303878名，渔业从业人数237840名（专业190837名、兼业33122名、临时人员13881名）。

全市加大新型市场主体即水产龙头企业、专业合作社和家庭农场建设力度，现拥有国家级水产龙头企业3个、省级21个、市级35个，见表5-2。全市登记水产专业合作社2853个，其中国家级示范合作社11个，见表5-3；省级示范合作社15个，见表5-4；市级示范合作社45个，见表5-5。全市登记的水产养殖、种植家庭农场47个，其中示范家庭农场35个。

表5-2　荆州市农业产业化龙头企业（水产）名单

序号	企业名称	企业地址	主营产品	销售收入/万元	带动农户数/万户	龙头企业级别	所属类别
1	两湖绿谷物流股份有限公司	荆州市沙市区荆沙大道（两湖绿谷）	农产品	18000	5.2	国家级	流通型
2	洪湖市新宏业食品有限公司	洪湖市小港管理区莲子溪	淡水小龙虾、淡水鱼糜	117824	13357	国家级	加工型
3	湖北华贵食品有限公司	洪湖市万全镇万全工业园	洪湖藕带、洪湖莲藕	98010.8	0.83	国家级	加工型
4	荆州市长和生态渔业有限公司	纪南文旅区鲁垱村	水产养殖	5000	0.3	省级	加工型
5	湖北金鲤鱼农业科技股份有限公司	城南九阳食品工业园	水产养殖	10529	0.3	省级	加工型

续表

序号	企业名称	企业地址	主营产品	销售收入/万元	带动农户数/万户	龙头企业级别	所属类别
6	荆州市依顺食品有限公司	荆州市沙市区沙岑路68号	馅料、月饼、鱼糕	5125	0.105	省级	加工型
7	湖北亚惠农业科技有限公司	沙市经济开发区达雅路48号	小龙虾、蔬菜制品、调味品	10212	1.3	省级	加工型
8	荆州市皇冠调味品有限公司	沙市区锣场镇318国道南	小龙虾、酱油、食醋等	5868	0.31	省级	加工型
9	新力大风车现代农业科技有限责任公司	东方大道达雅路29号	小龙虾、火锅底料	6100	0.1	省级	加工型
10	湖北旺膳生态种养科技集团有限公司	江陵县资市镇江资路	鱼糕雷竹系列产品	10300	0.31	省级	加工型
11	湖北海瑞渔业股份有限公司	青吉工业园幸福路6号	淡水鱼购销，水产品加工、销售	5280	1.8	省级	加工型
12	湖北美斯特食品有限公司	公安县南平镇湘鄂大道429号	水产品加工、销售	10737	0.356	省级	加工型
13	湖北好味源食品有限责任公司	石首市高基庙镇刘家场村	小龙虾系列	1100	0.8	省级	加工型
14	湖北桐梓湖食品股份有限公司	棋盘乡菊兰村	小龙虾系列	13400	0.3	省级	加工型
15	湖北广利隆食品股份有限公司	监利市朱河镇工业园振兴大道2号	小龙虾系列	16000	0.3	省级	加工型
16	荆州天宏生物科技股份有限公司	监利市朱河镇沙洪公路	小龙虾制品	1.8	0.45	省级	加工型
17	洪湖市井力水产食品股份有限公司	洪湖市经济开发区大兴工业园	淡水鱼糜	39251	5.8	省级	加工型
18	洪湖市闽洪水产品批发交易市场服务有限公司	洪湖市新堤大道88号	水产品	21600	0.35	省级	流通型
19	湖北楚江红水产生物科技有限公司	湖北省洪湖市新堤办事处文泉大道20号	小龙虾、鱼、田螺	10723	0.15	省级	加工型
20	洪湖市天然野生食品开发有限公司	洪湖市汊河镇小港村	大米	18900	0.8	省级	加工型
21	洪湖市莲承生态农业有限公司	洪湖市洪湖经济开发区名流大道6号	莲子、莲藕系列产品	5148	0.42	省级	加工型

序号	企业名称	企业地址	主营产品	销售收入/万元	带动农户数/万户	龙头企业级别	所属类别
22	湖北忆荷塘农业科技股份有限公司	洪湖市经济开发区河岭村七组	洪湖纯藕粉、洪湖荷叶茶、洪湖磨皮莲子	5105	0.3	省级	加工型
23	湖北华贵饮品有限公司	洪湖市经济开发区	莲汁、藕汁、荷叶茶	15198.92	0.415	省级	加工型
24	湖北瑞邦生物科技有限公司	荆州市开发区东方大道 195 号	生物活性肽	20126.06	0.06	省级	科技型
25	荆州市北湖农业发展股份有限公司	川店镇松园村	水产养殖	2000	0.05	市级	科技型
26	荆州市琦铭食品有限公司	郢城镇海湖村	鱼糕、鱼丸等	2000	0.01	市级	加工型
27	荆州市渔都特种水产养殖有限公司	太湖管理区	水产养殖	3000	0.03	市级	科技型
28	荆州市银信实业集团有限公司	沙市区红门路 70 号	水产养殖	1410	0.05	市级	科技型
29	湖北亿穗生态农业有限公司	高新区花园街 181 号	大米	5000	0.01	市级	科技型
30	荆州市楚龙生态养殖发展股份有限公司	川店镇李场村	楚龙鱼、甲鱼	—	—	市级	—
31	湖北大拿食品有限公司	荆州市沙市区关沮镇银湖工业园	第三代荆州鱼糕	3200	0.3	市级	加工型
32	荆州市金迪尔生物科技有限公司	沙市工业新区锣场东方大道 4 号路	淡水鱼虾配合饲料	4568	0.067	市级	加工型
33	湖北利佳食品有限公司	江陵县工业园区	小龙虾	3013	0.1	市级	加工型
34	荆州市虾宝农业科技有限公司	江陵县资市镇先进村 11 组	小龙虾、水稻	4500	0.2	市级	其它型
35	湖北餐虎食品有限公司	江陵县沿江产业园	小龙虾、鱼	5300	0.1	市级	加工型
36	湖北龙生食品有限公司	江陵县沿江产业园	淡水鱼	7500	0.1	市级	加工型
37	湖北早渔人家食品有限公司	松滋市涴水镇回族街 111 号	鱼糕鱼丸	886	0.1	市级	加工型

续表

序号	企业名称	企业地址	主营产品	销售收入/万元	带动农户数/万户	龙头企业级别	所属类别
38	公安县永兴农业科技开发有限公司	公安县斗湖堤镇	蛋鸡养殖、甲鱼养殖	2000	0.1	市级	科技型
39	荆州市民康生物科技有限公司	公安县青吉工业园，位于滨江路6号	日本医蛭、宽体金线蛭	1100	0.012	市级	科技型
40	湖北海铧水产品有限公司	石首市调关镇救王庙村	小龙虾	4800	0.1	市级	加工型
41	湖北鄂南明珠天然食品有限公司	石首市东升镇梓楠堤村一组	笔架鱼肚	1500	0.01	市级	加工型、流通型
42	石首长江明珠食品股份有限公司	石首市绣林街道解放路168号附1号	笔架鱼肚	1700	1	市级	加工型、流通型
43	湖北湖宝食品股份有限公司	监利县容城镇马铺村二组	泡藕带、清水藕片	2066	0.2	市级	加工型
44	监利凯杰农业开发有限公司	监利县新沟镇	冷库出租、小龙虾加工	3100	0.15	市级	服务型、加工型
45	湖北新宏食品有限公司	监利县朱河镇振兴大道特1号	龙虾尾	2005	0.1	市级	加工型
46	湖北哒哒水产股份有限公司	监利县桥市镇	小龙虾、河蟹	6757.8	0.57	市级	流通型、加工型
47	监利县天瑞渔业科技发展股份有限公司	毛市镇陈铺村	鱼苗	1230	0.3	市级	其他型
48	湖北越盛水产食品有限公司	湖北省监利县交通路3号	淡水小龙虾	1668	300户	市级	加工型
49	监利县满堂红食品有限公司	监利县朱河镇发展大道特1号	小龙虾、特色淡水产品	6000	0.6	市级	加工型
50	监利县鑫满堂红食品有限公司	监利县汴河镇何庙村	小龙虾、特色淡水产品	11832	0.8	市级	加工型
51	监利供销满堂红食品有限公司	湖北省监利县朱河镇春台村一组	小龙虾、特色淡水产品	2010	0.5	市级	加工型
52	洪湖市晨光实业有限公司	经济开发区文泉大道1号	藕粉、莲子、蛋品	8613	0.07	市级	加工型
53	洪湖市万农水产食品有限公司	洪湖市新堤大道一号	龙虾、鮰鱼	31622	0.332	市级	加工型

序号	企业名称	企业地址	主营产品	销售收入/万元	带动农户数/万户	龙头企业级别	所属类别
54	湖北天之绿水产有限公司	洪湖市曹市镇工业园	泡藕带、藕汤、藕片	3159	0.1436	市级	加工型
55	荆楚优品农业（湖北）有限公司	洪湖市滨湖新旗村	水产品加工	3358	0.13	市级	加工型
56	湖北雪萝食品有限公司	洪湖市大沙湖管理区新新路	腌鱼、酱腌菜	2997	0.83	市级	加工型
57	洪湖市老曹家水产食品股份有限公司	洪湖市螺山镇新联村通湖路	藕粉、莲子、藕带、荷叶茶、单冻鱼	2200	0.06	市级	加工型
58	洪湖市同辉生态农业股份有限公司	洪湖市大同湖管理区四分场	鲜鱼、蔬菜、水果	2335	0.0193	市级	流通型
59	荆州市盈佳农业科技有限公司	滩桥镇红卫村北闸片区58号	乌龟及其制品	18800	0.1	市级	加工型

表5-3　荆州市国家级水产专业合作社示范社名录

县市区	数量/个	合作社名称	所属行业
荆州区	2	荆州市海子湖青鱼水产养殖专业合作社	农业
		荆州市凝农水产生态养殖专业合作社	农业
江陵县	1	江陵县新垒水产养殖专业合作社	农业
松滋市	1	松滋市稻鳅蛙养殖专业合作社	农业
公安县	1	公安永和水产养殖专业合作社	农业
监利县	3	监利县振华渔业专业合作社	农业
		监利县春燕渔业专业合作社	农业
		监利县天池禽类水产养殖专业合作社	供销
洪湖市	3	洪湖市世元鳖龟养殖专业合作社	农业
		洪湖市宏发水产专业合作社	农业
		洪湖市华贵水生蔬菜种植专业合作社联合社	农业

表5-4　荆州市省级水产专业合作社示范社

序号	县市区	名称
1	沙市区	荆州市皇陵特种水产养殖专业合作社
2	松滋市	松滋市沙道观豆花湖水产养殖专业合作社
3		松滋市绿佳莲藕种植土地股份专业合作社
4		松滋市王家大湖水产专业合作社

续表

序号	县市区	名称
5	公安县	公安县双盈水产品专业合作社
6		公安县宏莲养殖专业合作社
7	石首市	石首市民富水产养殖专业合作社
8	洪湖市	洪湖市贵农水产养殖专业合作社
9		洪湖市纲要黄鳝养殖专业合作社
10		洪湖市鸿信水产农民养殖专业合作社
11		洪湖市余胖子莲藕种植专业合作社
12		洪湖市鲟鑫水产养殖专业合作社
13		洪湖市雄丰小龙虾养殖专业合作社
14		洪湖市石丰水产养殖专业合作社
15		洪湖市天城垸虾稻种养专业合作社

表5-5　荆州市市级水产专业合作社示范社

县市区	序号	名　称
荆州区	1	荆州市荆州区原康稻虾连作专业合作社
	2	荆州市荆州区娇娘茭白专业合作社
	3	荆州市荆州区鑫垅水产养殖专业合作社
沙市区	4	荆州市御达长湖特种水产专业合作社
	5	荆州市众发小龙虾专业合作社
	6	荆州市泓润养殖专业合作社
	7	荆州市鸿玉香水产养殖专业合作社
江陵县	8	荆州市黑狗渊特种水产品养殖专业合作社
	9	江陵县碧水水产品专业合作社
	10	江陵县东津水产专业合作社
	11	江陵县双富龙虾养殖专业合作社
	12	江陵县万圣园水产养殖专业合作社
	13	江陵县平家渊水产品养殖专业合作社
	14	江陵县农夫乌龟养殖专业合作社
	15	江陵县吉美虾稻专业合作社
	16	江陵县杰农稻蛙养殖专业合作社
松滋市	17	松滋市小南海绿晟生态水产养殖专业合作社
	18	松滋市洁绿水产养殖专业合作社
公安县	19	贺新水产养殖专业合作社
	20	公安县荆星稻渔种养专业合作社

续表

县市区	序号	名　称
石首市	21	石首市杨苗洲黄鳝养殖专业合作社
	22	石首市宜山稻虾种养专业合作社
监利县	23	监利县星兴湖水产养殖专业合作社
	24	监利县新宇水产养殖专业合作社
	25	监利县湾港稻虾种养专业合作社
	26	监利县溜子垸水产养殖专业合作社
	27	监利县瑞祥水产养殖专业合作社
	28	监利县军明小龙虾养殖专业合作社
	29	监利咏春稻虾共育专业合作社
洪湖市	30	洪湖市龙友小龙虾养殖专业合作社
	31	洪湖市润丰莲藕种植专业合作社
	32	洪湖市国山水产生态养殖专业合作社
	33	洪湖市大江水产养殖专业合作社
	34	洪湖市保国水产养殖专业合作社
	35	洪湖市强合水产养殖专业合作社
	36	洪湖市活水虾蟹养殖专业合作社
	37	洪湖市伟芳水产养殖专业合作社
	38	洪湖市鑫雨鑫水产养殖专业合作社
	39	洪湖市唐城水产养殖专业合作社
	40	洪湖市乡原稻虾种养专业合作社
洪湖市	41	洪湖市杜志勇水产养殖专业合作社
	42	洪湖世元水产专业合作社联合社
	43	洪湖市宏新雨稻虾种养殖专业合作社
	44	洪湖市花姑水产养殖专业合作社
	45	洪湖市中科宏宇农民专业合作社

第二节　水产供销

一、水产品流通

新中国成立初期，在湖区进行民改运动，对当地渔行采取利用、限制、改造政策，取缔剥削手段，使国营商业占据水产供销的主导地位。1951 年，经省批准成立"湖北省沙市水产市场",旨在加强对水产市场的管理。1952年扩建机构,更名为"荆州专署水产供销公司",各地也相继建立水产供销站。全市捕捞的鲜鱼产品和收购的莲子通过市场交易外,另一部分是通过水产供销公司(站)收购运销外地。1957年前,水产品主要是市场销售,国营水产公司购销一部分,全区水产品产量27.4万吨,收购3.9万吨,占总产量14.4%,上调国家1.5万吨,收购莲子1578吨,上调国家947吨。1958—1978年,水产品一直是由国家统一经营,1958—1964年间,生产单位完成国家的收购上调任务后,多余部分可以自行处理。1966年以后,水产品被统死,一律由国家经营,不准自产自销,由于统得过于严格,渔民积极性不高,生产发展缓慢,水产品紧缺,出现"鱼米之乡"吃鱼难的局面。1979年后,国家调整经济建设方针,政策放活,水产品逐步放开,各地水产供销公司又相应成立,购销兴旺。1983年,全市有供销公司14个,职工639名,收购鲜鱼6325吨,占全市水产品总量的10.31%,上调国家4035万吨。见表5-6。

1984年,国家取消统派购制度,放开水产品价格,水产品进入市场,产销直接见面。由于水产公司难以适应市场变化,以致销售的品种和数量连年萎缩,出现国营水产公司全面亏损的情况。随着生产不断发展和市场需求变化,城乡个体水产经营队伍逐渐扩大,购销踊跃,成为了全市水产品运销主体。1991年,荆州地区各地水产公司收购鲜鱼9151吨,其中外销8303.7吨(不含国家合同鱼);各集贸市场销售水产品61126吨,成交金额25092.66万元。

表5-6　1949—1983年成鱼生产、收购、销售、上调统计表

年份/年	生产量/吨	收购量/吨	占产量/%	销售量/吨	上调量/吨	
					合计	其中出口
1949	18755	375	2.00	—	—	—
1950	22055	485	2.20	50	—	—
1951	24960	550	2.20	100	—	—
1952	27915	2180	7.81	865	400	
1953	33175	2590	7.81	1875	415	
1954	67520	7215	10.69	2290	3820	
1955	45720	10370	22.68	1715	2510	
1956	36750	8665	23.58	5005	4330	
1957	38855	7330	18.87	3690	3635	
1958	43635	8190	18.77	3675	3765	50
1959	48730	20270	41.60	6570	13895	50
1960	36625	11630	31.75	4130	7145	65

年份/年	生产量/吨	收购量/吨	占产量/%	销售量/吨	上调量/吨	
					合计	其中出口
1961	17015	3640	21.39	2275	2035	50
1962	17970	6220	34.61	1550	4585	50
1963	23310	6625	28.42	2785	3705	110
1964	30005	7870	26.23	3040	4450	195
1965	33990	8910	26.21	4945	4560	1085
1966	28840	7330	25.42	3540	3555	1200
1967	30210	3915	12.96	2265	1650	675
1968	28680	4535	15.81	2165	2265	720
1969	38365	8405	21.91	2910	5175	1015
1970	32160	7060	21.95	3870	2825	810
1971	31300	7510	23.99	3150	4585	1045
1972	27370	5515	20.15	2600	2970	770
1973	31375	7660	24.41	3480	3600	1305
1974	30915	5955	19.26	3075	2945	785
1975	31575	5625	17.81	3065	2365	855
1976	32020	5590	17.46	3045	2390	1015
1977	31455	6280	19.97	3365	2480	960
1978	25215	4955	19.65	2710	2185	950
1979	26705	5080	19.02	2610	2305	955
1980	32315	4775	14.78	2115	2560	630
1981	37300	4805	12.88	1835	2925	365
1982	47235	6350	13.44	1850	4340	629
1983	61340	6325	10.31	—	4035	334.5

2005年，全市水产品产量65万吨，其中有30万吨左右由个体经营者外销全国各地。目前荆州市较大的水产品批发市场有国家级荆州淡水产品批发市场、荆州市锦欣水产品批发市场、公安楚丰及监利监南和洪湖闽洪水产品批发大市场等。2008年，洪湖闽洪水产品批发大市场投资1.5亿元新建了江汉平原最大的原产地批发市场，总建筑面积9万多平方米，经营门店380个，2013年交易量超过38万吨，交易额28亿元，主营产品"洪湖清水"大闸蟹交易额占市场交易总额的70%以上。该市场先后被商务部认定为"双百市场工程"，被农业部认定为"全国定点市场""国家农业标准化市场"，被劳动与社会保障部认定为"国家创业孵化基地"。到2012年，国家级淡水产品批发市场落户，标志着荆州水产市场流通体系再上了一个台阶，初步形成了体系完善、功能完备的水产品流通体系。

全市建有各类大中型水产品集散市场 29 个，水产流通中介组织近百个，水产经纪人 2 万余名，活鲜淡水产品年交易量达 140 万吨，销售辐射全国 29 个省（自治区、直辖市）和港澳台，还有东南亚、欧美、日韩等国家和地区。

2019 年，全市水产品产量达 112.2 万吨。水产品流通与服务业产值达到403.65 亿元。见表 5-7。

表5-7　2019年水产品流通和服务业产值　　　　　单位：万元

地区	小计	水产品流通产值	水产（仓储）运输产值	休闲渔业产值	其他产值
荆州市	4036486	3247682	121338	666878	588
荆州区	198492	125139	11792	61561	0
沙市区	34682	17580	0	17102	0
江陵县	19344	16771	1040	1533	0
松滋市	37000	16450	0	20550	0
公安县	259555	218854	5444	35257	0
石首市	67239	11687	814	54738	0
监利县	1400174	1142079	84844	173251	0
洪湖市	2020000	1699122	17404	302886	588

【荆州市水产供销公司】　1951 年，经省批准成立湖北省沙市水产市场。1952 年扩建更名为荆州专署水产供销公司。1984 年，国家取消统派购制度，放开水产品价格，水产品进入市场，产销直接见面。随着生产不断发展和市场需求变化，城乡个体水产经营队伍逐渐扩大，荆州市水产供销公司逐步淡出市场，2001 年 12 月改制。

【荆州市水产总公司】　1992 年，由荆州地区水产局下属单位长湖水产管理处、水产科学研究所、渔具厂、水产供销公司等单位组合而成，1993 年撤销。

【荆州市泥港湖渔场】　荆州市泥港湖渔场位于湖北省荆州市沙市区观音垱镇，紧邻 318 国道，泥港湖渔场成立于 1956 年，是原江陵县最大的国营渔场。1994 年荆沙合并，将泥港湖渔场纳入了市水产局直管，原江陵县国营泥港湖渔场据此更名为荆州市泥港湖渔场。现泥港湖渔场土地面积 4800 亩，其中精养鱼池水面 2680 亩，建有 5000 多平方米的鱼苗孵化场，产品以黄颡鱼、鲴鱼、鲈鱼、鳜鱼、小龙虾等名优品种为主，四大家鱼为辅，年产各种水产苗种 30 亿尾，水产品年总产量近 2000 吨，产值 3000 多万元。2012 年被授予国家级水产健康养殖示范场。2019 年底，划归市农业农村发展中心代管。

二、水产加工

1. 渔需物资加工

本区渔民有家庭加工渔具的传统习惯（如织渔网、编竹帘、花篮）。较大的渔需物资加工企业有荆州市渔具厂和洪湖市渔具厂，主要加工生产网线、网布、网等渔需物资。20世纪90年代中后期，由于企业技术改造和经营管理跟不上市场发展要求，加之渔用网绳个体加工者日益增多，渔具厂经济效益下滑，以致出现严重亏损而倒闭或改制。2019年，全市渔业工业主要是渔用机具制造、渔用饲料生产、渔用药物经营及建筑等。见表5-8、表5-9。

表5-8　2019年渔业工业和建筑业产值统计表　　　　单位:万元

| 地区 | 合计 | 渔用机具制造 | | | 渔用饲料产值 | 渔用药物产值 | 建筑业产值 | 其他产值 |
		小计	渔船渔机修造产值	渔用绳网制造产值				
荆州市	531506	1090	40	1050	421222	4696	100900	3598
荆州区	74556	0	0	0	40316	780	30300	3160
沙市区	41500	0	0	0	41500	0	0	0
江陵县	1170	0	0	0	0	0	1170	0
松滋市	0	0	0	0	0	0	0	0
公安县	28941	1030	0	1030	24865	0	3046	0
石首市	5562	0	0	0	5562	0	0	0
监利县	234845	0	0	0	188525	0	46320	0
洪湖市	144932	60	40	20	120454	3916	20064	438

表5-9　荆州市水产饲料生产企业一览表

单位名称	详细地址
清水华明（武汉）生态科技有限公司	荆州市公安县油江路1号
荆州展翔饲料有限公司	荆州市沙市区观音垱工业园区展翔路1号
荆州市漓源饲料有限公司	荆州市沙市区锣场镇东方大道
荆州新希望饲料有限公司	荆州市沙市区观音垱镇皇屯村3号路
荆州湘大骆驼饲料有限公司	荆州市荆州国家经济开发区东方大道218号
荆州市金迪尔生物科技有限公司	荆州市开发区东方大道四号路（锣场镇）东侧
荆州市东方希望动物营养有限公司	荆州市沙市经济开发区东方大道220号
荆州市天佳饲料有限公司	荆州市沙市经济开发区东方大道（锣场段）
沙市通威饲料有限公司	荆州市沙市区工业新区东方大道

续表

单位名称	详细地址
荆州洪川饲料有限公司	荆州区荆李路南侧
荆州智水水处理工程有限公司	荆州市荆州区川店镇紫荆村四组
湖北丰之易生物技术有限公司	荆州市荆州区川店镇紫荆村五组 9-1 号
荆州格力特生物科技有限公司	荆州市高新技术产业园区高沙路
荆州海大饲料有限公司滨江路分公司	荆州市荆州区学堂洲开发区滨江路特 1 号
荆州市益农饲料有限公司	荆州市荆州区纪南镇纪城村二组
荆州海大饲料有限公司	荆州市荆州区城南开发区学堂洲金江路 15 号
荆州正荣生物饲料股份有限公司	荆州市荆州城南开发区学堂洲工业园 1 号
荆州市汇海饲料有限公司	湖北省荆州市农高新区兴业路汇海饲料
中粮饲料（荆州）有限公司	公安县青吉工业园（中粮）第 1 幢第 1-3 层
湖北惠泽生物科技股份有限公司	荆州市公安县埠河镇振兴大道一号
公安县玉强米业有限责任公司	荆州市公安县毛家港镇茅穗里毛街 56 号
湖北天海饲料有限公司	荆州市公安县长江路 38 号
荆州和健生物科技有限公司	监利县红城乡发展大道 168 号
湖北海鑫盛饲料有限公司	荆州市监利县朱河镇产业园区振兴大道 12 号
荆州家泰饲料有限公司	荆州市监利县容城镇玉沙大道城东工业园
湖北恒泰集团恒欣饲料有限公司	荆州市监利县新沟镇吉祥大道
荆州市沅梦生物科技有限公司	荆州市江陵县楚江大道 01 栋
荆州海合生物科技有限公司	荆州市江陵县沿江产业园铁牛路西侧 8 号
洪湖大惠双胞胎饲料有限公司	荆州市洪湖市大沙镇
湖北百泰泓生物科技有限公司	荆州市洪湖市经济开发区创业路 2 号
洪湖海大饲料有限公司	荆州市洪湖市大沙湖管理区发展路北
洪湖市宏业生态农业有限公司	荆州市洪湖市小港管理区莲子溪大队
洪湖市巨仁饲料有限公司	荆州市洪湖市老湾乡开发区 1 号
湖北佳园饲料有限公司	荆州市洪湖市龙口镇和里工业园傍湖村
洪湖通威饲料有限公司	荆州市洪湖市新堤办事处新堤大道 1 号
湖北宜达饲料有限公司	荆州市洪湖市乌林镇李家桥
湖北同乐饲料有限公司	荆州市洪湖市乌林镇石码头工业园区
荆州禾丰农业科技有限公司	荆州市高新技术产业开发区高沙路
中兴生物饲料（湖北）有限公司	荆州市洪湖市新堤文泉大道大兴工业园
湖北楚天艾科生物技术有限公司	荆州市江陵县三湖管理区龚家垸
荆州安佑生物科技有限公司	荆州市沙市区观音垱工业园区主干道 3 号
湖北联友饲料有限公司	荆州市荆州区纪南镇雷湖村十组 51 号
荆州双胞胎饲料有限公司	荆州市沙市区锣场镇向湖村 (318 国道旁)
荆州正良源饲料有限公司	荆州市荆州区纪南镇 207 国道 2079 公里处

【荆州市渔具厂】 1951 年从湖北省沙市水产市场分设成立沙市水产品加工厂，从事渔需物资的简单加工。1961 年更名为荆州地区渔具加工厂，主要加工网线、网绳、网、网布等渔需物质。20 世纪 90 年代中后期出现严重亏损，2001 年 8 月改制。

2. 渔需物资供应

国家改革计划经济，建立市场经济体制后，渔需物资供应计划全部取消，直接进入市场采购供应，渔需物资个体经营商大量增加，物资丰富，对水产生产起到了较大的推动作用。

3. 水产品加工

荆州水产品加工业始于 20 世纪 50 年代，早期加工的品种有干卤制品、槽制鲜鱼、藕粉、田螺与银鱼等。1980 年前，其加工大宗产品为干、卤制品，20 世纪 90 年代，开始加工冰冻鲜鱼、鱼片和虾米等，并以冷藏保鲜为主，主要销往东北、华北、西北。1994 年，全市有 50 个水产品加工企业，加工能力 6.46 万吨，加工产品 1.91 万吨，产品主要为腌鱼、冻鲜鱼、鱼糕、鱼丸、鱼罐头等。1999 年，全市水产加工企业 16 个，加工能力仅为 1.6 万吨，实际加工水产成品 6.2 万吨，其中冷冻产品 5.8 万吨，占 93%。2005 年，全市有 38 个水产加工企业，其中规模以上的水产加工企业有 10 个，加工能力 6.59 万吨，加工产品 5.06 万吨，加工产值 2.32 亿元，主要产品为虾仁、生鱼片等。通过 2007—2010 年重抓水产的发展，全市水产品综合加工能力得到不断提升，在质和量上都有了新的突破。2012 年，全市水产品加工企业增加到 52 个，其中规模以上 33 个，国家级龙头企业 1 个，省级龙头企业 14 个，市级龙头企业 9 个，加工能力 45.2 万吨，加工成品 29.2 万吨，用于加工的水产品超过 60 万吨，加工产值 84 亿元。加工产品趋于多元化，有以德炎公司为主加工小龙虾、田螺、鮰鱼等产品；有以闽洪、柏枝为主加工鳜鱼、休闲鱼、龟胶、鳖精等产品；有以瑞邦公司为主加工鱼胶原蛋白肽、龟板肽、丝素肽、阿胶肽等产品；有以晨光、鱼米乡为主加工荷叶茶、野藕粉、野藕汁、藕带、菱角、蒿菜、芡实梗等产品。

2019 年，全市共有 45 个水产加工企业，其中规模以上的有 32 个，国家级龙头企业 3 个，省级龙头企业 21 个，市级龙头企业 35 个，加工能力 54.5 万吨，加工产品 41.69 万吨，加工产值 232 亿元，主要产品为鱼糜制品及干腌制品、莲藕、小龙虾、鳊鲂、斑点叉尾鮰等。见表 5-10、表 5-11。

表5-10　2019年水产品加工年报表（一）

地区	水产加工企业			水产冷库				部分水产品年加工量/吨		
	总数/个	加工能力/(吨/年)	规模企业数/个	数量/座	冻结能力/(吨/日)	冷藏能力/(吨/次)	制冰能力/(吨/日)	小龙虾	鳊鲂	斑点叉尾鲴
荆州市	45	545050	32	126	43572	59865	2134	125730	1320	7260
荆州区	1	50000	1	1	10000	10000	1	20000	0	0
沙市区	1	10000	1	1	100	150	0	600	0	0
江陵县	1	1800	1	2	90	300	0	60	0	0
松滋市	2	5000	1	5	1000	1100	3	3000	0	0
公安县	5	85100	3	4	26800	26800	16	16000	1300	0
石首市	4	39500	3	3	670	790	26	7200	0	0
监利县	8	111650	6	63	1415	5870	707	14060	0	260
洪湖市	23	242000	16	47	3497	14855	1381	64810	20	7000

表5-11　2019年水产品加工年报表（二）　　单位：吨

地区	水产加工品量									用于加工的水产品总量
	总量	水产品冷冻			鱼糜制品及干腌制品			罐制品	水产饲料	其他	
		小计	冷冻鲜品	冷冻加工品	小计	鱼糜制品	干腌制品				
荆州市	416950	141274	108365	32909	273356	112917	160439	1340	800	180	701431
荆州区	18500	3000	2900	100	15500	15000	500	0	0	0	46000
沙市区	21600	3600	0	3600	18000	15000	3000	0	0	0	50000
江陵县	183	3	0	3	0	0	0	0	0	180	270
松滋市	3800	3000	3000	0	800	800	0	0	0	0	5200
公安县	47170	18650	12100	6550	28520	25600	2920	0	0	0	59800
石首市	7560	4950	0	4950	1270	0	1270	1340	0	0	46307
监利县	69904	54901	43305	11596	15003	6442	8561	0	0	0	154067
洪湖市	248233	53170	47060	6110	194263	50075	144188	0	800	0	339787

三、水产品出口创汇

荆州市水产品出口最早在1997年。1997年，荆州市天和水产食品有限公司就开始在监利自营出口小龙虾，每年出口小龙虾约1000多吨，创汇300多万美元。2003年，余利康、余利清两兄弟分家，成立湖北越盛水产食品有限公司，2004年4月投入生产，2005—2012年年均出口200万美元左右，2013、2014年最高分别达到1500万美元、2260万美元。2016年后因美国对中国小龙虾反倾销调查后，年出口降到 360 万美元，随之一直下滑，2019 年中美贸易摩擦升级，对小龙虾实行惩罚性关税，该公司停止出口转内销。

2010 年，荆州水产品出口主打产品有四大家鱼、小龙虾、斑点叉尾鮰等，至 2015 年荆州水产品出口总额出现了增长高峰，年出口总额高达 8100 万美元。2016 以后，因国际贸易环境更加复杂多变、国内购买力增强、国内国际价格倒挂，以及中美贸易战、汇率变动等诸多因素，再有企业经营等相关影响，水产品出口开始回落。

河蟹与黄鳝，没有自营出口的，只有供货出口的，主要是湖北闽洪集团清水大闸蟹供货到香港和澳门等地，监利海河水产专业合作社的黄鳝零星供货到韩国等地。斑点叉尾鮰出口厂家主要是德炎水产食品有限公司，1998 年获得外贸自营出口权。2015—2019 年期间，每年出口鮰鱼片 2000 ~ 3000 吨，出口额 500 多万美元。美国为保护其水产养殖行业，设置贸易壁垒，美国农业部门多次对洪湖德炎开展反倾销调查，导致德炎抵美鮰鱼无法正常清关，也迫使德炎不得不降低产量。

至 2019 年，全市水产品出口企业达到 9 家，分布在洪湖市监利县和公安县。出口产品主要是小龙虾、鮰鱼片、藕带等，出口额约 2150 万美元，比上年增长 105.5%。见表 5-12。

表5-12　2019年荆州市水产品出口情况统计表

序号	企业编码	企业名称	金额/美元	去年同期/美元	同比变化/%
1	421296802N	湖北楚韵水乡商贸有限公司	0	15282	−100
2	4212963057	湖北华贵食品有限公司	4143	18987	−78.2
3	421296802D	荆州市瀚瑞贸易有限公司	5103	17280	−70.5
4	4212968029	湖北海瑞渔业股份有限公司	1247009	396300	214.7
5	421296305T	洪湖市新宏业食品有限公司	10248982	4599641	122.8
6	421296305B	洪湖市万农水产食品有限公司	7557401	2764528	173.4
7	4212969006	湖北越盛水产食品有限公司	2085400	1428817	46
8	4212966027	湖北渔佳旺进出口有限公司	319307	1176333	−72.9
9	4212963010	德炎水产食品股份有限公司	0	42921	−100
10	4212969015	监利县福民水产品有限责任公司	32248	0	—

第六章
水产科技与教育

第一节　水产科技机构

新中国成立前，荆州地区没有水产技术科研推广机构。1954年春，经省批准在荆州设立"湖北省第三水产技术推广站"，定编55名，地址设在荆州东门。次年，全市各县相继成立水产技术推站（股），1957—1959年，洪湖、仙桃、京山先后改为水产研究所。为了培养水产技术人才，经专署批准又设立荆州专区水产技工学校，与省第三水产技术推广站合署办公，一套班子两块牌子。1961年，由于生产的发展和科学技术普及推广的需要，省第三水产技术推广站自东门迁至荆州西门外的白龙潭并更名为"荆州专区水产试验所"，配有30余亩生产试验鱼塘和一口成鱼养殖塘。1966年"文化大革命"开始，科技事业受到冲击，技术推广机构濒于瘫痪，机构两次搬迁，最后定于沙市窑湾，与原沙市鱼种场合并，组建为"荆州地区水产技术推广站"，占地1000余亩。1979年经批准，更名为"荆州地区水产科学研究所"，各县机构也是几次撤并和搬迁，绝大部分均保留下来。20世纪80年代初期为了加强基层推广工作，根据农业部精神，水面较大的乡镇均设立了"水产站"，从事基层水产技术推广工作。2000年，全市县级以上技术推广站（所）共有8个，乡镇水产站共有115个，形成了全市的技术推广网络。

新中国成立初期，荆州大中专毕业的水产技术人员较少，自20世纪60年代起，国家不断分配大中专毕业生到荆州，同时根据生产发展需要，还开办技工学校和技术短训班，培养了一批水产专业人员。特别是20世纪80年代中期荆州建立水产中专学校后，为本市水产业输送了大量的专业人才，到2000年，全市水产专业技术人员有290名，其中大学本科40名，大专57名。技术人员中，技术推广研究员2名，水产高级工程师15名，工程师65名。除此之外，乡镇通过培训和专业训练，取得技术员资格人员共119名。

目前荆州市水产科学研究所负责全市水产科学技术的研究和推广，全市8个县市区均设有水产技术推广站（所），107个乡镇办事处有乡镇水产站或水产服务中心105个，形成了全市的水产技术推广网络。

2005年，全市水产专业技术人员320名，其中大学本科48名，大专66名。技术人员中，技术推广研究员2名，水产高级工程师20名，工程师78名，除此之外，乡镇通过培训和专业训练，取得技术员资格人员共125名。

第二节　水产科技成果

1978年前，荆州地区水产科研和推广成果不多，1978年后，随着生产快速发展，科学技术围绕生产开展攻关和技术推广，在水产养殖、鱼病防治、水产加工、珍珠生产、名特优生产等多方面取得了较大成绩。2000年以前全市水产业共取得科技成果101项，其中国家级16项、省级21项、地市级16项、县级48项，如林梅萼同志主持的"家鱼人工繁殖自流化设计"、陈一骏同志参加的"洪湖资源调查"、李恒德同志主持的"河蟹人工繁殖"、陈福斌同志主持的"荆州地区渔业区划""池塘亩产500千克模式图"等。主要成果见表6-1。

表6-1　1978—1999年水产科技成果统计表

地区	项目数量/个	成果各级别数量/个				主要完成者
		国家级	省级	地市级	县级	
公安	7	3	2	0	2	朱建平、王承建
松滋	7	0	0	2	5	李功成、张德林
监利	4	0	0	2	2	边光中、匡翠生
仙桃	16	4	4	1	7	吴业彪、黄文斌
天门	2	0	0	2	0	蔡明斌、胡义长
京山	10	3	3	0	4	沈德长、吴日杰
洪湖	31	1	2	4	24	李恒德、梁光华
钟祥	4	2	0	0	2	顾延瑞、马俊超
潜江	3	0	1	1	1	黄宏铭、吴培成
石首	6	0	4	1	1	陈昌勇、黎本相
江陵	3	2	1	0	0	兰伯坤、王庆元
市直	8	1	4	3	0	陈一骏、林海萼 陈福斌、赵华贵
合计	101	16	21	16	48	

2000—2019年，全市水产业共取得科技成果47项，其中国家级2项、省级8项、地市级26项、县级11项。如赵恒彦、郑维友同志参与的"黑尾近红鲌高效养殖技术集成与推广"获湖北省人民政府科技成果推广奖一等奖。"黄颡鱼杂交F1培育与优势利用研究"获省科技成果登记。郑维友同志主持的"黄颡鱼人工繁育技术研究""斑点叉尾鲴肠道益生菌筛选与运用研究"等和由赵恒彦同志

主持的"中华倒刺鲃人工繁殖与苗种培育技术研究""克氏原螯虾技术标准""精养鱼池标准化改造技术规范研究与推广"等项目分别获市政府科技进步二等奖、三等奖。主要成果见表6-2。

表6-2　2000—2019年水产科技成果统计表

地区	项目数量/个	成果各级别数量/个				主要完成者
		国家级	省级	地市级	县级	
荆州区	1	1	0	0	0	李平
沙市区	2	0	2	0	0	中科公司、德源水产
江陵县	2	0	1	1	0	德高水产、东津水产
松滋市	7	0	1	1	5	贺卫东、谢康乐等
公安县	1	1	0	0	0	何绪刚、潘宙等
监利县	3	0	0	0	3	陈桦彬、李诗模
洪湖市	3	0	0	0	3	曾继参、王英雄等
市 直	28	0	4	24	0	赵恒彦、郑维友等
合 计	47	2	8	26	11	

2014年，全市成立了全国唯一的水产业技术创新战略联盟，进一步整合了渔业科技资源优势；2017年，湖北省水产产业技术研究院落户荆州，签约了曹文宣院士、桂建芳院士等30多名国家级专家教授，与省内知名大学、科研院所和企业建立了紧密协作关系。强化联合攻关和成果转化，建设院士工作站4个，国家大宗淡水鱼类产业技术体系综合试验站1个，县级水生动物检疫机构6个；以中科院水生生物研究所等科研院所为依托，共取得科研成果30多项；联合科研院所开展了黄鳝全人工繁殖、池塘富氧水槽高品质养殖、鳝鳅家用智能宰杀机制造等技术攻关，取得重大突破；洪湖河蟹苗种本土化繁育获得成功，改变了蟹苗长期依靠从外地引进的历史；稻鳅共育、虾鳜轮养、鳜鱼精养等养殖模式得到快速推广应用。

第三节　学会与协会

一、荆州市水产学会

水产学会是全市水产科技人员自愿组合的群团组织，主要开展科技攻关、学术交流、成果评审等科技活动。该学会成立于 1976 年，每 3～4 年进行一次换届选举，1996 年 7 月 18 日，荆州（沙）市水产学会组建（合并）成立，市属各县市区主管科技工作的副局长、湖北农学院动物科学系、长江所领导及市水产局局长刘长福、副局长全长山、谢崇华参加成立大会，水产学会挂靠市水产局，办公室挂靠市局科技生产科。至 2000 年，累计交流论文 640 余篇，其中刊登在国家级刊物 140 余篇，省、地级刊物 300 余篇。2005 年水产学会理事达 14 名，会员 325 名，学会围绕全市渔业生产中的技术难题和技术推广工作，组织全市科技人员开展攻关和试验推广，并组织学术交流、论证、答辩和学术报告活动。2005年底被市民政局注销。

二、荆州市渔业经济研究会

荆州市渔业经济研究会是全市渔业经济工作者资源组合的群体组织，主要开展渔业经济方针、政策和措施研究等活动。该研究会成立于 1987 年，理事 34 名，会员 168 名。1987—1988 年，全省渔业经济获奖学术论文 60 篇，其中荆州获奖论文 29 篇，占 48.33%。1989 年，全市有 4 名会员参与湖北省渔业经济研究会主持的"提高湖泊渔业效益、加速开发湖泊资源"课题研究，1992 年又有 2 名参与"渔场经营管理研究"课题研究，均取得了较好的成果。2005 年和水产学会一并被市民政局注销。

三、荆州市水产业技术创新战略联盟

该联盟是由市科技局、市水产局联合发起，旨在加快推进荆州水产行业整体技术水平，加强先进科技成果的转化和应用，提升水产企业自主创新能力和行业核心竞争力。水产业技术创新战略联盟目前已有 83 家企业加盟，中国科学院水生生物研究所、中国水产科学院长江研究所、华中农业大学水产学院、武汉轻工大学、长江大学等 8 个科研院所和重点大学参加。48 名专家组成了联盟专家委员会，下设五个专业小组，由中国科学院院士桂建芳担任专家委员会主任，目前挂靠在国家级淡水产品批发市场。

四、荆州市小龙虾产业协会

2017 年，中国小龙虾产业加快发展，养殖面积突破 1200 多万亩，产量突破 130 万吨，经济总产值突破 3000 亿元。小龙虾养殖已成为生态循环农业发展的主要模式之一，是新时代加快推进渔业绿色发展最具活力、潜力和特色的朝阳产业，是主产区实施乡村振兴战略和农业产业精准扶贫的有效抓手，在培育地方经济增长新动能、推进农（渔）业供给侧结构性改革、促进农（渔）业增效和农（渔）民增收过程中发挥着重要作用。

2017 年 5 月 24 日，荆州市小龙虾产业协会在监利正式成立并召开第一次代表大会。77 个拟加入荆州市小龙虾产业协会会员到会，宣读了理事、监事组成人员建议名单并投票选举，杨志平当选为会长，福娃集团发展部总监、监利县龙庆湖小龙虾合作社联社理事长方冰当选为副会长，湖北桐梓湖食品股份有限公司董事长吴先志当选为监事长，市农业局、市水产局、市民政局以及各县市区水产局分管产业的副局长、产业科长参加大会。

五、荆州市荆州鱼糕加工产业协会

荆州物产丰富，是有名的鱼米之乡，全市规模以上的水产品加工企业 32 个，其中产值过亿元的加工企业有 22 个，现拥有国家级龙头企业 3 个，省级龙头企业 21 个。荆州鱼糕吸纳荆楚大地深厚浓郁的人文风情，传承荆楚食鱼食鲜的饮食文化精髓，仅荆州城区从事荆州鱼糕加工的小作坊 100 多个。作为荆楚地区传统名肴，荆州鱼糕选料讲究，精选大湖生态青鱼或鲩鱼（草鱼），制作工艺精细，历经剁、搅、醒、蒸、抹等多道工艺程序，具有色彩绚丽、营养丰富、软滑鲜香、回味绵长的特点。历经千年传承，荆州鱼糕已从一个单一的菜品沉积升华成一种薪火相传、特色鲜明的地方民俗文化，民谚谓之："无糕不成席。"

2016 年 12 月 26 日，由湖北双港畜禽养殖加工有限公司、荆州市依顺食品有限公司等提议成立荆州市荆州鱼糕加工产业协会，荆州市民政局于 2017 年 3 月 16 日批准同意成立协会。目前，协会拥有会员企业 12 个，加上小作坊式的加工，年产值 3 亿多元。

2019 年 1 月，协会成功举办首届湖北·荆州鱼糕节，并获得"中国鱼糕之乡"的荣誉称号；11 月，荆州鱼糕又成功入选《中国农业品牌目录》农产品区域公共品牌，成为全国优质农产品区域公共品牌 200 强。同时，协会企业湖北大拿食品有限公司研制开发出第三代鱼糕——鱼糕罐头，解决了杀菌变味、保鲜期不长等瓶颈。

六、荆州市鱼药协会

荆州市鱼药协会成立于 2003 年，是全市从事鱼药、水产相关的生产、服务、研发、管理等活动的企事业单位及个人自愿组成的行业性、非营利性的社会组织。现有团体会员 140 名，其中大专以上的会员 90 名，本科以上的会员 50 名，专业技术人员近 130 名。协会主要成员为会长张生，副会长杨荣、雷武松、王永成等，秘书长杨鑫。荆州市有影响的鱼药批发商都加入了协会。

多年来，在协会会长水产专家张生的带领下，全体协会会员努力推广适合荆州环境新品种新模式的特种养殖；抓好科技培训，广泛开展技术培训和送科技下乡活动；广大技术员们每天不辞辛苦地奔波田间地头，把最好的养殖技术传授给养殖户，快速、精细、精准、有效地为养殖户答疑解惑，解决实际问题，切实提高了渔民的养殖水平；协会坚持以防为主、防治结合的原则，开展鱼类病害防治技术攻关、水质检测、现场诊断和远程诊断，大力推进水产养殖病害绿色防控和规范用药技术普及，坚持用国标药、免疫预防等健康养殖技术。

协会配合水产主管部门做好鱼类死亡纠纷事件的协调和处理，每年减少鱼类病害损失近 10 亿元，为全市水产养殖健康发展起到了积极促进作用。

第四节 水产教育

一、技术培训

20 世纪 50 年代，全市技术培训是依托推广站和地区水产技术学校，培训人员主要是以技能训练为主，大部分成员成为了水产生产中的业务骨干。20 世纪 60 年代起，全市培训是通过多种形式进行的，如学校教育、短训班、广播电视、报纸杂志以及以会代训等，通过培训，提高了渔业生产者素质和专业水平。

二、编印技术资料

为普及推广水产技术，水产科技人员编印了一些专著和技术推广资料，如《家鱼人工繁殖手册》《鱼病防治》《荆州水产科技》《荆州渔业》《黄颡鱼养殖技术》《黄鳝养殖技术》《稻田野生寄养小龙虾技术》《养大虾　养好虾》等。这些资料不仅是几十年来水产养殖实践的结晶，同时也帮助养殖户增产增效，推动全市水产科技和生产的发展。

三、科研推广单位

【荆州市水产科学研究所】 荆州市水产科学研究所位于荆州市高新技术开发区窑湾，是市直事业单位，负责全市水产新技术、新产品的试验研究与开发推广工作，内部实行企业管理。始建于1956年，原名荆州地区鱼种场，1959年下放到沙市管辖，又称沙市窑湾鱼种场，1963年底划属荆州地区。1975年后组建为"荆州地区水产技术推广站"与荆州地区水产研究所合并，占地1000余亩。1979年经批准，其更名为"荆州地区水产科学研究所"，是国家20世纪50年代首批建设的大型专业鱼种场之一。该所以生产鱼苗鱼种为主，每年生产鱼苗2亿～3亿尾，大规格鱼种15万尾以上，不仅满足荆州地区需要，而且还销往北京、上海、天津、内蒙古、银川、辽宁、四川等地。现占地面积598000平方米（897亩），其中精养鱼池水面460亩，自流化人工繁殖孵化设施6套，水产苗种繁育水泥池9800平方米，工厂化苗种繁育车间1栋（1800平方米）。荆州市水产科学研究所与湖北窑湾黄颡鱼良种场、湖北省鱼病防治中心荆州工作站是"几块牌子、一套班子"的单位组织形式。同时被湖北省科技厅、荆州市科技局分别命名为"湖北省星火富民工程示范基地""荆州市星火富民工程示范基地"。

【荆州市水产技术推广中心】 1992年4月25日，荆州地区编委荆机编〔1992〕17号文件通知，同意成立荆州地区水产技术推广中心，为事业单位性质，定编12名，与地区水产局生产科合署办公。1994年，荆沙合并后改为荆州市水产技术推广中心。2011年，市农业系统机构改革时合并到荆州市农业技术推广中心。

【荆州水产学校】 荆州水产学校始创于20世纪50年代，由荆州专署批准成立荆州地区水产技工学校，校址设在沙市窑湾，每年招收1～2个班，60～70名学生，20世纪60年代后中断教学。根据水产发展需要，1986年经省、地两级批准成立荆州地区水产学校，占地面积60余亩，1999年校内建筑面积21100平方米，全校教职员工84名，其中高级讲师6名、中级职称22名、大学本科生占46%，教学设置比较齐全，开办的专业逐步增多，由原来的淡水养殖、渔业经济二个专业又增加了特种水产养殖、经营贸易、渔政、加工制冷机械，共计6个专业，生源以本地区为主，还面向全国20多个省、地招生。1986—1996年培养毕业生 1470 名，1996 年在校学生已达 1308 名，被省教委评为合格中专学校。根据渔业生产需要，为水产多出人才，除计划内招生外，还在公安杨场镇、钟祥县石牌镇开办校外班，学制三年，学员 80 多名；开办水产干部、渔政管理和乡镇水产技术员的短期培训班，学制一年，学员 120 名，为水产事业培养了一批批水产专业人才。1995 年以后，由于国家教育体制改革和人才市场需求变化，荆州水产中专学校逐渐萎缩，1999 年停办，2000 年 8 月整体划转到荆州开发区。

【湖北省水产产业技术研究院】　湖北省水产产业技术研究院（简称水产产研院）是湖北省科技厅 2017 年 1 月正式批准荆州市建设的全省唯一的水产产业技术研究院。水产产业技术研究院平台建设主体为湖北太湖港水产产业技术研究院有限公司（以下简称太湖港水产），该公司隶属荆州高新区，是太湖港农场独资控股的集水产养殖生产、科研开发、推广培训于一体的成长型现代渔业科技型企业，也是国家级健康养殖示范基地和湖北省现代渔业示范基地。

太湖港水产作为水产产业技术研究院建设主体，成立于 2016 年，整合了原荆州市水产科学研究所人才、技术、市场资源和原国营太湖养殖场水面、土地等优势资源，现有职工 89 人，其初中级以上职称技术人员 25 人，中级技师以上员工 32 人。水产产研院组建成立的专家委员会是由内外知名专家以及省市科技、发改、水产等相关部门专家共同组成，将为水产产研院的发展战略、主攻方向提供决策指南；设立了名誉院长，聘请长江大学动科院教授杨代勤为水产产研院名誉院长，并兼任公司科研部部长，主要负责科技攻关选题、研发团队组建及科研项目实施；组建了 5 个研究中心，聘请了 5 个坐院专家为研究中心主任，并与全国知名水产院所 30 名专家签订了合作协议。

【中国水产科学研究院长江水产研究所】　中国水产科学研究院长江水产研究所隶属于农业农村部，归口中国水产科学研究院管理。其是一所淡水渔业的综合性研究所，主要从事渔业生态、资源、生理、育种、饲料、鱼病、增养殖技术、生物技术、渔业环境保护等领域的应用技术研究和应用基础理论研究。所内拥有农业农村部重点开放实验室 1 个，中国水产科学研究院重点开放实验室 1 个，部级检测中心 1 个，部级渔业生态环境监测中心 1 个，部级渔业资源监测站 1 个，部级新渔药临床试验基地 1 个，部级水产种质资源保存与良种选育中心 1 个。该所人员编制 240 名，现有在职职工 128 名。在职职工中有科技人员 82 名，占总数的 64%，其中研究员 8 名，副研究员 18 名，中级技术职称 27 名，具有博士学位 4 名，硕士 16 名，在读博士 9 名，政府特殊津贴享受者 11 名。

该所于 1958 年在南京成立，1965 年 9 月由南京迁至湖北省沙市市（现为荆州市），2011 年初搬迁到武汉。截至 2019 年，该所自建所以来共获得各级奖励成果 200 多项。其中，获全国科学大会奖 4 项，即"细胞核与细胞质的相互关系研究""鲤鱼杂交一代优势利用的研究""长江水产资源调查"和"人工合成多肽激素及其在家鱼催产中的应用"；获国家级奖励 10 项，"草鱼出血病防治技术"获国家科技进步一等奖，"农药、重金属污染物质对鱼类毒性影响的研究"和"天鹅洲通江型故道'四大家鱼'种质资源天然生态库研究"获国家科技进步三等奖；获省（部）级奖 91 项，其中"中华鲟人工繁殖技术"获湖北省科技进步一等奖，还有获得农业农村部科技进步奖的"尼罗罗非鱼的引进、养殖及杂种优势的利用""中华绒螯蟹的湖泊放养技术""淡水白鲳引进"及"多种杂交鲤的育种和推广"等成果在生产中都产生了较大的经济效益和社会效益。

该所窑湾试验场修建于 20 世纪 70 年代初期，总占地面积 213000 平方米（折合约 319.50 亩），其中办公楼 3000 平方米，实验车间 1500 多平方米，具有池塘 80 多口，总水面面积 180 多亩，孵化车间 3000 多平方米；孵化四大家鱼能力达 5 亿尾，鲤鲫鱼 2 亿尾，能提供黄颡鱼、大口鲇、翘嘴鲌、赤眼鳟、罗非鱼、鲴鱼等养殖苗种。该所具有"长丰鲢""建鲤""白花鲫"等优良品种，以及长江草鱼、青鱼、花鲢（黑花）优质原种一代。

【长江大学动物科学学院】长江大学动物科学学院始建于 1985 年，曾隶属于原湖北农学院，历经畜牧兽医系、水产养殖系、特种生物研究所、养殖系和动物科学系，2003 年并入新组建的长江大学，自此更名为长江大学动物科学学院。学院下设动物医学系、水产养殖系、动物科学系和动物医院、黄鳝基地、鸵鸟研究所等教学科研基地，现有动物医学、动物科学、动物药学和水产养殖学 4 个本科专业，拥有水产一级硕士学位点、兽医一级专业硕士学位点、渔业发展和畜牧 2 个二级专业硕士学位点。正大集团（中国）、温氏集团、通威集团等国内外 46 家知名企业与学院建有稳定的合作关系，成为学院的实践教学基地和就业基地。

学院拥有一支高水平的教师队伍。现有教职工 85 人，其中专任教师 63 名，包括：教授 16 名，副教授 28 名，博士 42 名，博士生导师 7 名，硕士生导师 25 名，入选农业农村部现代农业产业体系黄鳝泥鳅种质资源与品种改良方向岗位科学家 1 人，湖北省新世纪人才工程第一层次人选 1 名，湖北省新世纪人才工程第二层次人选 1 名，湖北省有突出贡献中青年专家 2 名，享受省特殊津贴专家 1 名。

学院与华中农业大学、武汉轻工大学合作共建有淡水水产健康养殖湖北省协同创新中心，与宜昌正大饲料有限公司合作共建有湖北高校省级实习实训示范基地，依托学院建有黄鳝繁育及养殖技术湖北省工程实验室、湖北省高等学校水生经济动物工程技术中心等。动物医学与水产养殖学专业入选教育部卓越农林人才培养计划，水产养殖学专业为湖北省品牌专业和湖北省一流本科专业，水产养殖学学科是湖北省重点学科。近年来，学院教师主持国家自然科学基金项目 8 项，国家科技支撑计划项目 2 项，国家公益性行业（农业）专项项目 1 项，国家星火计划 1 项，湖北省自然科学基金重点项目 1 项，湖北省支撑计划项目及其他省项目 50 余项。获得湖北省科技进步一等奖 2 项、二等奖 5 项、三等奖 6 项。出版专著及主编教材 50 余部，获得国家发明专利 10 项，申请国家发明专利 25 项，发表高水平论文 1000 余篇。在名优水产、动物育种、动物疫苗等领域形成鲜明特色。

第七章

渔政管理

第一节　渔政管理机构

1950 年，荆州地区设立的湖业管理局是最早的渔业渔政管理机构，并在洪湖、长湖、排湖、王家大湖等大型湖泊和广大湖区均设有水产管理站，工作任务除征收湖税外，还履行生产和渔政管理工作。1951 年民主改革选举产生渔民协会，1952 年，区乡政权普遍健全，湖区渔政管理移交当地乡政府，后又经过几次撤并，时有时无。

1984 年，荆州地区专门成立渔政管理机构，组建"荆沙江段渔政管理站"，水产局设立渔政科。各县、市水产局相继成立渔政管理站（股），洪湖、长湖设立渔政科（站）。

1986 年，国家颁布《中华人民共和国渔业法》，根据法律要求，地区设立了"荆州地区渔政船检港监管理站"（正科级）。1992 年，更名为"荆州地区渔政船检港监管理处"，相当于副县级。内设渔政、行政财会、船检港监环保三科，定事业编制 15 人（荆机编〔1992〕41 号）。1994 年更名为"荆州市渔政船检港监管理处"（副县级）。为了加强水生野生动物保护，荆州地区和石首、洪湖相继设立了"湖北省荆沙江段中华鲟保护站""中华人民共和国长江天鹅洲白鱀豚自然保护区管理处"和"中华人民共和国长江新螺江段白鱀豚自然保护区管理处"，全市逐步建立和健全了渔政管理机构。2000 年，全市渔政机构 96 个，其中市、县（市）渔政处、站（局）11 个，乡、镇渔政所（站）66 个，重点水域渔政站（所）19 个；全市共有渔政检查员 596 名，其中专职渔政检查员 432 名，兼职渔政检查员 141 名，船检港监专职人员 23 名。初步形成了市、县（市）、乡镇专管与群管相结合、渔政与公安相结合的渔政管理体系。

2014 年，市渔政船检港监管理处与水产局合并合署办公。

2018 年，全市有渔政船检港监机构 10 个，全部是渔政、船检、港监三合一机构，共有渔政执法人员 176 名，渔政船艇 19 艘，具备渔船检验资质的机构 10 个，具备船检资质的人员 51 名。

2019 年 9 月 25 日，机构改革，市水产局与市畜牧兽医局、市农村经营管理局等单位合并，成立荆州市农业农村发展中心。渔政管理行政职能划归市农业农村局渔业渔政管理科管理，执法职能划归市农业综合执法支队管理，船检港监职能划归市交通运输局管理。

<hr/>

第二节　渔政管理工作职能

渔政管理的主要职能是宣传、贯彻、落实国家和省渔业法律、法规和规章，保护水生资源和水体环境，渔船、渔港监督管理，维护渔业生产秩序，规范渔业生产。负责长江流域重点水域禁捕，开展水生生物资源保护区和野生水生动物的保护，负责水产养殖投入品和水产品质量安全监督管理工作。

<hr/>

第三节　渔业法规

与渔业有关的法律法规有：《中华人民共和国渔业法》《中华人民共和国农产品质量安全法》《中华人民共和国水污染防治法》《中华人民共和国野生动物保护法》《中华人民共和国水法》《中华人民共和国渔港水域交通安全管理条例》《中华人民共和国水生野生动物保护实施条例》《中华人民共和国渔业船舶检验条例》《湖北省渔港渔船管理条例》《湖北省湖泊保护条例》《中华人民共和国自然保护区条例》《中华人民共和国兽药管理条例》《内河交通安全管理条例》《中华人民共和国渔业法实施细则》《湖北省实施〈中华人民共和国渔业法〉办法》等渔业法律法规。

<hr/>

第四节　渔业资源管理

一、渔业资源增殖与保护

为增加湖泊渔业资源，从 1972 年后，全区每年 5 月下旬至 6 月中旬长江鱼苗汛期，在洪湖新堤等通江湖泊排水闸灌江纳苗。到 1984 年，洪湖共灌江纳苗

17次，引进鱼苗64021万尾，人工投放鱼苗79000万尾，投放鱼种117.6万尾，投放蟹苗12500千克。从1985年起，坚持保护、增殖和投放并重。1986—1988年，洪湖蓄禁期间，全湖新增鱼苗50亿尾，另外人工投放鱼种700万尾，蟹苗560万只，建立自然增殖放流区500亩，自然繁殖鱼苗8000万尾。1989年后，每年增殖鱼苗20亿尾以上。

全市从2000年起实行长江禁渔期制度，同时洪湖、长湖及与长江相连的几条支流也开始禁渔，禁渔期为每年4月1日至6月30日，历时3个月。2016年后增加至4个月。按照2017年中央一号文件"率先在长江流域水生生物保护区实现全面禁捕"的决策部署，全市各级渔业主管部门主动作为，全面推动了水生生物保护区禁捕工作。目前全市283千米的长江流域和22个水生生物保护区已全部实施禁捕，见表7-1。

表7-1 荆州市全面禁捕水生生物保护区名录

序号	行政区域	保护区名称
1	石首市	湖北长江天鹅洲白鳍豚国家级自然保护区
2	洪湖市	湖北长江新螺段白鳍豚国家级自然保护区
3	洪湖市、监利县	湖北洪湖国家级自然保护区
4	监利县	监利县何王庙长江江豚省级自然保护区
5	监利县	长江监利段四大家鱼国家级水产种质资源保护区
6	洪湖市	杨柴湖沙塘鳢刺鳅国家级水产种质资源保护区
7	公安县	淤泥湖团头鲂国家级水产种质资源保护区
8	纪南生态文旅区	长湖鲌类国家级水产种质资源保护区
9	石首市	上津湖国家级水产种质资源保护区
10	洪湖市	洪湖国家级水产种质资源保护区
11	荆州市纪南生态文旅区	庙湖翘嘴鲌国家级水产种质资源保护区
12	公安县	牛浪湖鳜国家级水产种质资源保护区
13	公安县	崇湖黄颡鱼国家级水产种质资源保护区
14	松滋市	南海湖短颌鲚国家级水产种质资源保护区
15	松滋市	洈水鳜国家级水产种质资源保护区
16	松滋市	王家大湖绢丝丽蚌国家级水产种质资源保护区
17	荆州区	金宋湖花鳕国家级水产种质资源保护区
18	洪湖市	红旗湖泥鳅黄颡鱼国家级水产种质资源保护区
19	石首市	胭脂湖黄颡鱼国家级水产种质资源保护区
20	监利县	东港湖黄鳝国家级水产种质资源保护区
21	洪湖市	白斧池鳜省级水产种质资源保护区
22	石首市	中湖翘嘴鲌省级水产种质资源保护区

2019 年，全市共发放禁渔宣传单 8200 份，悬挂和张贴横幅标语 745 条，新媒体平台宣传 33 次，出动宣传执法车 375 台次。加强了与长航公安联合执法，禁渔期间各级渔政部门与长航公安开展各类联合执法行动达 98 次，全市共查获非法捕捞案件 64 起，移送案件 16 起。查获电捕鱼器具 64 台（套），取缔迷魂阵、地笼网等违禁渔具 3677 件，没收违法渔获物 10082 千克，罚款 11.97 万元。2019 年 6 月 6 日，市水产局在李埠镇天鹅码头举行增殖放流活动，青、草、鲢、鳙四大家鱼，以及鲌鱼、胭脂鱼等 2600 万尾优质鱼苗放流进入长江。

2000—2019 年，全市共开展渔业增殖放流活动 26 场次，累计放流四大家鱼亲本 260000 千克，鳊鲂类及四大家鱼苗种 30000 万尾，中华鲟 8500 万尾，鲌鱼、胭脂鱼等优质鱼苗 6500 万尾。

二、违规案件查处

为把渔业生产纳入法治轨道，全区核发渔业"两证一照"（养殖水面使用证、捕捞许可证、渔船牌照），征收水产资源增殖保护费。至 1993 年，全市养殖水面已发证 88.17 万亩，核发捕捞许可证和渔船牌照 43261 个。全市渔政部门在公安、工商等单位配合下，共查处偷、毒、电、炸、抢等渔业案件 1242 起，处罚 2534人，罚款 25.5 万元，挽回经济损失 151.3 万元。查处渔业水域污染 11 起，水面6020 亩，挽回经济损失 26.3 万元。

1994—2005 年，全市加大违法案件查处力度，共查处破坏水产资源案件 460多起，放生中华鲟 100 万尾，胭脂鱼 11 尾，大鲵（娃娃鱼）6 尾，青蛙 2 万千克，查处破坏水环境案件 40 多起，挽回经济损失 800 多万元。

2006—2019 年，全市各级渔政部门与长航公安开展各类联合执法行动达 850次，共查获非法捕捞案件 360 余起，移送案件 90 余起。查获电捕鱼器具 1400 余台（套），取缔迷魂阵、地笼网等违禁渔具 15000 余件，没收违法渔获物 11200余千克，罚款 240 余万元。

三、渔业水域环境保护

2018 年，市水产局与市生态环境局共同制定的《淡水池塘水产养殖尾水排放标准》正式发布实施，属全国首例。同时制定了《荆州市水产养殖尾水治理三年行动方案》，规划到 2020 年底，基本完成全市 197 万亩精养鱼池和 300 万亩稻田综合种养养殖尾水治理任务。全市争取资金 2650 万元开展 13 个水产养殖尾水治理试点工作。公安县崇湖渔场投资近 400 万元建设了 1000 亩以生态沟渠＋生物刷为主的池塘尾水治理示范项目，运行状况良好。沙市区青碧湖渔场开展以内循环为主的尾水治理示范项目面积 600 亩。洪湖滨湖办事处水产养殖区尾水处理示范工程项目实施面积近万亩。全市各地积极开展流水健康养殖模式、循环水养殖模式试点建设 6 处，48 个流道，生产优质鱼 7200 吨，大大减少了水产养殖污染。

2019 年，全市各地争取省级项目投资 3900 万元，积极开展 15 个水产养殖尾水治理试点建设，减少水产养殖污染。监利县在乾坤水产养殖专业合作社建设 1100 亩的"三池两坝"池塘尾水治理示范项目。湖北省水产产业研究院投资 420 万元，建设 1440 亩尾水治理小区。

全市共开展水产养殖尾水处理示范工程项目 28 个，建设面积 3 万亩。

四、水生野生动物保护

为保护经济水生动物，控制酷渔滥捕，全区对经济鱼类规定起捕标准，渔政通过市场检查实施管理，京山县、仙桃市还制发"水产品销售证""成鱼代销证"。1991 年，全区在 278 个市场检查，共没收不符合起捕标准的各种幼鱼 15844 千克。

中华鲟、白鲟、白鳍豚是中国特有珍稀濒危水生野生动物，也是国家一级保护水生野生动物；胭脂鱼、大鲵属国家二级保护水生野生动物，在荆州长江江段均有分布。国家从 1983 年起建立湖北省荆沙江段中华鲟保护站。1992 年，石首天鹅洲和洪湖新螺江段分别建立白鳍豚保护机构，进行保护和监测。同时宣传教育沿江各地对误捕的国家一、二级保护水生野生动物经渔政部门登记放回江中。至 1993 年，全区共放生误捕中华鲟 117 尾。

2012 年来，全市各级水产、渔政部门大力宣传和普及水生野生动物保护相关法律法规、科普基础知识和保护常识，倡导和鼓励人们共同关注和爱护水生野生动物。全市共开展了水生野生动物保护宣传图片展 30 余次，悬挂横幅 400 余条，张贴宣传标语 500 余条，发放各种宣传材料 12000 余份，通过电视、广播宣传 30 余次，共开展知识讲座 30 余次，进校园讲课 40 余次。

第五节 水产品质量安全管理

全市水产品质量安全工作紧紧围绕水产品质量安全法律法规宣传、水产苗种专项整治、水产投入品监管、水产养殖全过程监管、标准化养殖技术的培训、水产品质量安全抽检等方面，坚持"政府推动、抓大促小、控制源头、综合监管"原则，筑牢监管基础，创新管理制度，加大执法查处力度，完善长效机制，增强监管综合能力，确保水产品消费安全、水产品质量安全水平得到全面提升。一是成立工作专班。市里成立由一把手局长任组长，分管副局长及相关单位负责人为副组长的荆州市水产品质量安全管理工作领导小组，市渔政处、市水产技术推广中心、市水产局相关科室为成员的工作专班，切实加强组织领导。二是加大宣传力度。认真宣传贯彻《中华人民共和国农产品质量安全法》和《湖北省实施〈中华人民共和国农产品质量安全法〉办法》等法律法规，印发《关于进一步加强水产品质量安全监管的意见》等文件，定期召开水产品质量安全监督管理工作会议，全面提升水产品质量安全意识和水平。三是坚持标准化生产。依托绿色食品和有机食品产业化龙头企业和专业合作组织，建设一批无公害水产品标准化板块基地和标准化水产品加工生产基地，以标准化生产带动产业化发展。建立完善水产品标准化生产组织管理体系、水产品标准化生产技术服务体系和水产品标准化生产试验示范体系。2009 年，全市制定并发布了 29 个水产地方标准，认定无公害水产品产地 138 个、面积 187 万亩，获得无公害水产品标志品种 280 个、绿色食品 5 个、中国驰名商标 1 个、国家地理标志产品 2 个。同时积极申报国家级水产健康养殖示范县、示范场，2019 年，全市国家级水产健康养殖示范县有洪湖市、公安县和松滋市 3 个，国家级水产健康养殖示范场 66 个，省级水产健康养殖示范场 46 个，见表 7-2、表 7-3。四是强化质量安全监管体系建设。建立水产品生产档案和投入品使用记录，实行水产品从生产到销售全程质量安全监控和可追溯制度；实行水产品包装和标识制度；实行水产品产地准出和市场准入制度。严格执行投入品购销登记制度、生产许可和经营许可制度，加大违禁投入品和假冒伪劣产品的查处力度。加快水产品加工标准修订，引进和采用国际标准，全面开展 HACCP（危害分析与关键控制点程序）、ISO9000（国家质量标准 9000 体系）等国际质量标准体系认证，规范企业行为，统一质量标准，建立健全水产加工品质量安全标准体系。五是开展专项整治活动。集中开展水产苗种生产和水产投入品专项整治活动，在苗种繁育的关键时节，重点查处无证生产行为，整顿违法生产苗种行为，规范净化生产秩序；逐步完善水产品质量安全监督抽查制度，提高产地水产品质量安全监督抽查的规范性和科学性；积极与工商、畜牧、饲料等部门沟通协调，加强配合，开展部门联动，加大渔资市场检查，查办销售禁用药物、违禁添加剂的饲料，净化投入品流通环节。六是积极配合完成好部省市三级检测机构的抽检。全市每年完成农业农村部抽检 3 ～ 5 个样品，省级水产品抽检 10 个以上样品，市级 8 个县市区的 400 个左右样品抽检，并对结果进行通报。

表7-2　2019年荆州市国家级水产健康养殖场名单

单位名称	县市区	面积/公顷	产量/吨	主要品种
石首市上津湖渔场	石首市	1386	1900	四大家鱼、河蟹
湖北省国营大沙湖农场（所属水产养殖场）	洪湖市	2000	39000	四大家鱼
湖北省国营大同湖农场（所属水产养殖场）	洪湖市	2000	43000	四大家鱼
监利县周城垸渔场	监利县	280	1300	四大家鱼
洪湖市六合水产开发有限公司（所属水产养殖场）	洪湖市	180	100	河蟹
公安县北湖养殖总场	公安县	366	4112	草鱼、甲鱼、黄颡鱼
公安县毛家港镇玉湖渔场	公安县	740	4000	四大家鱼、黄鳝
公安县黄山头镇黄天湖养殖公司	公安县	344	2500	四大家鱼、甲鱼
洪湖市黄家口镇形斗湖渔业总场	洪湖市	680	10500	青草鲢鳙、河蟹
公安县狮子口镇侯家湖渔场	公安县	100	750	四大家鱼、黄鳝
湖北省国营小港农场（所属水产养殖场）	洪湖市	1447	3308	虾、蟹
湖北省国营太湖港农场养殖场	荆州区	513.2	—	四大家鱼
石首市白莲湖渔场	石首市	408	—	四大家鱼
荆州市德源水产专业合作社（所属水产养殖场）	沙市区	20	1200	鲇鱼
湖北省松滋市沙道观镇豆花湖渔场	松滋市	140	2500	四大家鱼
监利县海河水产专业合作社（所属水产养殖场）	监利县	60.14	1200	黄鳝
石首老河长江四大家鱼原种场	石首市	533.3	1500	青、草、鲢、鳙

单位名称	县市区	面积/公顷	产量/吨	主要品种
公安县淤泥湖渔场	公安县	1373.8	3091	四大家鱼、团头鲂
荆州区漳泊湖水产专业合作社（所属水产养殖场）	荆州区	80	1300	四大家鱼、甲鱼
洪湖市长河水产品开发有限公司（所属水产养殖场）	洪湖市	70.5	500	河蟹
松滋市老城水产养殖场	松滋市	643.33	2469	大宗产品
监利县东港湖渔场	监利县	520	1080	鱼类
洪湖市桃园水产品开发有限公司（所属水产养殖场）	洪湖市	1140	9340	青草鲢鳙、鲫
石首市胭脂湖渔场	石首市	213.3	500	青草鲢鳙
公安县孟家溪镇郝家湖渔场	公安县	167	1875	四大家鱼、黑尾鲌
荆州区太湖港工程供水公司（所属水产养殖场）	荆州区	800	3000	四大家鱼
监利县天瑞渔业科技发展有限公司（所属水产养殖场）	监利县	25	—	黄颡鱼
荆州市荆州区庙湖渔场	荆州区	540	2800	青草鲢鳙
松滋市银湖生态养殖有限公司（所属水产养殖场）	松滋市	33	500	四大家鱼鳜、鳖
松滋市大湖水产养殖场	松滋市	680	1500	四大家鱼鳜、鳖
公安县源缘圆水产专业合作社（所属水产养殖场）	公安县	20	170	四大家鱼、中华鳖
公安县城关渔场	公安县	167	2000	四大家鱼、鳖、桂花鱼
石首市民富水产养殖专业合作社	石首市	15	230	青草鲢鳙
监利县华科水产养殖专业合作社	监利县	130.84	780	四大家鱼
洪湖市长江水产开发有限公司（所属水产养殖场）	洪湖市	118.127	1060	四大家鱼
监利县振华渔业专业合作社（所属水产养殖场）	监利县	33.825	4亿尾	翘嘴鲌、加州鲈等
公安县旭峰黄鳝养殖有限公司	公安县	17.333	20	黄鳝
德炎水产食品股份有限公司（所属水产养殖场）	洪湖市	118.127	1700	鮰鱼、四大家鱼
公安县永兴家庭农场（所属水产养殖场）	公安县	26.553	33	甲鱼、花白鲢
湖北省三军黄鳝养殖有限公司	公安县	13.333	200	黄鳝
松滋市德胜水产养殖专业合作社	松滋市	83	1250	四大家鱼、鳜

单位名称	县市区	面积/公顷	产量/吨	主要品种
监利县分洪口水产养殖专业合作社	监利县	60	1000	四大家鱼
荆州市三中渔场	荆州区	39	580	四大家鱼
湖北监利新渔源水产养殖专业合作社	监利县	39.466	500	泥鳅
湖北鸿业生态养殖有限公司（所属水产养殖场）	松滋市	133	1500	鲫鱼
洪湖市华贵水产有限公司（所属水产养殖场）	洪湖市	112	336	鱼、莲藕
监利县春燕渔业专业合作社	监利县	80	400	河蟹、小龙虾、鳜鱼
荆州市菱湖之花水产养殖专业合作社	荆州区	320	500	草、鳙、鳊、鳜鱼
洪湖市晨光实业有限公司（所属水产养殖场）	洪湖市	70.035	1700	鱼、莲藕
监利县星兴湖水产养殖专业合作社	监利县	164.385	522	小龙虾
松滋市大湖原种场	松滋市	44	1250	草、鲢、鳙、鲫
监利县乾坤水产养殖家庭农场	监利县	86.059	2200	鱼类
监利高潮渔场	监利县	156.7	1400	河蟹、小龙虾、黄鳝
荆州市荆州区土龙水产养殖专业合作社	荆州区	93.333	—	四大家鱼
湖北鑫满塘生态农业发展有限公司	松滋市	13.3	—	黑斑蛙
监利县五禾水产养殖专业合作社	监利县	20.76	—	小龙虾
洪湖市巴咀湖家庭农场	洪湖市	43.334	—	小龙虾、四大家鱼
江陵县东津水产专业合作社	江陵县	50	—	小龙虾
监利县红柳水产养殖专业合作社	监利县	29.01	—	黄颡鱼
松滋市洁绿水产养殖专业合作社	松滋	134	—	四大家鱼
洪湖市活水虾蟹养殖专业合作社	洪湖市	80.4	—	河蟹、小龙虾
监利县孟陈水产专业合作社	监利县	35.75	—	小龙虾、草鱼
监利县真顺水产专业合作社	监利县	44.84	—	泥鳅
洪湖市强合水产养殖专业合作社	洪湖市	33.34	—	黄鳝
监利县瑞祥水产养殖专业合作社	监利县	24.47	—	黄鳝
洪湖市鲟鑫水产养殖专业合作社	洪湖市	3.33	—	鲟鱼

表7-3　2019年荆州市省级水产健康养殖示范场名单

所在区县	名称	养殖证编号	面积/公顷	产量/吨	主要品种
荆州区	荆州市荆州区双柳树虾稻连作专业合作社	—	116.866	—	虾稻
	荆州市荆州区先洲水产养殖专业合作社	鄂荆州区府（淡）养证〔2017〕第00002号	151.133	—	大宗淡水鱼
	荆州市荆州区金茂源稻虾莲种养专业合作社		181.733	—	虾稻莲
	荆州市北湖农业发展股份有限公司	鄂荆州区府（淡）养证〔2013〕第00005号	313.826	—	大宗淡水鱼
	荆州市惠雨生态农业有限公司	鄂荆州区府（淡）养证〔2014〕第00008号	17.667	255	青、鲢、鳖等
	荆州市开源洲水产养殖专业合作社	鄂荆州区府（淡）养证〔2014〕第000016号	362.133	5200	甲鱼、四大家鱼
	荆州市雨露水产养殖专业合作社	鄂荆州区府（淡）养证〔2015〕第00001号	27.892	373	四大家鱼
	荆州市荆州区荆福甲鱼产销专业合作社	鄂荆州区府（淡）养证〔2013〕第00001号	52.6	200	中华鳖
	荆州市沙松岗水产养殖专业合作社	鄂荆州区府（淡）养证〔2013〕第00010号	35.33	400	荆州大白刁及四大家鱼
	湖北荆农乐水产专业合作社联合社	鄂荆州区府（淡）养证〔2011〕第00003号	18.8	300	四大家鱼
沙市区	荆州市龙华水产养殖有限公司	鄂沙市区府（淡）养证〔2014〕第00010号	40	400	鲫鱼、草鱼
	湖北荆香缘生态农业有限公司	鄂沙市府（淡）养证〔2016〕第00002号	300	—	小龙虾
江陵县	江陵县樊湖水产品专业合作社	鄂江陵府（淡）养证〔2013〕第00007号	140	860	四大家鱼
监利县	监利县四湖经济开发总公司	鄂监府（淡）养证〔2013〕第00077号	306.44	4480	鱼类
	监利县永兴湖水产养殖专业合作社	鄂监利府（淡）养证〔2015〕第00007号	53.33	320	虾、蟹、鳜鱼
	监利县余丰水产养殖专业合作社	鄂监利府（淡）养证〔2013〕第00005号	136.136	420	河蟹、龙虾
	湖北久云湖水产养殖专业合作社	鄂荆州市辖区府（淡）养证〔2015〕第00086号	53.333	300	河蟹、龙虾
	监利县石磊水产养殖专业合作社	鄂监利县府（淡）养证〔2016〕第00001号	145.28	545	河蟹、龙虾、鱼
	监利县新月水禽养殖专业合作社	鄂监利府（淡）养证〔2016〕第00004号、第00008号	51.28	—	鳜鱼、黄颡鱼、四大家鱼
	监利县万坡坦水产养殖专业合作社	—	—	—	
公安县	公安县双盈水产品专业合作社	鄂公安府（淡）养证〔2008〕第0-O.S001	500	6375	四大家鱼、中华鳖
	公安县牛浪湖渔场	鄂公安府（淡）养证〔2012〕第00164	1333.3	1500	四大家鱼、鳜鱼

所在区县	名称	养殖证编号	面积/公顷	产量/吨	主要品种
松滋市	元缘水产养殖专业合作社	鄂公安府（淡）养证[2011]第00008	80	1200	草、鲢、鳙、鲫
	鸡公坡子亚兴渔场	鄂公安府（淡）养证[2011]第00006	20	300	草、鲢、鳙、鲫
	永发黄鳝养殖专业合作社	鄂公安府（淡）养证[2011]第00019	120	1800	草、鲢、鳙、鲫、黄鳝
	刘家坪华盛渔场	鄂公安府（淡）养证[2011]第00007	15	225	草、鲢、鳙、鲫
	水林水产养殖专业合作社	鄂公安府（淡）养证[2011]第00017	33	500	草、鲢、鳙、鲫
	小南海水产养殖专业合作社	鄂公安府（淡）养证[2011]第00005	20	300	草、鲢、鳙、鲫
	松滋市八宝镇同太湖渔场	鄂松滋市府（淡）养证[2017]第00002号	50.72	—	青、草、鲢、鳙、鲤、鲫、鳊
石首市	石首市东双湖渔业有限公司	鄂石首市府（淡）养证[2011]第00019号	186.667	400	四大家鱼
洪湖市	洪湖市柏枝水产股份有限公司	s0910012	133.7	680	四大家鱼、甲鱼、螃蟹
	洪湖市洪城水产养殖专业合作社	鄂洪府淡养证[2012]00028号	133.3	150	河蟹
	洪湖市闽洪水产养殖专业合作社	鄂洪府淡养证s0910025	214	230	河蟹
	洪湖市兴国农林开发有限公司	鄂洪府（淡）养证[2012]第S00324	87.334	200	中华鳖
	洪湖市久加久水产有限公司	鄂洪府（淡）养证[2013]第S00222	66.7	400	泥鳅、四大家鱼
	洪湖市湿地水产养殖专业合作社	鄂洪府（淡）养证[2007]第S00192	133	650	河蟹
	洪湖市贵农水产养殖专业合作社	鄂洪府（淡）养证[2013]第00175	46.667	6300	黄鳝
	洪湖市仁海水产有限公司	鄂洪府（淡）养证[2011]00016号	128.42	200	河蟹
	洪湖市良英水产有限公司	鄂洪府（淡）养证[2012]00025号	205.8	1500	四大家鱼
	洪湖市云雾湖水产有限公司	鄂洪府（淡）养证[2013]第00204号	72.82	650	小龙虾、四大家鱼
	洪湖市红仙喜水产养殖专业合作社	鄂洪府（淡）养证[2013]第00240号	51.334	810	四大家鱼
	洪湖市亮源种养殖专业合作社	鄂洪府（淡）养证[2014]第00070号	28	50	河蟹、小龙虾
	洪湖市群发水产养殖专业合作社	鄂洪府（淡）养证[2014]第00569号、00570号	32.668	522	四大家鱼
	洪湖市登峰水产养殖专业合作社	鄂洪府（淡）养证[2015]第003483号	23.667	355	四大家鱼
	洪湖市强合水产养殖专业合作社	鄂洪府（淡）养证[2015]第00533号	33.334	—	黄鳝
	洪湖市粤龙达鳜鱼养殖专业合作社	鄂洪府（淡）养证[2016]第00006号	10	—	鳜鱼

第六节　渔业行政许可

渔业行政职权事项共 33 项。

行政许可（6 项）：水域滩涂养殖使用许可、水产苗种生产许可、内陆渔业捕捞许可、水生野生动物驯养繁殖经营许可、渔业船舶登记许可、渔港港区内工程及港埠经营许可。

行政强制（1 项）：强制拆解应当报废的渔业船舶。

行政确认（6 项）：渔业机动船进出港签证、渔业船舶船员（渔工）证书核发、渔业船舶命名、渔业船舶之间的水上安全事故的责任认定、渔业水域污染事故的调查处理责任认定、渔业船舶及船用产品检验。

其他类（5 项）：省级水产种质资源保护区设立、撤销、调整的初审（审核转报），征用集体所有的水域滩涂（行政征用），涉及渔业水域排污口的审核（行政服务），因保护水生野生动物受到损失的补偿（行政服务），渔业资源赔偿费（行政服务）。

行政征收（1 项，暂停）：征收渔业资源增值保护费。

行政处罚（14 项）：

① 对倒卖、转让、伪造狩猎证、驯养繁殖许可证、准运证或者无证猎捕野生动物的处罚；

② 对拒绝接受渔业水污染防治监督检查，或者在接受监督检查时弄虚作假的处罚；

③ 对自然保护区内渔业违法行为的处罚；

④ 对水产养殖中违法用药的处罚；

⑤ 对违反水产苗种规定行为的处罚；

⑥ 对违反渔港管理行为的处罚；

⑦ 对违反渔业船舶管理行为的处罚；

⑧ 对违反渔业船员管理的行为和处罚；

⑨ 对违反渔业港航安全管理的处罚；

⑩ 对实施投肥养殖污染水体和影响行洪及水工程安全的处罚；

⑪ 对违反水生野生动物保护规定行为的处罚；

⑫ 对非法生产养殖捕捞等违反渔业法行为的处罚；

⑬ 对造成渔业养殖水域污染事故的处罚；

⑭ 对违反渔船检验规定的处罚。

第七节　渔业船舶管理

负责全市渔船检验和渔港监督的法律、法规和规章的宣传贯彻。行使渔船检验管理职能，负责全市渔船检验业务，抓好市直管渔船证照的发放管理。抓好全市验船师队伍建设和渔船统计工作，审查渔船建造及维修资格。负责全市渔港申报，审核港章港制，抓好渔业船舶进出港签证工作。负责全市渔业船舶的登记管理和渔业职务船员、普通船员的考试及发证工作。负责全市渔业油价补助资金申请的审核、汇总、上报和发放工作。负责督察全市渔船安全监督管理，查处重大渔船事故。负责中国渔业互保协会湖北荆州分理处的业务开展。

2017—2018 年，全市有渔政船艇 19 艘，具备渔船检验资质的机构 10 个，具备船检资质的人员 51 名。

2017 年，全市登记管理机动渔船数为 13051 艘（捕捞船 3914 艘，养殖船 9137 艘），主机总功率 67646.78 千瓦（捕捞船 21712.44 千瓦，养殖船 45934.34 千瓦），养殖证确认面积 63553.181 公顷。

2018 年，登记管理机动渔船数为 9184 艘（捕捞船 1488 艘，养殖船 7696 艘），主机总功率 44654.38 千瓦（捕捞船 7708.77 千瓦，养殖船 36945.61 千瓦），养殖证确认面积 44174.8971 公顷。

2019 年，机动渔船数为 6225 艘（捕捞船 1787 艘，养殖船 4432 艘，执法船 6 艘），总吨位 8617 吨，主机总功率 32438 千瓦。非机动渔船 11418 艘，总吨位 10843 吨。年底因机构改革，船检港监职能划归市交通运输局管理。

第八章
水产行政机构

第一节 机构沿革

历年来，荆州水产行政机构发生了许多变化，具体见表8-1。

表8-1 历年来荆州水产行政机构变化表

年份/年	机构变动事项
1950	7月17日成立"荆州专署湖业管理局"，直属荆州行政公署领导，局内设置秘书、生产、湖税三个科，干部16名，下设江陵、松滋、公安、天门、潜江、荆门、钟祥和长江湖业管理局
1951	1月，沔阳专区撤销，划入石首、监利、洪湖、沔阳四个县湖业管理局
	6月20日，更名为"荆州专区水产局"，干部13名，各县湖业管理局相继更名为水产局
1952	1952年冬，更名为"荆州专员公署水产科"，内设统计财务股、秘书股、生产指导股，干部8人，各县也进行相应更名
1955	1955年夏，改为"荆州专区水产分局"
1957	1月，改为"荆州专员公署水产局"
1958	2月21日，与地委农村工作部渔林科合并成立"荆州专区水产工作委员会"，内设办公室、国营企业管理科、合作指导科技术推广站，干部20名，除荆门、京山两县外
1960	恢复"荆州专署水产局"，干部16名
1968	9月11日，撤销"荆州专署水产局"，成立"荆州地区水产局革命领导小组"，隶属农林水领导小组领导
1971	水产业务属地区革命委员会水电科、水利电力局
1973	荆州地区水利、电力局分开，水利局内设水产组
1979	1月2日，恢复"荆州地区水产局"，内设人秘、生产、计财三个科，干部18名，各县相继恢复水产局机构
1980	2月28日，水产局改归行署农办领导，12月27日更名为"荆州地区行政公署水产局"，干部19名
1983	全区除京山县水产局与水利局合并为"京山县水利水产局"（1987年底，又恢复京山县水产局）外，地、县水产机构均予保留
1984	1月5日，荆州地区行署水产局内增设为五个科即人秘、生产、行财、供销、渔政。干部23名
1985	10月11日，水产局机构调整为人秘、政工、生产、行财、渔政五个科，干部22名
1993	局内科室由原设的五个调减为三个，即设办公室、政工科、计财科，干部16名
1994	局内设科室恢复为五个，即办公室、政工科、计财科、生产科、企业科，干部24名
1995	荆沙合并，荆州地区、沙市市水产局合并为荆沙市水产局，内设科室仍为四科一室，干部22名
1998	局内科室设五科一室，即办公室、政工科、计财科、生产科、企业科、审计科，干部22名
2000	局内设五科一室，即办公室、政工科、计财科、生产科、企业科、审计科，干部22名
2003	局内设四科一室，即办公室、人事科、计划财务科、产业发展科、政策法规科，干部21名
2006	局内设四科一室，即办公室、人事科、计划财务科、产业发展科、政策法规科，干部17名

续表

年份 / 年	机构变动事项
2007	局内设四科一室，即办公室、人事科、计划财务科、产业发展科、政策法规科，干部 17 名
2010	局内设四科一室，即办公室、人事科、计划财务科、产业发展科、政策法规科，干部 17 名
2011	局内设四科一室，即办公室、人事科、计划财务科、产业发展科、政策法规科，干部 17 名
2012	局内设四科一室，即办公室、人事科、计划财务科、产业发展科、政策法规科，干部 17 名
2014	市渔政船检港监管理处与水产局合署办公，局内设四科一室，即办公室、人事科、计划财务科、产业发展科、政策法规科，干部 20 名
2015	局内设四科一室，即办公室、人事科、计划财务科、产业发展科、政策法规科，干部 20 名
2019	9 月 25 日，荆州市水产局与荆州市畜牧兽医局、荆州市经管局等单位合并，成立荆州市农业农村发展中心，下设水产业发展科

第二节　主要职能

根据荆编文〔2019〕46 号《中共荆州市委机构编制委员会关于印发荆州市农业农村局所属事业单位机构编制方案的通知》文件，荆州市农业农村发展中心水产业主要职能：服务全市水产业发展。承担水产业资源调查、区划、保护和利用，开展水产业监测分析，推进水产业产业化经营和绿色发展。

根据《荆州市农业农村局机关有关科室和相关局属单位工作职责》通知，具体职能如下：

① 起草水产业产业发展意见、区划；

② 推进水产业产业化经营和绿色发展；

③ 举办、组织参加水产相关节会、品牌建设；

④ 渔业污染事故计算及指导恢复生产；

⑤ 水产品销售及水产品企业服务；

⑥ 配合实施水产养殖尾水处理；

⑦ 配合水产业生产监测，季报、年度生产报表统计和水产业生产形势分析，开展水产业监测分析调研；

⑧ 完成领导交办的工作。

第九章
荆州各县市区水产概况

第一节　荆州区

荆州区于 1994 年 10 月由原江陵县析置，俗称泽国。区域东启长湖，西止沮漳河，南依长江，北临长湖，腹地河港交叉，湖塘密布。根据《荆州区水域滩涂养殖规划（2017—2030 年）》，区内共有主要河流 15 条，沟渠 3216 条，湖泊 13 个，水库 30 座，池塘 9800 口，滩涂 35 处，总水面达 45.72 万亩。区内水系自西北向东南，西北边境沮漳河流经区境 60 千米，自马山菱角湖的风台，东注位于本区长达 17.5 千米的长江，与江南的虎渡河至长江出口汇合处——太平口遥相对峙。西北岗丘陵地区有人工筑坝形成大小水库数个，其库水与沮漳河的支流从西到东流经四个依次相连的湖泊横贯全区后，经中部平原的古道小河——龙桥河（现为太湖港总渠）、观桥河和东北（荆门）的拾桥河东入海子湖至 45 千米的长湖。区内有纵横交错的河流、星罗棋布的湖泊，水面广阔、水生植物多，饵料丰富且气候适宜，有利于鱼类繁殖生长。

区域内盛产青、草、鲢、鳙、鲤、鲫、鳊、鳜、鲈以及长江中的鲟等 30 余种名贵、经济鱼类。据《荆州府志·地理志》记载，水产类有：虾、蟹、蚌、鳖、龟、乌鳢、鳅、鳝、黄颡鱼、翘嘴鲌；水禽类有：野鸭、大雁等；水生植物有：莲、藕、菱、芡实等。本区鱼类有 11 目 19 科 93 种之多。《江陵乡土志·出产、物产篇》有："鲥、鲫、银鱼、白蝉、鲭鱼皆特产也"。鲥即孩儿鱼，本草。荆州临沮、清溪、江陵地产此，有四足，声如儿，其骨燃之不消。鲫，此虽普遍，然江陵天井渊，巢婆渊产者肥而且嫩，他处不及也。银鱼，即白小鱼沙市旧有。杜甫诗曰："白小群分命，天然二寸鱼"即指此也。白蝉，即鳗鲡，江陵志南门外大石桥名蝉桥，以其中多白蝉故名。白鱼，杜甫诗："闻说江陵府，云沙静眇然，白鱼如切玉，朱橘不论钱。"白鱼，即白沙鱼，尖嘴、遍体细鳞，大者有三四尺，产于江汉平原淡水湖泊中。"白鱼如切玉"这一句说：江陵产的白鱼大而肥美，鱼好像经过雕琢的白玉，又曰："春日繁鱼鸟，江天足芰荷"，春光明媚，鱼鸟繁生，水天一色，菱荷遍生沼泽、池塘。鲭鱼，即青鱼，胆可治目疾，本草："鲭鱼头中枕骨，蒸令气通，曝干，状如琥珀，荆楚人煮拍作酒器甚佳。"

新中国成立前，本县傍江湖居者多为无田少地之专业渔户，以捕捞为业，每年春、夏汛他们在长江上起鸭子口、篙箕注，下至柳口一带设边箱捕捞鱼苗、饲养鱼种，近销本县。仅有少数农户利用塘堰放养，而大批鲜鱼则靠渔民捕捞天然成鱼，捕捞的重点主要是在东南湖区，中部平原梅槐港流域、李埠龙州和西北马山菱湖，沮漳河亦是产鱼多、专业渔户集中的捕捞点。其中，沿江、沿湖的捕捞船只有3000余只，20世纪50年代发展到4000余只。其中捕捞工具有大网、跳网、笼网、丝网等多种网具和顶缸、叉、大小花篮、镖、卡等数十种。20世纪50年代又引进三层刺网、大小拉网、架网等，均用手工操作，一船网、卡、叉均若干。两人一船作业，而拉网、架网则由多人，10至20多名作业，量大则用绞车拉，有一网捕数万斤鱼者，为旧时之望尘莫及。

湖区渔民，每年出售鲜鱼及其他水产品（包括莲、藕、芡实、水禽等）数额巨大，使县内形成许多鲜鱼集散点——渔业市场，著名的渔业市场有沙市、草市、丫角、岑河口、张场、清水口、郝穴、沙岗、普济、马山等集镇。每一集镇都有鱼行数家甚至数十家。流入这些市场的鲜鱼，除能满足全县消费外，还有大批加工成享有盛名的腌鱼、卤鱼远销外省。

1960年，中国科学院研究员倪达书教授到原江陵县太晖观渔场（后更名四新渔场，已于2007年改制撤销）参观苗种生产、运输和拉网、除野、过筛、输氧半自动装置展览。1964年倪达书教授一行数人再次到庙湖渔场视察湖泊养鱼。

1976年开始，庙湖渔场与国家水产总局长江水产研究所协作，进行荷包红鲤与源江鲤杂交制种试验。1980年，原江陵县水产研究所担负荷元鲤的制种与推广，获农业部科技成果三等奖。1976年，中央决定由原江陵县向罗马尼亚提供人工繁殖四大家鱼技术。罗马尼亚三级劳动英雄水产养殖中心负责人尼基福尔在国家水产总局和外事部门负责人的陪同下，到达四新渔场和马河渔场进行交流参观，并对孵化设施提出了许多改进建议。1976年，新疆维吾尔自治区还专程派出代表团前来学习荆州发展城镇养鱼的经验。1981年，国家农业委员会和国家科委颁发的荷元鲤推广奖状及奖金。

1980—1981年，国家农委副主任何康、水产总局局长肖鹏、副局长肖峰、张昭、中国水产科学研究院党委书记张子林等先后视察资市公社的平渊四队家庭养鱼，对设在荆州镇（现已分设街道）的活鲜鱼门市部和国营泥港湖渔场，都给予了充分的肯定和鼓励。此后，社员家庭养鱼震动了全国，湖南、云南、贵州、黑龙江、江苏、山东、安徽、武汉市等地都派代表来县参观学习。《荆州报》《湖北日报》、中央人民广播电台、《中国水产》《淡水渔业》杂志纷纷发出消息报道和介绍经验。

2019 年，根据机构改革要求，撤销荆州区水产局，组建荆州区农业农村局。全区水域滩涂面积 45.72 万亩，约占总面积的 1/3。其中可养面积 20.08 万亩（池塘 12.15 万亩，水库 3.18 万亩，湖泊 2.66 万亩，其他滩涂 2.09 万亩），占全区水域滩涂总面积的 43.92%。

2019 年，全区水产养殖主要品种 16 个，养殖产量 10.89 万吨。其中大宗淡水鱼（青鱼、草鱼、鲢、鳙、鲤、鲫、鳊、鲂）7.48 万吨，占养殖总产量的 68.69%；尤其是青鱼为全区主要特色品种，年产量 3.43 万吨。名特优水产品 3.41 万吨，占养殖总产量的 31.31%。其中鲟、泥鳅、黄颡鱼、长吻鮠、黄鳝、乌鳢、翘嘴鲌等 7 个名贵鱼类，养殖产量 1.41 万吨，占养殖总产量的 12.95%；小龙虾、河蟹等甲壳类水产品养殖 1.54 万吨，占养殖总产量的 14.14%；其他鳖、龟、蛙等养殖品种养殖产量 0.22 万吨，占养殖总产量的 2.02%。

第二节　沙市区

1949 年，沙市市解放，划为省辖市，1956 年改为荆州地辖市，1979 年复为省辖市，是湖北省轻纺明星城市。1994 年 10 月，荆沙合并，撤销沙市市，设立沙市区，成为荆州市的中心城区。

沙市渔业生产从天然捕捞开始，20 世纪 50 年代，主要以天然捕捞为主，年平均水产品产量 31 吨，1959 年最高达到 202.5 吨，其中捕捞产量为 187.5 吨，占 92.6%。20 世纪 60 年代初至 1972 年，渔业生产由天然捕捞逐步过渡到以养殖为主，先后建立了胜利渔场和白水滩渔场，并将范家渊、丁家湖等天然小型湖泊改造成人工养殖场，养殖品种以鲢、鳙、青、草、鲤、鲫、鳊为主。1972 年，养殖水面达 2745 亩，养殖平均单产 40.2 千克，水产品产量 73 吨，其中捕捞产量只有 17.8 吨，占 24.4%。1973—1986 年，池塘养殖由粗放转向精养，逐步建设发展精养鱼池，开展小水面精养，产量稳步上升，新建和改造精养鱼池 7472 亩。1973 年，全区水产品总产量为 130 吨；1983 年，水产品总产量达到 445 吨；1986 年，水产品总产量上升到 1405 吨。

1986 年，由长江水产研究所和沙市白水滩渔场共同承担的国家"星火计划"项目——"鱼类优良品种繁育基地"沙市水产良种场建成。其占地 1500 亩，建设精养鱼池 1000 亩，其中鱼类种质库鱼池 300 亩，主要任务是运用长江水产研究所的"荷元鲤杂交优势利用"和"三杂交鲤繁殖技术"两项部级鉴定的科研成果，开展鱼类优良品种的繁育。鱼类优良品种繁育基地有套养水面 3497 亩，共放养罗非鱼 573 万尾、三杂交鲤 3 万尾、白鲫 22 万尾、银鲫 17.2 万尾、革胡子鲇 31 万尾，优质鱼比重占到 1/3。锣场乡锣场村和高阳村有珍珠养殖水面 7.80 亩。全年收获成鱼 2740 吨，珍珠产值 8.50 万余元，有力推动了全区水产业的发展。

1987 年，特种水产养殖开始起步。8 月 8 日，"江陵、沙市池塘养鱼大面积增产技术"通过鉴定，该技术试验由长江水产研究所主持，江陵县和沙市市水产技术推广站协作，于 1984—1986 年共同完成，主要研究池塘养鱼大面积条件下实现高产稳步的综合养殖技术，产生了显著的经济效益和社会效益，使池塘亩净产由原来的 104 千克提高到 474 千克，亩纯收入由 104 元和 50 元分别增加到 1473 元和 846.9 元。水产技术推广站从湖南省汉寿县引进古巴牛蛙种蛙 28 对、幼蛙 3000 只，当年繁殖牛蛙蝌蚪 2 万尾，并建成年繁殖牛蛙蝌蚪 50 万尾、成蛙 8 吨、种蛙 1000 只的生产基地，其种苗远销新疆、黑龙江、浙江、福建等 11 个省、自治区、直辖市。关沮乡西湖渔场引进螃蟹苗 16 万尾，成活率近 16%，至年底培育幼蟹 2 万尾。池塘养鱼随着"江陵、沙市池塘养鱼大面积增产技术"成果的推广，亩净产达 474 千克，亩纯收入 1400 余元。

1988 年，古巴牛蛙、螃蟹养殖相继推广，郊区有牛蛙养殖专业户（单位）818 户，养殖水面 1348 亩。1989 年，白水村农民张传喜开始人工养殖甲鱼，自筹资金建鱼池 4 个，面积 1.50 亩，收获甲鱼 725 千克，销售毛收入 3.2 万元。

1990 年，甲鱼养殖在关沮乡已成规模，有养殖户 20 户，养殖面积 30 亩。鱼类养殖重点向高产低耗高新品种转移，有罗非鱼养殖面积 881.30 亩，投放种苗 137.50 万尾，产出 222 吨；革胡子鲇养殖面积 55.90 亩，投放鱼苗 7.62 万尾，产量 40 吨，单产 715.5 千克；银白鲫套养面积 5000 亩，投放鱼种 200 万尾，产量 222 吨，单产 44.40 千克。1991 年，长湖村开始在长湖围栏养鱼，共拦湖汊 1000 亩，围网圈养面积 400 亩，罗非鱼、革胡子鲇、银鲫、颖鲤等新品种投放比例达 50%。1992 年，名特优水产品养殖由散养进入规模化，精养鱼池已大面积套养淡水白鲳、加州鲈鱼等名优品种。沙市有甲鱼养殖专业户 95 户、水面 115 亩，户纯收入 2 万元以上。1993 年开始甲鱼温室养殖。1994 年，全区有甲鱼繁殖基地 100 亩、养殖温室 630 平方米；另有胡子鲇越冬温室 200 平方米。

进入 20 世纪 90 年代后,沙市区龟鳖养殖产业开始起步并迅速崛起,享誉全国。1993 年,联合乡跃进村被评为"牛蛙养殖"专业村,关沮乡白水村被评为"甲鱼养殖"专业村。锣场乡长湖村甲鱼养殖户张庆财率先建设 140 平方米甲鱼温室大棚,开辟沙市区甲鱼温室养殖先例。1994—1999 年为快速发展期,养殖模式主要是温棚控温养殖和池塘常温养殖,养殖方式由常温粗放向集约化精养发展,养殖产量由 1994 年 256 吨增加到 1999 年 5601 吨,龟鳖产量占全区养殖产量份额从 1.39% 增加到 8.16%。从 2000 年开始,由于龟鳖养殖业无序大规模发展、国外产品大量入境、病害频频暴发、龟鳖市场价格急剧下跌,小型养殖户养殖效益基本处于保本微利状态,众多大型规模养殖场亏损倒闭,龟鳖养殖产业陷入下滑低谷期,众多温室停止了甲鱼控温养殖或闲置,养殖产量大幅度下降。随着消费者质量安全意识不断增强,龟鳖养殖向生态化、优质化方向发展。2005年,观音垱镇文岗村村民熊裕达在长湖围栏养殖甲鱼 500 亩,利用长湖水生生物资源养殖生态甲鱼,提升了甲鱼品质,2011 年注册了"御达长湖"商标,2016年因长湖拆围结束了养殖。池塘鱼鳖混养已成为主要模式,2016 年,岑河镇东湖村的荆州市清碧湖生态养殖家庭农场,发展池塘鱼鳖混养面积 480 亩。2019 年,全区龟鳖池塘养殖面积 700 亩、乌龟控温养殖 3200 平方米,龟鳖产量 377 吨。

1995—2004 年,沙市区渔业以提高产量、优化品种、提高质量、增加效益为主题,调整养殖结构,立足池塘综合生态养殖,在不影响池塘养鱼的情况下,开发池塘网箱养鳝 2 万平方米。池塘养珍珠 1000 亩,吊蚌 250 万只;针对庭院小鱼池老化严重的现象将其调整为池塘养鳝鱼,面积达到 3.2 万平方米。调整品种结构,如利用甲鱼温室养鲟鱼、鳝鱼、美国青蛙等;精养鱼池改为以青鱼为主的养殖模式,在关沮乡田湖渔场试养成功,效益比常规养殖高出 3 倍;引进新品种,1998 年,文岗养殖公司引进中华鲟、俄罗斯鲟、史氏鲟、达氏鲟等,2002年又引进南美白对虾,带动周围 3000 亩水面;岑河镇龙华水产养殖示范园于2002 年引进湘阴鲫,自有养殖水面 500 亩,带动周边 2000 亩水面发展湘阴鲫养殖,收效显著。十年间,名特优养殖初具规模,形成以观音垱镇、锣场镇为主、沿长湖的 3300 亩池塘、25 万平方米温室的龟鳖工厂化养殖带;以马志湖为龙头的 2000 亩南美白对虾养殖基地;以凤凰山、马志湖为龙头的 5 万平方米鲟鱼养殖基地;以岑河镇为主的 8000 亩月鳢、湘阴鲫养殖带,还有星罗棋布的池塘养鳝、网箱养名特优产品。1999 年,湖北省政府将沙市区列为"湖北省现代渔业示范区"。

2005—2009 年，沙市区以城郊休闲渔业、特种水产养殖、水产品加工为重点，通过优惠扶持政策、建设水产基地、引进加工企业等措施，着力打造城郊特色渔业。渔业生产全面推广 80：20 池塘养殖模式，使用全价配合饲料投喂。发展龟鳖仿生态养殖面积 200 公顷，发展小龙虾野生寄养 800 公顷，发展池塘主养青鱼、湘阴鲫、鲇鱼、南美白对虾、河蟹面积 530 公顷，发展网箱养鳝 3 万平方米。养殖新品种引进力度加大，观音垱镇从北京引资，开展杂交鲇鱼繁养，年繁育苗种 300 万尾，养殖面积达 200 亩；岑河龙华公司从广东引进热带鲮鱼 350 万尾，养殖面积达 500 亩；与长江大学合作，引进丁鲹苗种 20 万尾；锣场镇引进斑点叉尾鮰鱼种 20 万千克，网箱养殖面积达 3000 平方米；关沮乡引进鳄龟苗种 10 万多只，养殖面积 1000 多平方米。2009 年，水产放养面积 3283 公顷，比 2004 年增加 184 公顷，增长 5.97%；水产品产量达到 48544 吨，比 2004 年增加 6056 吨，增长 14.25%。休闲渔业发展较快，全区休闲渔业场所 61 个，具有一定档次和规模的休闲垂钓渔庄 10 个，休闲渔业水面 240 公顷。2007—2009 年，引进荆州市中科农业股份有限公司总投资 6300 万元，占地 83 亩，建设年分割鲜鱼 3.3 万吨、生产鱼糜 7000 吨的水产品加工企业，为渔业上规模、上档次提供了加工平台。

2010—2014 年，先后引进了长丰鲢、异育银鲫"中科 3 号"、黑尾鲌、黄颡鱼"全雄 1 号"、泥鳅等名优水产品种。特色品种主养或专养面积 5000 多亩；鱼鳖混养，虾蟹混养，网箱养鳝，池塘主养鲇鱼、鳜鱼、黑尾鲌、草鱼、鲫鱼、南美白对虾、黄颡鱼、泥鳅等健康高效养殖优化模式面积 2 万亩以上。湖北中科农业股份有限公司"淡水鱼虾加工及产品安全控制关键技术研发"项目荣获湖北省科技进步一等奖；荆州市德源水产专业合作社"杂交鲇高效健康养殖技术研究与应用"项目荣获湖北省重大科学技术成果。

2016 年，沙市区长湖 27822 亩围栏养鱼设施全部拆除；以小龙虾为主的稻渔综合种养迅猛发展。2018 年，编制《沙市区养殖水域滩涂规划（2017—2030）》，首次将区域内水域划分为禁止养殖区、限制养殖区、养殖区三个功能区域。同时荆州市源万乐农业科技有限公司建成池塘流道养殖设施 4 条，440 平方米，养殖鮰鱼、草鱼等。

2019 年，全区稻渔综合种养面积 11.12 万亩，小龙虾产量 14589 吨，比 2015 年增 11641 吨，增 390.1%。成为全国小龙虾三十强之一。

● **第三节　江陵县** ●

　　江陵县成立于 1998 年，全县辖 2 乡 7 镇，总面积 1048.74 平方千米。区域内沟渠纵横，九曲回肠，水域资源丰富，水域面积 6.38 万亩。区域内共有鱼类 80 多种，主要养殖品种有四大家鱼、小龙虾、鳝鱼、泥鳅、黄颡鱼、乌龟、河蟹、中华鳖等。2019 年，全县共有渔业户 4277 户，渔业人口 16130 名。有 200 亩以上规模养殖单位 89 个，50 亩以上养殖大户 74 个。1997 年以来，新引进了月鳢、大口鲇、鳜鱼、尼罗罗非鱼、斑点叉尾鮰、南美白对虾、杂交鲤、白鲫、高背异育银鲫、鲈鱼、龟鳖、黄颡鱼、大鲵、水蛭等品种。

　　为了实现江陵现代渔业发展目标，江陵县委县政府高度重视，专门组建专业队伍论证编制江陵水产业"十一五""十二五""十三五"发展规划，2003 年下发了《关于成立江陵县十万亩水产开发领导小组的通知》的文件。秦市乡 2004 年注册了"荆陵"牌黄鳝商标，成立了江陵县"荆陵"牌黄鳝养殖协会，并于 2005 年 7 月、12 月通过了无公害产地认定和产品认证，基本形成以黄鳝为主导水产品的"一乡一品"的产业格局，拥有黄鳝养殖面积 5400 亩，网箱 45000 口，年产黄鳝 1296 吨。2005 年三湖管理区大力发展名特水产养殖，取得较好成效，名特水产养殖面积达到 2340 亩。其中网箱养鳝面积 600 亩，南美白对虾 200 亩，黄颡鱼专养面积 200 亩，泥鳅专养面积 400 亩，甲鱼生态养殖 400 亩，螃蟹养殖 240 亩，水蛭养殖面积 200 亩。资市镇重点扶持李塘村龟鳖养殖基地建设，扩大基地规模，面积达到 500 亩，年产龟鳖种苗 150 万只，特种水产品产量 100 吨，产值 1000 万元。2009 年，县政府下发了《江陵县实施水产壮大工程扶持奖励办法》的文件，大力推进渔业结构调整，促进水产养殖向名特优新转变，取得明显成效。到 2010 年，江陵县名优水产养殖面积达到 33000 多亩，占放养水面的 64.7%。其中黄鳝养殖面积 8655 亩，网箱 90000 口，产量 2223 吨；龟鳖养殖面积 2040 亩，产量 253 吨；黄颡鱼专养面积 345 亩，产量 135 吨；泥鳅专养面积 500 多亩，产量 293 吨；南美白对虾专养面积 500 亩，产量 20 吨；河蟹养殖面积 400 亩，产量 28 吨；青虾养殖面积 200 亩，产量 30 吨；水蛭养殖面积 200 亩；小龙虾野生寄养面积 17000 亩，产量 1264 吨。名特优水产品产量 19000 吨，占总产量的 67.8%。江陵水产业结构基本实现了由粗放养殖向品牌效益转变、由常规养殖向名特水产养殖转变、由单一养殖向养殖加工休闲一体化转变。

2012 年 8 月，根据江编发〔2012〕43 号文件精神，江陵县成立江陵县水产局，其主要职能为拟定全县水产业发展中长期规划，指导水产业机构和布局，指导渔业资源的保护、开发和利用，负责水产品无公害的认证以及渔政工作。10月，通过招商引资引进资金 5000 万元建设了三个生态养殖基地。即资市镇平渊村 800 亩黄鳝生态养殖基地、马家寨乡 2030 亩鱼鸭生态养殖基地、普济镇 1000 亩稻鳅连作基地。

2013 年 3 月，严格按照渔业油价补助资金 37 万元发放程序按时足额通过邮政储蓄一卡通发放给 73 条机动渔船渔民。6 月 1 日，开展长江渔业增殖放流活动，放流青、草、鲢、鳙鱼苗 400 万尾，其中青鱼 100 万尾、鳙鱼 110 万尾、白鲢 60 万尾、草鱼 130 万尾。

2014 年 9 月，全县开展水域滩涂养殖证办理工作，规范生产行为。共办理水域滩涂养殖证 52 个，总数达到 61 个，办理养殖证面积 41553 亩。10 月，参展展品"百雁湖"泡藕获第十二届中国国际农产品交易会金奖。

2015 年 2 月，江陵县水产局获得市农业局、市水产局颁发的"2014 年度全市农业农村工作先进单位""2014 年度全市水产政务信息宣传工作进步奖"两个奖项，水产工作人员周平、陈志波分别获得"2014 年度全市水产政务信息宣传工作先进个人"和"2014 年度农业系统先进个人"奖项。5 月 14 日，在长江江陵段开展了渔业资源增殖放流活动，放流鱼苗 180 万尾，对涵养增殖渔业资源、还原水域自然生态将起到积极的作用。

2016 年 4 月 26 日，按照江办发〔2016〕6 号《县委办公室 县政府办公室关于印发江陵县 2016 年机关事业单位机构改革方案的通知》精神，县水产局及其相关职能并入县农业局。

2016 年 6 月 22 日，江陵县举行水生生物资源增殖放流活动，共投放青鱼、草鱼、鲢鱼、鳙鱼各种规格的鱼苗 130 万尾。6 月下旬，江陵县连续遭遇强降雨过程，强度大、来势猛，渔业受灾严重，渔民损失巨大。据统计，全县渔业受灾面积达到 3.48 万亩，其中精养鱼池 1.51 万亩，稻田养殖面积 1.97 万亩；损失水产品 1072 吨，其中鱼种 135 吨；损坏渔业机械 5 台，排灌渠道垮塌 10 千米，损毁泵站和涵闸 7 座；造成直接经济损失达 2163 万元。

2017 年，全县开展两次增殖放流活动，共向长江投放 130 万尾四大家鱼鱼苗。5月，在第二届荆州味道展示交易活动会上，资市德高合作社黄鳝和沙岗大北湖合作社"百雁湖"泡藕带被评为"荆楚味道好年货上榜品牌"产品，马家寨乡黑狗渊合作社鱼糕被评为"荆州鱼糕十佳品牌"产品。7月，举办水产品质量安全生产专题培训2期，参加培训人数120名。通过培训，使广大养殖企业负责人、养殖户掌握水产安全用药知识，杜绝盲目用药行为。9月，在第十五届中国国际（北京）农产品交易会上，江陵县的"千里江陵"藕带和"长江缘"小龙虾2个特色农产品获得农交会金奖。

2018年4月，江陵县印发了《江陵县13个湖泊实施人放天养工作方案》的文件，13个保护湖泊的经营权全部回收完毕，全面实现了人放天养。同时定期对13个湖泊开展巡查，严厉打击投肥投饵、非法捕捞等行为，确保人放天养工作持续性开展。6月，江陵县印发《江陵县养殖水域滩涂规划》，明确规划了江陵县内关于水产养殖的禁养区、限养区和养殖区的范围。11月，在湖南长沙举行的第16届中国国际农产品交易会上，江陵县的"长江缘"牌小龙虾（江陵县东津水产专业合作社）代表江陵县荣获参展金奖。

2019年1月，在公安县举行的荆楚味道首届湖北·荆州鱼糕节暨第四届年货会组委会上，江陵县农业局获得优秀组织奖。3月，江陵县农业局正式更名为江陵县农业农村局。4月，江陵县农业农村局对全县范围内的水产企业、渔业投入品经营门店开展水产品质量安全专项整治行动，主要针对一些违规违禁投入品进行了检查，清理了一批违规违禁投入品，规范了水产品养殖生产及销售行为。11月，完成了2018年江陵县池塘尾水治理项目建设，项目建设总面积为960亩。该项目作为江陵县第一个池塘尾水治理项目意义重大，为后期全县池塘尾水治理工作从技术上提供了参照范本，从宣传上起到了以点概面的作用，同时为全县渔业健康可持续发展，打下了牢固的基础。

第四节　松滋市

松滋地处鄂西南，位于"九曲回肠"的荆江上游，西通三峡，东连洞庭，北临长江，南接武陵。全市面积2235平方公里，人口82.96万，现辖2个乡、14个镇和1个省管开发区。市内河港、沟渠交织成网，大小水库、湖泊星罗棋布，水产资源十分丰富，素有江南"鱼米之乡"之美称，先后获得全国商品鱼基地县、全国渔业百强县称号。其是首批国家级农产品质量安全县、国家级渔业健康养殖示范县（第四批）、洞庭湖区畜禽水产养殖污染治理试点县市之一。

全市水域总面积 23320 公顷，流经全市 28 千米的长江干流、180 千米的长江支流和洈水水库，是鱼类天然种质资源库，它为我市渔业发展提供了宽广舞台和有利条件。市内较大的湖泊有南海湖、王家大湖、蠡田湖等；较大的水库有洈水水库、北河水库、文河水库等。鱼类资源有以青、草、鲢、鳙、鲤、鲫、鳜、鳊等主要经济鱼类为主的 60 余种，并且还有国家重点保护的一级水生野生动物中华鲟、白鲟、达氏鲟等和国家重点保护的二级水生野生动物有大鲵、胭脂鱼、江豚等。

松滋渔业生产从天然捕捞开始，20 世纪 50 年代，以天然捕捞为主。20 世纪 60 年代初，开始在小型水库人工投放鱼苗，实现人放天养。单产一直徘徊在 10 千克 / 亩左右，是早期的生态渔业。20 世纪 70 年代末，开始建设连片精养基地，养鱼积极性高涨，精养鱼池兴起，推动渔业生产快速发展。1978—1984 年国家共拨付建设鱼池专项资金 300 万元，先后在老城渔场、沙道观豆花湖、八宝同太湖、南海候急渡、纸厂河桂花树等地建成高标准、高产精养鱼池 5850 亩。

松滋市天然鱼苗生产历史悠久，产量高、质量好，在周边几省也是久负盛名。本市除有 28 千米长江流经市域外，还有三条支流（全长 180 千米）流经全市 13 个乡镇，加上本市处于长江干流适中位置，形成了许多捕捞天然鱼苗的良好埠头，这种自然优势在全荆州也是独有的。"青滩产仔、采穴施箱"这一有名的渔谚充分说明了松滋天然鱼苗生产的地位。新中国成立前天然鱼苗的生长主要集中在采穴、熊家河、王家街子。20 世纪 50 ～ 60 年代，长江支流鱼苗生产主要埠头又增加了 16 处，每年产量在 1 亿尾以上。松滋鱼苗不仅满足了本市渔民需要，还远销四川、重庆、湖南、河南等地。20 世纪 60 年代后期开始，家鱼人工繁殖技术推广，家繁鱼苗逐步替代了江河鱼苗，江河鱼苗的地位开始下降，然而至今江河鱼苗仍是家繁亲鱼的提纯复壮、维持其优良性状的首选资源。

新中国成立前，湖泊由湖霸占有，湖泊渔业为单纯捕捞，渔业不兴，产量较少；新中国成立后，湖泊渔业由单纯捕捞转向捕养并举，继而转向以人工养殖为主。全市湖泊面积大、资源丰富，长期以来，由于受资金投入、防洪因素、渔农矛盾和管理体制诸多因素制约，湖泊的水产生产潜力没有得到充分利用。从 20 世纪 50 ～ 70 年代末，多数湖泊实行粗放经营，单产长期徘徊在 10 千克左右；

20世纪80年代初，由于小水面精养鱼池的兴起，推动了湖泊渔业的发展，养殖水平不断提高。据1985年调查，湖泊可养水面1880公顷，已养水面1880公顷，利用率为100%，平均单产21千克。20世纪90年代，随着生产发展和市场需求，各地除提高湖泊养殖水平外，还利用湖泊资源，开展了名特水产品养殖，主要有河蟹、鳜鱼、黄颡鱼、珍珠等。如从1998年开始，南海湖、庆寿寺湖、阳泉湖333公顷，由浙江山下湖珍珠股份有限公司租赁水面吊养珍珠，至2004年底，投资1亿元以上，吊养珍珠蚌2000万只，产值亿元以上。2004年底，湖泊鱼类养殖产量再上新台阶，全市1694公顷放养水面，产优质成鱼2696吨，平均单产106千克；小南海湖467公顷，总产成鱼900吨，平均单产129千克；蠡田湖53公顷，产成鱼160吨，平均单产达200千克。产量大幅度提升，带来了湖泊水库等公共自然水域水质日益恶化。随着党和国家一系列的环保政策出台，禁止在公共自然水域投粪（投肥、投饵）等人工养殖行为，全市全面收回湖泊水库等公共自然水域租让权，实施"人放天养"的清水养殖模式。

20世纪50～60年代初，陆续兴建了一批中小型水库，水库养鱼逐渐兴起，当时放养面积小、产量少，养殖水平低。由于水库渔业存在水资源调蓄的矛盾，还有水体面积大、天然饵料少、凶猛鱼类多、起捕难度大等问题，水库养鱼发展相对缓慢，养殖单产一直徘徊在10千克左右。为提高水库养殖产量，水库开展了网箱养鱼、拦汊养鱼等。由于水库推广了小水面集约化养殖技术，1985年平均单产达到14千克，2004年达到32千克。十九大后，随着湖泊水库等公共自然水域租让权的回收，水库养殖也进入"人放天养"的清水养殖模式，注重品质，走品牌之路。2012年，沮水水库"沮水"牌"鳙、鲢、草、鲤、鲌"五种鱼类经申报被农业部中绿华夏认证为有机鱼。

全市塘堰养鱼大多分布在南海、王家桥、街河市、杨林市等乡镇的丘陵地区。新中国成立前，山区、丘陵和平原地带的零星塘堰就有养鱼习俗；新中国成立后，塘堰养鱼有一定的发展，但产量不多，主要是以自食为主。以20世纪80年代初开始，塘堰养鱼有了较大发展，面积和产量均有较大增加和提高。如1985年，全市塘堰水面2780公顷，鱼产量2478吨，平均单产59千克。平原地区的塘堰，除农田排灌外，还种莲植藕，牧鸭养鱼，实行多种副业生产。2004年底，全市塘堰养殖面积2232公顷，产量3465吨，单产104千克。

20世纪70～80年代初，农村掀起千家万户养鱼高潮，农村和国营渔场建设连片精养基地，狠抓小水面精养高产，推动了全市水产生产的快速发展。

1978—1984 年，国家共拨付建设鱼池专项资金 300 余万元，先后在老城镇田湖、沙道观豆花湖、八宝同太湖、鸡公岸子、南海侯急渡、纸厂河桂花树等地建成高标准、高产连片精养鱼池 390 公顷，而后国营大湖渔场、南海渔场、新江口镇、杨林市镇、纸厂河镇等利用贷款或劳力集资形式开挖精养鱼池 1277 公顷，至 2003 年底，全市精养鱼池总面积达到 1667 公顷。精养鱼池养殖初期，由于技术力量薄弱，以及投入偏少、产量较低，1981 年，全市精养鱼池总产成鱼 225 吨，平均单产仅 65 千克。后期由于精养高产技术的推广、化肥养鱼、鱼病综合防治，特别是进入 20 世纪 90 年代后，综合立体养殖、生态养殖技术逐渐成熟，产量和效益大幅度上升。2004 年，全市精养鱼池总产 12957 吨，平均单产 464 千克，纯利润平均 1000 元以上。

稻田养鱼始于 1982 年，水产局技术人员在万家乡腰店子村进行了 126 平方米的小面积试验，经过 80 天的饲养，共收获大规格草鱼种 1737 尾，亩产量 70 千克，平均增加收入 116 元，不仅鱼种丰收，稻谷产量比未养鱼稻田增产 14.2%，这一成功案例为增产增效开辟了一条有效新途径，当时为开全荆州地区之先河，国家水产总局还为此特赴松滋拍摄了《稻田养鱼》电影宣传片，向全国推广。20 世纪 90 年代后，稻田养鱼改变了传统的养殖方法，由原来的全面推广，优化为水乡湖区低湖冷浸田为主。

2006 年，全市发展虾稻连作面积 6000 亩，投放虾种 12 万千克。2010 年虾稻连作面积达到 6 万亩，比 2009 年增加 1 万亩，年产量 7000 吨，产值 7000 万元。到 2019 年虾稻面积稳定在 10.3 万亩，年产量 10898 吨。

2018 年，全市结合洞庭湖生态经济区畜禽水产养殖污染治理试点工作有关要求，紧紧围绕"创新、协调、绿色、开放、共享"的发展理念，以渔业供给侧改革为主线，加快水产健康养殖示范基地建设步伐，全面提升水产绿色发展水平，成功创建为农业农村部渔业健康养殖示范县。

2019 年，全市水产养殖面积（不含稻田综合种养面积）10.57 万亩，产量 3.3 万吨，实现渔业总产值 7.2 亿元。稻田综合种养面积达到 10.3 万亩，小龙虾产量 1.04 万吨，产值 1 亿元。稻田综合种养"五湖"核心示范区全面提档升级，湖泊水库等公共自然水域全面收回租赁承包经营，实现人放天养、清水养殖。精养鱼池尾水治理有序推进，全市治理达标面积 4300 亩，强力推进水产生态健康养殖技术运用与示范，全市水产生态健康养殖面积达到 90% 以上。

全市渔业养殖面积总量维持稳定，新发展面积主要从事南美白对虾、鲈鱼、河蟹等名特优养殖；湖泊水库等增殖渔业面积 4.9 万亩，全面开展人放天养的清水养殖模式，增养殖效益明显；稻田综合种养面积 10.3 万亩，其中稻田养虾 10.2 万亩，"鳖虾鱼稻"高效模式 0.1 万亩。养殖产量中，常规鱼养殖略有下降，以生态种养为主的虾、蟹、鳜鱼、鳅、蛙、龟鳖等优质鱼每年增幅明显。南美白对虾、鲈鱼等新兴品种和泉水"瘦身鱼"、鲫鱼专养等优化模式初现峥嵘。

2019 年，全市共有水产专业合作社、家庭农场 300 多个；休闲渔业示范区 2 个，面积 5000 亩；专业从事水产销售人员 1000 余名，年实现水产品流通 2 万吨。

第五节　公安县

公安位于长江以南，洞庭湖之北，东连石首，西接松滋，南距澧县，北控江陵。滔滔荆江有四分之一依偎公安东去，派生出 13 条支流、汊河，总长 422.84 千米，给了公安"江河走廊"的美称。公安有星罗棋布的大小湖泊数百个，赋予了公安"百湖之县"之盛名。全县有水域面积 472.06 平方千米，占区域面积的 22%，且雨量充沛、客水来量大、无霜期长，具有鱼类自然繁衍和人工养殖的自然条件。

在《公安县志》中，这里的渔业起源于何年何月，创始人是谁，更没有记载。唯有"独念公安地势低洼，环江湖之巨流，沿川峡之宗脉，累年暴涨，建瓴而下""居人多鸿嗷之苦"的叹息和先人"傍水而居，猎鱼为生"的故事……

1949 年 7 月，公安全县解放不久，公安县人民政府就对全县的水产作了调查。据统计，全县有水域面积 47206 公顷，其中江河 14 条（含长江荆江段），水域面积 14063 公顷，是连贯长江与洞庭湖的重要鱼道。县内有湖泊、水库 217 个，水域面积 19390 公顷。在全县内的水域中，上百种长江鱼类应有尽有。胭脂鱼、中华鲟、白鳘豚等珍贵鱼类和水生动物常有出没，是不可多得的天然鱼库。当年在公安这个水乡泽园里"傍水而居、猎鱼为生"的连家渔船渔民（即专业渔民）就有 483 户，2163 人，副业渔民更多，全县有 2860 户，14000 多人，渔船 3000 多只。

1951 年秋，公安县设置湖业管理局，同年冬，由各湖区的 71 名渔民代表组建了县水产管理委员会，与县政府组织的工作队一同深入湖区清匪反霸，进行水上改革，让渔民当家做了主人。次年春，建立公安县水产技术推广站，指导全县开创水产养殖业。1953年2月，公安县人民政府在东港的田家祠和玉湖区的双庙台兴建鱼种养殖试验场，共开辟鱼种池40余口，面积50多亩，制作缯网120部，当年在松东河、松西河、虎渡河共捕捞外江鱼苗（俗称江花）近900万尾，投入鱼池养成"寸片"鱼种420万尾，成为全县水产人工养殖的开篇。

1953年11月，王家大湖的13户渔民组建全县第一个渔业生产合作社。其他的12个万亩以上的湖区分别成立了渔民协会。1954年秋，全县的渔业生产合作社发展到了16个。1955年3月，公安在渔民（主要从事捕捞）集中的崇湖、牛浪湖和王家大湖建立了三个渔业乡。第二年，全县其他12个主要湖泊（万亩以上）地区都成立了渔业生产（以捕捞为主）合作社。入社渔民1098户，占总渔户的95%，全县基本实现了渔业生产合作化。其基本生产方式都是常年作业在江河、湖泊、沟港中捕鱼捞虾，生产量在1000吨左右。

1956年3月27日，公安县人民委员会作出规定："本县渔业从本年起由天然捕捞转为固定水面的养殖生产。对全县的湖泊、江河等水域的各类水生动、植物实行定期蓄禁、定期捕捞……"在此后的20多年里，全县各大、中型湖泊（近百个）相继办起了专业渔场。原先在江河湖区从事捕捞的专业渔民大都上岸定居，成了渔场的职工。全县的养殖水面，主要是湖泊，维持在20万亩左右，并为之开辟专用鱼种池8200多亩。在此期间，在县水产部门的组织指导下，全县各专业渔场捕捞外江鱼苗实现"埠头化"（即定点）和"鱼苗自动除野分类箱（渔具）作业"，每年捕获外江鱼苗1.5亿尾左右，同时，鲢、鳙、鲤等鱼的人工孵化鱼苗也获得成功，并在全县推广，年产量突破500万尾。每年捕捞和生产的鱼苗放入专用鱼种池养殖成6厘米左右的鱼种达350多万尾，再投入湖中养殖，俗称"人放天养"的初级阶段。全县的养殖鱼产量稳定在2000吨左右。从此，在公安这个水乡泽国里，结束了千百年来吃鱼不养鱼的历史。

20世纪60年代，由于受"以粮为纲"方针的束缚，全县无止境地"围湖造田"一个劲地"见水插秧"，湖泊由217个，面积约30万亩，减少到102个，面积不到13万亩，水产养殖业受到严重挫折。全县的养殖水面不足15万亩，养殖总产量降到1000吨以下，"鱼米之乡"出现了吃鱼难的局面。

党的十一届三中全会后，公安县委、县县政府"一班人"认识到"公安没有矿产资源，最大的资源是水"。因此，把重视水、利用水、发展水产养殖业当成了一项基本"县策"，全县各级党委和政府，认真贯彻1985年9月2日，中共公安县委《关于进一步调整农村产业结构的意见》和 1988 年 2 月 10 日，中共公安县委、公安县人民政府《关于加速发展水产业的决定》，其间，全县退耕还渔面积 7 万余亩，国家投资、引进外资和群众集资共计 4000 多万元，用以开挖精养鱼池 63000 多亩，从此，公安跨入了全国重点商品鱼基地县（市）行列。与此同时，还全面推广投施商品饵、肥料养鱼，结束以往多年来"人放天养，白水求财"的传统养殖模式，使水产品产量成倍增长。1983 年，全县养殖鱼产量达到 5110 吨，成为湖北全省首批突破 5000 吨大关的 12 个县（市）之一。1993 年，全县水产品总量再上新台阶，达到 30160 吨，居全省第 5 位，公安被湖北省人民政府授予"全省渔业十强先进县"。

进入 21 世纪后，公安县委、县政府在"挖掘资源优势、增强发展实力；优化养殖品种、打造板块基地；实施科技兴渔、提升经济效益；强化依法治渔、构建平安湖区；发展专业合作、促进共同富裕"等五个方面大做"文章"，狠下功夫，使全县的水产业更进一步科学有序、健康高效发展，实现了由水域资源大县向水产产业大县的历史性跨越。公安县被湖北省人民政府授予"全省水产大县"，被农业部、国家安全监管总局授予"全国渔业健康养殖示范县"和"全国平安渔业示范县"等称号。

在这十多年里全县利用国家项目资金 1500 万元，专项贷款 1.08 亿元，新开挖高标准的精养鱼池 86400 亩，比以往二十多年开挖的总和还要多。同时，全县还利用国家扶持资金 5150 万元，生产场家自筹资金 5500 万元，对老化的鱼池（近 5 万亩）进行升级改造，全部建成"三机"（增氧、投饵、排灌）配套的现代化精养高产基地，年年亩产 1000 千克以上。2009 年 7 月，本县出席全国鱼池标准化建设现场会，并作为全国唯一的一个县（市）参会，还在会上做典型发言。同年，湖北省人民政府授予公安县"全省水产大县"称号。2010 年，湖北省人民政府在本县召开全省精养鱼池标准化建设现场会，《新华社》《人民日报》《湖北日报》和湖北卫视等全国 9 家新闻媒体对本县"挖潜力、调结构、壮实力、促发展"的成功经验做了详细报道。

"优化养殖品种，打造板块基地"。为适应市场经济的发展需要，进入新世纪之后，全县各级组织"瞄准市场办渔场"，生产场家"盯住菜篮子，安排鱼池子"打破了以往三十多年花、白鲢当家，一统百湖的养殖格局。在将"草、鲤、鲫、鳊"等优质鱼的养殖比重从 10% 提高到 40% 的同时，大力发展特色水产品的养殖，规模打造特种水产品的养殖板块，全面提升渔业经济效益，并取得了丰硕成果。至 2019 年底，全县建设以崇湖渔场为核心的"18221"板块基地（即 1 亩水面，生产 400 千克黄颡鱼，100 千克甲鱼，创产值 2 万元，利润 1 万元）15000 亩，每亩水面比养殖四大家鱼增收 5000 元。2009 年 7 月 28 日，中国中央电视台《致富经》栏目在一则长达 16 分钟的报道结束时，主持人说："从公安县'18221'养殖模式生产的 1 亩水面收入达到 2 万元在全国不是秘密了"。2014 年 4 月 24 日，世界自然基金会（WWF）官员、负责渔业合作项目组成员以及澳大利亚水产养殖专家考察团到公安崇湖考察后，将"18221"池塘生态高效养殖模式确定为世界自然基金会推广模式之一，并开展"挂牌"合作运行。建设以淤泥湖为核心的团头鲂养殖板块基地 20000 亩。该基地每年生产优质健康团头鲂亲本 2 万余组，团头鲂鱼苗 4 亿尾，团头鲂鱼种 150 吨，为向全省乃至全国提供优质团头苗种，促进该品种的健康、生态、高效养殖发挥了重要作用。2016 年"公安县淤泥湖团头鲂"获得国家地理保护标志。建设以狮子口侯家湖、毛家港玉湖等为核心"二年段"网箱养鳝板块基地达 40 万口。年产商品鳝 6500 吨，产值 4 亿元。2008 年，全县"二年段"网箱养鳝模式被湖北省列为"全省渔业十大支柱技术项目"，湖北省农业厅在狮子口镇的侯家湖"二年段"网箱养鳝基地挂上了"中国农村推广示范县、中国农业科技示范基地"的牌子。建设以闸口、麻豪口两镇为核心的小龙虾养殖板块基地，公安县委、县政府将此模式作为水产特定产业和农民增收的亮点工程，出台了《全县发展稻田综合种养模式考核奖励办法》。每年由县财政列支 60 万元对养殖农户给予补贴和奖励，并制定全县《小龙虾技术操作规程》，以此促进该模式科学有序、健康高效发展。至 2019 年底，在全县适合种养结合的近 50 万亩水稻田中，已有 23 万亩实行了稻、虾综合种养，小龙虾的产量达到了 1.8 万吨，创产值 4.3 亿元，为全县农民每人年均增收 500 元以上，公安县被评为全国小龙虾养殖十强县。2017 年，"公安县闸口小龙虾"获得国家地理标志。建设以夹竹园镇北湖渔场为核心的鱼鳖混养基地 6 万亩，年产优质甲鱼近 500 万公斤，产值达 3.2 亿元。每年有 2/3 的标货销往外地，成为本县名特水产品中一大拳头产品。本县生产的"斯汉湖""澋陵"牌原生态甲鱼均在北京注册成功，并推向全国市场销售。麻豪口生产的"陆逊湖"牌甲鱼在山东青岛举办的第十一届中国国际农产品交易会荣获金牌奖，并抢得上亿元的购货订单。2010 年 5 月 22 日，时任国家政策研究室成员、中国农业银行副行长朱洪波和湖北省农业银行行长姜瑞斌等一行，视察我县之后，对我县如此高标准、大规模、好效益的鱼鳖混养基地赞叹不已，一致表示要把全县的名特水产品养殖模式列入中央和湖北两级农业银行的重点扶持对象。

"实施科技兴渔,提升养殖效益"。全县坚持以科学发展观为宗旨,紧紧围绕"生态、健康、安全、高效"的理念,认真实施科技兴渔,努力提升养殖效益,从五大方面动真格、使大劲,取得了显著成效。一是坚持"以水养鱼、以鱼养水、生态第一"的基本理念,重点把好水源关。全县累计投入信贷资金3亿多元对老化的4万多亩精养鱼池进行"浅改深,小改大"的改造,由原来水深不至2米提高到3米以上,并全部建成水泥护坡。水利部门为全县渔区新开挖生产沟渠100多千米,疏洗排灌旧沟渠71千米,新建和改造涵闸19处。将原来不与江河相通的养殖基地,全部开挖了沟渠与之相连,充分利用公安江河众多的优势,直接引进天然优质水源,确保了养殖水源的生态健康。二是成立了以水产局领导、科技专家组成的"全县水产科技入户示范工程领导小组",实施"公安水产科技入户试行方案"。在全县各乡镇场遴选了160户达标渔民作为部级水产科技示范户,统一制作标牌,编印、发放科技示范手册,实行规范管理、跟踪服务,为确保全县水产养殖科学、健康、高效发展,提供了坚强保障,发挥了重要作用。2013年本县夹竹园镇水产服务中心主任魏斌荣获"荆州市首届十大金牌农技员"称号。三是全县的所有大型养殖基地、重点生产场家和大、中型湖泊都与中国水科院、华中农业大学、长江大学等全国科技院校联合建立了"科学、生态、健康、高效"水产养殖基地,养殖水面基本覆盖了全县。2013年9月,华中农业大学还在夹竹园镇的湖北五源农业水产发展有限公司挂起了"院士工作站",成为湖北全省首家在乡镇设立"院士工作站"的水产企业。2014年7月28日,中国科学院水生研究所的桂建芳院士率团进驻该公司,为全县的特种水产品泥鳅的苗种繁育提供科技支撑。四是自2010年开始,与中国电信合作,开发渔业通信平台,及时发布渔业养殖技术、鱼病防治和市场行情等信息,助推全县渔民发展生产、减少损失、增加收入。该平台不收取渔民的任何费用,全部由县水产局"买单",深受渔民的喜欢。同时还设立了专家服务热线电话,构建了从县水产局到各乡镇水产服务中心、专业合作社、生产场家、养殖专业户的通信网络,热线24小时开通,水产科技服务不留死角。五是按照《湖北省水产苗种管理办法》,全县对17个鱼苗生产场家进行了逐一登记,对其技术档案资料、亲本登记记录进行全面检查,实行了苗种生产"登记注册、规范管理"的制度,为全县水产养殖供给健康、优质达标的苗种提供了坚实保障。"十二五"期间,全县接受农业部水产品质量抽检5次,每次的合格率都是100%。至2019年底,全县建成国家级水产健康养殖示范场 15 家，无公害水产品生产单位 22 家，无公害水产品 12 种，基本覆盖了公安全县，皆居全省前列。公安县被列入为湖北省水产品产地准出制度 5 个试点县（市）之一。

"强化依法治渔，构建平安湖区"。2003 年 11 月 28 日，公安县被国家渔业局指定为全国淡水水域滩涂养殖证核发试点县。2013 年，公安县全面推进渔业船舶检验和参保工作，检验率和参保率均达 100%，公安县成功创建为"湖北省平安渔业示范县"。2015 年，农业部、国家安全监管总局授予公安县"全国平安渔业示范县"称号。

"发展专业合作，促进共同富裕"。水产专业合作社（协会）是进入改革开放新时期，特别是党的十八大以来，为适应水产生产发展和市场经济需要，发生在百湖水乡里的一大新生事物。2009 年，中共公安县委、公安县人民政府作出了《关于加快发展农（渔）业生产合作社》的意见之后，全县各级组织和生产场家抓住机遇，在创新渔业生产经营体制、大力发展水产专业合作社，促进水乡农民共同致富等方面取得了显著成效。大多数乡镇、村、场基本上实现了"龙头企业（公司）＋合作社（协会）＋养殖基地（渔场＋生产场家＋养殖户）的集体生产经营体制"，走"基地规模化、生产标准化、产品品牌化和销售集约化"的特色发展道路，收到了"渔民获利，社会受益"的良好效果。至 2019 年底，全县已成立（经县相关部门登记注册）的水产专业合作社（协会）89 家，入社渔民5000 余户，养殖水面 18 万亩，分别占全县总渔户和总水面的 70% 和 60%，社员人均年增收 1 万元左右。

2019 年，已有水产养殖村、场、合作社 323 个，养殖专业户 10011 个、34832 名。养殖水面达到 30 万亩，年产水产品 16 万吨，渔业产值达 29 亿元，占全县农业总产值的 1/4 以上。建成国家级水产健康养殖示范场 15 个、无公害水产品认定单位 22 个，养殖水面覆盖了全县各乡镇。认证无公害水产品有黄颡鱼、团头鲂、甲鱼等 11 个，占全县水产品总量的 90% 以上，被列入湖北省水产品产地准出制度 5 个试点县（市）之一。如牛浪湖、卷桥、杨麻水库的花、白鲢历来就是东北三省和云、贵、川等地的"抢手货"。崇湖、陆逊湖的"大河蟹"多年出口港澳和日本。侯家湖的"二年段"黄鳝在上海、南京、杭州享有盛名。北湖的甲鱼畅销广州和港澳。崇湖、玉湖的黄颡鱼以高于国内市场价出口日本、韩国等地，还有湖北双港、荆州五星两个大型水产品加工企业生产的香妃鱼糕，远销港澳、新加坡、加拿大等 10 多个国家和地区。总之，素以"江河走廊""百湖之县"著称的公安，建成了享誉全国乃至海外、名副其实的"鱼米之乡"，谱写了"百湖鱼蟹、万里飘香"的绚丽篇章。

● 第六节　石首市 ●

一、概况

石首地处鄂南边陲，坐落在江汉平原与洞庭湖平原结合部，长江从西至东贯穿全市。湖泊、长江故道、鱼池分布大江南北，沟渠纵横交错。气候适宜，水质优良，鱼类品种多，水生动植物丰富，是荆楚大地著名的"鱼米之乡"。

长江石首段是荆江"九曲回肠"的主体，国家珍稀鱼类白鳍豚、中华鲟、江豚、长吻鮠等集产于此，在石首水域内共有 4 个水产种质资源保护区，即天鹅洲白鳍豚国家级自然保护区、上津湖国家级水产种质资源保护区、胭脂湖黄颡鱼国家级水产种质资源保护区、石首中湖翘嘴鲌省级水产种质资源保护区。2 个国家级原良种场，老河长江四大家鱼原种场和中湖长吻鮠良种场。

1986 年以来，全市组织劳力大规模开挖精养鱼池，改造塘堰、开发洼地和湖泊浅滩发展水产养殖（种植）业，养殖面积由 1985 年的 10.87 万亩增至 2019 年 24.38 万亩（其中精养鱼池面积 10.78 万亩，湖泊增殖渔业面积 13.6 万亩），精养鱼池面积由 4200 亩增至 10.78 万亩，增长 24.67 倍。在这一期间推广了先进养殖模式和实用水产生产技术，不断提高养殖水平，全市水产进入快速发展阶段。2019 年，全市水产品产量（不包括水生经济作物产量）113924 吨，比 1985 年 5056 增长 21.53 倍，其中养殖产量 110874 吨比 1985 年 4305 吨增长 20.92 倍。

从 1986 年以来，水产部门与国内、省内水产科研院所联合，水产科技员先后与中国水科院长江水产研究所、上海海洋大学、中科院水生生物研究所、中国水科院淡水渔业研究中心、湖北省水产科学研究所专家一起开展水产科研活动并取得一定成果。

二、主要水产资源

1. 水域

石首市内湖泊星罗棋布，现有大小湖泊44个，总面积9074公顷，约136110亩，容积15390万立方米。按地理分布可分为四大湖群，桃花山湖群、腹地湖群、西南片湖群和江北湖群。市内塘堰水面1410亩。

石首市池塘养殖面积10.68万亩，其中精养鱼池面积9.82万亩，普通池塘面积0.86万亩。

2. 水产经济动物

鱼类资源有68种，除人工放养的青、草、鲢、鳙、鲤、鲫等常见鱼种外，还有国家级保护动物中华鲟、江豚、胭脂鱼，省重点保护野生动物长吻鮠、银鱼等，还有斑鳜、鲴、黄颡鱼、黄鳝、翘嘴红鲌、大鳍鳠等长江流域典型的野生鱼类。

长吻鮠：作为"中国长吻鮠之乡"，石首江滩大、饵料丰富，是长吻鮠繁育、育肥集中场所。20世纪90年代末期捕捞量不足1000千克。如今，石首长吻鮠已经完成从池塘养殖到网箱养殖，再到湖泊生态放养的三级蜕变，产品质量得到大幅提升，成为长江禁捕后长江野生鱼类的补充，市场反响良好。全市发展长吻鮠湖泊生态放养10000余亩（另有小规格鱼苗湖泊放流养殖试验面积40000余亩），年产量逾500吨，生态长吻鮠在全国市场占有重要比重。

江豚：国家20世纪80年代将其列为二类保护动物，天鹅洲保护区已从长江捕捞过江豚十余头，繁育十多头江豚，成为江豚人工养护基地。

中华鳖：1990年，全市个人家庭养鳖2311户，规模养殖点68处。产蛋母鳖每千克价860元，重5～8克仔鳖每只13～15元，受精蛋每个8元。1994年后，因建池养鳖产量高、成本低以致鳖价大跌，从每千克160元跌至35元。现有两处典型的养殖示范基地，高基庙镇汪家垱鱼鳖混养基地与胭脂湖工厂化养鳖基地。

虾类：一是重点推广"虾稻连（共）作"稻渔综合种养生态养殖模式，充分发挥水稻种植资源优势，真正实现"一水两用、一田双收、渔粮共赢"。2019年，全市发展虾稻连作面积33.4万亩，小龙虾产量4.1万吨，产值超12亿元，全市共注册小龙虾养殖专业合作社84个，其中千亩以上规模的达18个。全市实施了

"双水双绿"稻渔综合种养示范创建项目，创建"双水双绿"示范基地 4 处，总投资 1000 万元，使稻虾共作朝规模化、产业化、标准化发展方向加速迈进。二是培育南美白对虾养殖基地。依托现代绿色农业（水产）项目，加强胭脂湖现代渔业设施建设，培育胭脂湖南美白对虾工厂化养殖基地，为同源水产科技有限公司做好服务。现有工厂化南美白对虾养殖基地面积 35 亩，2019 年产量为 20 吨，销售均价 15 元 / 千克，销售额超 100 万元。

三、养殖

1. 鱼苗生产

全市有两个国家级原良种场，老河长江四大家鱼原种场和中湖长吻鮠良种场，年生产能力 17 亿尾。鱼苗繁殖品种由原来 7 个发展到近 20 个，新增品种有长吻鮠、高背银鲫、彭泽鲫、鳜鱼、泥鳅、黄颡鱼、长江大口鲇、大白刁、中科 5 号等。主要繁殖场有老河原种场和中湖渔场 2 处。

2. 成鱼养殖

湖泊增殖：2017 年，全市湖泊经营权回收后，全部整合到农业投资发展有限公司实行集团化发展。现有湖泊生态养殖面积近 10 万亩，2019 年，湖泊增殖渔业产量 3050 吨。全面打造湖泊人放天养、清水养殖的绿色、可持续发展体系，按照"发展中保护、保护中发展"的原则，以湖泊"保水域、保生态、保品质"为基础，转变农业生产方式，提高产品供给质量，加快全市地域特色品牌的建设、打造和推广。

根据《湖北省第一批湖泊保护名录》和《湖北省第二批湖泊保护名录》，石首市共有 44 个湖泊进入名录。除天鹅湖、上津湖、胭脂湖、中湖、陈家湖、廖家渊外，仍有 38 个湖泊属于生态养殖区域。

精养鱼池养鱼：1986 年以来，全市乡、镇（区）、村组织劳力大规模开挖精养鱼池，改造塘堰、开发洼地和湖泊浅滩发展水产养殖（种植）业，其中精养鱼池面积由 4200 亩增至 10.78 万亩，增长 24.67 倍。

3. 稻虾共作

2019 年，全市稻虾共作养殖面积 33.4 万亩，小龙虾年产量突破 4.15 万吨，全国县市排名第 9 名，虾稻综合种养产业已成为农业发展、农民增收的支柱产业。全市常年拥有稳定水源的稻田面积达到 61 万亩，深入推进虾稻综合种养发展的潜力较大，发展虾稻综合种养的自然条件得天独厚。目前，全市已经形成以东片、西南片、江北片虾稻综合种养产业带，形成调关镇、东升镇、小河口镇等 8 个小龙虾发展重点乡镇，新型经营主体也发展迅猛，注册成立小龙虾养殖专业合作社 84 个，其中面积 1000 亩以上的合作社有 18 个，拥有湖北坝源五林生态农业发展有限公司、省级农业产业化重点龙头企业湖北好味源食品有限责任公司等大型种养主体和加工企业，打造了仁人虾、好味源等多个小龙虾品牌。

四、水产品加工

全市水产品加工始于 20 世纪 90 年代初，主要由水产供销公司组织货源，利用自有冷库、市商业冷库和畜牧冷库加工冻鱼，最高年加工量 280 吨，零星加工银鱼、龙虾、鳝鱼片，天然捕捞渔民加工淡水鱼干，以粗加工为主，精细加工数量很少。从 2000 年开始笔架鱼肚精细加工才形成批量，进入超市，成为国内省内名牌产品，形成具有石首市特色的水产品加工。2001 年，中湖长吻鮠良种场与市水产科技开发公司联合开展笔架鱼肚的精细加工，在市区的水产大楼一楼设笔架鱼肚专卖店，创立了绣林笔架牌鱼肚品牌，属绿色食品。以笔架鱼肚精细加工为龙头，城区出现多种鱼肚加工品牌（绣林笔架、鄂南明珠、天鹅洲、天河、慧姑、长江明珠、三义、鱼祥、寒江雪等），年销售量 15000 余份（每份重 125 克），销售收入约 300 万元。其中品牌名气最大，占市场份额多的有五湖集团绣林笔架牌和鄂南明珠两个品牌的笔架鱼肚。本地所产的长江银鱼加工（小袋鲜冷冻、干品）也有一定规模数量，特别是天鹅洲长江故道年产长吻鮠 50～80 吨，全市年产长吻鮠达 120 吨。2019 年，全市水产业规模化加工企业 6 家，其中省级重点产业化龙头企业 1 家，年加工能力超 5 万吨，好味源的调味小龙虾在 2018 年俄罗斯世界杯期间远销俄罗斯。

五、渔业经济体制

1. 国营渔场

1986 年，全市国营直属企业有上津湖、五股岔、中湖、山底湖、东双湖五个国营渔场，因石首市城区拟建公园，1987 年山底湖渔场成建制划归市建委管理。同年，市政府将原东升区所辖的黄家拐渔场划归水产局，成为国营黄家拐渔场（1997年更名为胭脂湖渔场）。1992年大垸乡所辖老河渔场成建制划归水产局，更名为老河长江四大家鱼原种场。1992年6月成立天鹅洲白鳍豚自然保护区管理处（1995年划出，归口市农委）。1995年1月，水产局与市农业银行达成有偿转让协议，将国营五股岔渔场黄田湖生产片转让给市农行，在五股岔渔场的原白莲湖生产片新建国营白莲湖渔场。

2005年，水产局直属企业有上津湖、中湖、老河、白莲湖、胭脂湖、东双湖6个国营渔场（养殖公司）。经营水面48000亩，比1986年41000亩增加7000亩；水产品产量6500吨，比1986年的500吨增加6000吨，占全市总产量的12.1%。固定资产1000万元（不包括国有湖泊水面、土地），职工488人。此外，白鳍豚保护管理处、市建委建设站（原山底湖渔场）、市农行黄田湖及水利、芦苇局等单位经营水面，养殖面积36000亩，水产品产量2837吨，占全市总产量5.3%。

2019年11月，成立石首农业投资发展有限公司，国营渔场的管理权移交给农投公司，属事业性质的2家国营渔场由市城投公司委托农投公司进行经营管理，属企业性质的5家国营渔场成建制整体划入农投公司。

2.集体渔业

1986年，区镇、乡办集体渔场26个，经营水面2.64万亩，村办渔场117个，经营水面3.44万亩。二十年来，经营负责人由任命、委派制改为个人或家庭承包经营。2005年，乡镇渔场发展到42个（承包单位），村级渔场发展到125个，集体经营水面85216亩，水产品产量41806吨，占全市水产品产量的78.1%。

3.个体渔业

1986年，全市有家庭养鱼18205户，养殖面积6847亩，总产920吨，产量占全市23.7%。1990年开始，这类水面逐渐减少。2005年，全市减少面积2951亩，下降52.9%，总产为2361吨，占全市水产品产量的4.4%。

第七节　监利县

据清同治《监利县志》载，区域内有内荆河、太马河、林长河、朱家河等人中型 27 条河流，全长 825.49 千米。区域内有大小湖泊 56 处，水域面积 4478 公顷。区域内洪湖水草茂盛，天然饵料资源丰富，是鱼类、水禽栖息繁衍的良好场所。

鱼类由江河洄游性、半洄游性鱼类和内湖定居繁殖鱼类组成。清同治《监利县志》载，"监利列鱼之属：龟、鳖、鲂、鳅、鲉、鲐、鳗、鲢、鲫、江豚、鲵、虾等品种"，至 1949 年底，仅洪湖鱼类就有 90 多种。

据 1937 年《湖北农村调查报告》记载："监利县总农户 88918 户，有 10524 户兼营捕鱼，居全省首位"。县内渔民多聚居湖滨，以捕鱼采莲兼作农田为生，至 1949 年，全市仅剩纯渔民 8000 余名，半渔民 9000 余名，捕捞产量历史无记录。

1926 年，共产党员李恭熙和李铁青创立"沔南渔民同乡会"，组织渔民反湖霸、抗租税。1927 年，"洪湖西北渔民协会"成立；5 月，洪湖赤卫队成立。民国时期，全市渔民不屈不挠地进行反抗压迫剥削的抗争。

一、水产资源

江河：长江自西向东贯穿全县，县内江段长 157.44 千米。东荆河全长 173 千米，县内河道长 37.4 千米。四湖总干渠总长 184.5 千米，县内长 55.12 千米。螺山干渠北至宦子口，南至螺山泵站，全长 33.25 千米。沙螺干渠自新桥闸破沙湖，尾接螺山干渠，全长 32 千米。

湖泊：1980 年，全县有大小湖泊 86 处，面积 35.75 万亩。到 2019 年仅存湖泊 56 个，其中千亩以上湖泊仅存 10 个。

稻田综合养殖：2019 年，全县养殖面积 88 万亩，其中精养鱼池面积 8 万亩，塘堰面积 7.05 万亩，虾稻共作面积 72.95 万亩。

湿地滩涂：县内湿地、滩涂有沙滩子、杨坡坦、何王庙、老江河、东荆河等滩涂坡地。

鱼类：长江水产研究所对长江监利段的鱼类资源调查，全县鱼类 109 种，分属 9 目 21 科 77 属。

20 世纪以来，监利县引进鱼类新品种进行养殖，包括：兴国红鲤、散鳞镜鲤、白鲫、异育银鲫、颖鲤、罗非鱼、彭泽鲫、斑点叉尾鲖等。

水生珍稀动物：

白鳍豚。淡水哺乳动物，属鲸目，国家一级保护动物。1980 年 1 月 11 日，监利渔民在柘木乡观音洲江段捕获一头，交中国科学院水生生物研究所饲养，取名"淇淇"。

中华鲟。俗名鳇、大腊子，是一种大型溯河洄游性鱼类。

白鲟。俗称象鱼，白鲟仅见于长江干流，常在监利江段出没。

江豚。别名江猪子、河猪，属鼠海豚科，列为国家二级保护动物。2013 年建设何王庙故道长江江豚自然保护区。

水獭。别名獭，水獭是半水栖兽类。

饵料生物资源：1995 年，武汉大学生命科学院对老江河故道进行了测定：浮游植物测定量为 210 万～439 万个 / 升；浮游动物测定量为 692 ～ 5780 个 / 升；水生维管束植物测定量为 416 ～ 2981 克 / 米^2；底栖动物生物量测定为 26.3 ～ 353 克 / 米^2。

其他水生经济动物：

虾。主要是米虾、沼虾、鳌虾三个属的种类。2019 年，全县小龙虾养殖产量 16 万吨。

河蟹。河蟹是中华绒螯蟹的俗称，2019 年，全县河蟹养殖面积 30.55 万亩，产量 5 万吨。

乌龟。属爬行类，2019 年，全县乌龟产量 1320 吨。

中华鳖。水栖爬行动物，2019 年，全县中华鳖产量为 3018 吨。

贝类田螺。2019 年，全县贝类捕捞产量为 75 吨。田螺年产量为 2600 吨。

水生经济植物及其群落：

莲藕。分为自然增植和人工种植。2019 年，全县莲子产量 5642 吨，藕 19150 吨。

菱。一年生浮叶植物。2019 年，全县菱角产量 1350 吨。

芡实。多年生浮叶植物，2019 年，全县芡实产量 30 吨。

水禽：县内二十多种水禽分布在洪湖、马嘶湖、沙湖、荒湖、王大垸、老江河、东港湖、西湖，以及长江的外洲沙滩。

水体生态环境：2019 年，市环保局定期对老江河、东港湖、四湖总干渠滩河口、沙湖渔场精养池测定各类水体 pH 值在 7.7 ～ 9.1 之间，溶氧量在 5 毫克 / 升以上，氮、磷等符合国家标准。

二、渔业体制

1987 年，全县全面推行联产承包责任制，确立以家庭联产承包责任制为主体。渔业企业全面推行经济承包责任制，实行厂长（场长、经理）负责制。1990 年，水产品流通领域形成多种经济成分的水产流通新体制。2005 年，全县完成国有水产企业改革，国家职工身份退出为自然人、社会人。

集体渔场：从事水产养殖的集体企业和合作组织，2019 年底，集体渔场 174 个。

水产养殖专业合作社：2019 年，全县水产养殖专业合作社 1356 个，其中水产特色专业合作社 255 个。

个体渔业：个体渔业主要指专业户、重点户的家庭养鱼和个体运销户。2019 年，全县农村家庭养鱼 10.8 万户，放养面积 22.5 万亩，稻田养殖面积 79 万亩，产量 14.6 万吨。全县纯收入 10 万元以上的养殖大户达到 5300 户。

三、渔业生产

2001 年，县委、县政府印发《关于加快实施以水兴县战略的意见》，以水产开发和水产板块建设为重点，将水产业发展推向高潮。

2019 年，全县水产总面积稳定在 88 万亩（含虾蟹混养 40 万亩），此外稻田综合种养面积 80 万亩；水产品总产量 28 万吨，对比上年总量增长 6.9%。其中小龙虾产量 16 万吨，黄鳝产量 3 万吨，河蟹产量 5 万吨；渔业产值 95.26 亿元，增长 9.5%；水产品加工、渔需物资等二三产业产值达到 150 亿元，水产流通服务业产值突破 80 亿元；渔民人均纯收入 22000 元，增长 10%。水产品质量安全抽检综合合格率达到 99.5%。

1. 鱼苗生产

全县鱼苗生产主要为人工繁殖和天然捕捞两种。1979 年，全县鱼苗总产量 2.884 亿尾，其中人工繁殖 2.36 亿尾，天然捕捞 0.524 亿尾。2006 年，鱼苗总产量 19.01 亿尾，除长江捕苗 5000 万尾外，主要为人工繁殖鱼苗。

人工繁殖鱼苗品种主要为四大家鱼（青、草、鲢、鳙），约占总产量的 70%，鲤、鲫、鳊、黄颡鱼、南方大口鲇等约占 30%。

全县原有鱼苗繁殖场 31 家，《鱼苗鱼种管理办法》实施后，通过专项整治，2006 年，全县有鱼苗繁殖场 18 家；2019 年，15 个苗种生产场取得苗种生产许可证。年鱼苗生产量约 30 亿尾。

2. 鱼种生产

1979 年，全县鱼种产量 3550 万尾。2006 年，鱼种产量 2.1 万吨。2019 年，鱼种产量 2.9 万吨。

3. 特色优质品种开发、引进与养殖

2019 年，除甲壳类（小龙虾、河蟹）20 万吨、龟鳖类 5764 吨外，全市狠抓特色鱼类新品种开发、引进与养殖生产。

黄鳝：面积 45000 亩，网箱 65 万口，年产量 2.5 万吨。

泥鳅：泥鳅良种工厂化育苗车间 1600 平方米，年育苗 15 亿尾，商品鱼养殖基地 1200 亩。全县年总产量 1780 吨。

鳜鱼：全县养殖面积约 28 万亩，其中湖泊放流约 8 万亩，池塘套（混）养约 18 万亩，池塘专（主）养约 2 万亩。

黄颡鱼：黄颡鱼养殖面积 2.68 万亩，产量约 4000 吨。

鲈鱼：振华渔业加州鲈（俗称普鲈）、天瑞渔业大口黑鲈优鲈 1 号（俗称优鲈），面积约 4755 亩，产量 10500 吨。

翘嘴红鲌：振华渔业建立有该品种的省级原种场。老江河天然捕捞年产量 20 吨。

4. 水产优化养殖模式

全县重点推广水产养殖优化模式有回形池（池塘）河蟹生态标准化养殖技术模式、小龙虾野生寄养标准化养殖技术模式、网箱养鳝技术、标准化 80∶20 养鱼高产技术、草基鱼塘四大家鱼高产技术等 5 种。

5. 植莲、植藕、植菱

植莲：1985 年，植莲面积保持在 4 万～8 万亩，年产量 320 吨，主要种植品种为湘莲。2019 年，全县植莲面积 9500 亩，产量 4642 吨。

植藕：1987 年前，监利县藕产量基本为天然藕，1987—1990 年，引进"武植 2 号"等藕种，亩产量达到 5000 千克。2019 年，全县植藕面积 6290 亩，产量 12150 吨。

植菱：菱角主要有洪湖野菱和从江苏引进品种，2019 年，全县植菱面积约

3000 亩，产量 1250 吨。

6. 捕捞

苗种捕捞：1952 年，全县下绠网 38 部，捕苗总量 240 万尾。1959—1961 年，年平均捕苗 16 亿尾。1970 年，捕苗总量为 2.98 亿尾。至 1975 年天然捕捞鱼苗仍占绝对优势，当年捕苗 20 亿尾，占鱼苗总产量的 67.80%。20 世纪 80 年代，人工繁殖技术成熟，天然鱼苗捕捞退出。1987 年捕天然鱼苗 1.63 亿尾。1991 年，仅老江河原种场因为保种需要才进行捕捞鱼苗。

成鱼捕捞：1949 年，全县有纯渔民 0.8 万名，半渔民 0.9 万名，捕捞场所为县内江河湖泊，当年捕鱼 3500 吨。1979 年，天然捕捞成鱼为 2005 吨，1991 年为 4810 吨。之后天然捕捞过渡到以养殖为主，2019 年无捕捞产量。

渔具渔法：渔具俗称"业司"。渔技有五类，即陷阱法、诱捕法、追集法、拦阻法、围捕法。池塘养殖鱼类一般采用大拉网、刺缠网、撒网等进行捕捞。湖泊养殖鱼的捕捞，1991 年东港湖渔场定置张网捕鱼。洪湖围栏圈养采用定置张网、舌网、地曳网捕捞。

四、水产养殖基地建设

1981—1991 年，国家投资建设 17750 亩精养鱼池，国家每亩调配"北京鱼"40 千克，运往京津地区。

1987—1989 年，国家批准投资 1000 万元开发洪湖自然资源，延缓洪湖沼泽化趋势，提高洪湖渔业经济和生态效益。

1977—1994 年，全县开展商品鱼基地建设，开挖精养鱼池 9.61 万亩。

2000—2003 年，县委县政府实施"水产富民"战略，新挖精养池 4.1 万亩，改造升级鱼池 5 万余亩，退田还湖开发回形池 18.5 万亩。

五、水产品加工与流通

1983 年，建成全县第一家水产品冷冻厂——水产冷冻厂。库容 100 吨，冷藏加工能力 1 万吨，产品主要为冻鲜鱼。1981—1983 年，先后建成监利县水产供销公司和监利县水产冷冻厂。1997 年，县水产冷冻厂率先进行小龙虾加工，年加工小龙虾虾仁 100 吨。2000 年，全县第一家具有自营出口权的小龙虾加工出口企业——荆州天和水产食品有限公司。2019 年，全县小龙虾加工企业 18 家，年加工能力 5 万吨。

1987 年，全县建成朱河水产品批发市场，年水产品吞吐量约 1 万吨。1990 年，容城镇建天府庙水产品批发市场，年成交量达 2 万余吨。2005 年，朱河镇建成的监利天宏水产有限责任公司，年批发交易量 4 万余吨。2019 年，全县有水产个体运销户 780 个，水产品流通中介组织 145 个。有渔需物资经销商 200 多户，主要经营网片、渔业机械、渔药和鱼饲料。监利县华强水产品有限公司年运销黄鳝约 1 万吨。

六、渔政管理

1978 年，成立监利县水产局，内设办公室、人事股、计划财务股、产业发展股、政策法规股、企业股。1984 年，成立县水产技术推广站。1987 年，每个乡镇配 1 名水产专干。

1984 年，成立县渔政管理站，负责全县渔政管理工作。2019 年合并到县农业执法大队。

2017 年，举办监利县第一届小龙虾节，监利县获得全国小龙虾第一县美誉。"监利黄鳝"获中国农产品百强标志性品牌。

2019 年，举办第三届湖北·监利小龙虾节暨监利大米展销会。

● 第八节　洪湖市 ●

洪湖以市内最大的湖泊——洪湖而命名，1951 年 6 月建立洪湖县，1987 年 7 月撤县建市。全市面积 25190 公顷。洪湖素有"百湖之县"的美誉，辖区内的大洪湖现有面积 53 万亩，是中国第七大淡水湖，湖北第一大湖，被世界环境基金会世界生命湖泊大会授予"生命湖泊最佳保护实践奖"，其水质达到Ⅱ类标准，市内各种水生动植物 472 种。据中科院东海水产研究所 2010 年 9 月遥感监测：洪湖市现有水产养殖面积 116.6 万亩，全市水产专业养殖乡镇 2 个，10 万亩以上乡镇 3 个，过千亩村 239 个。

1957 年以前，洪湖县渔业发展以天然捕捞为主，人工养殖处于实验阶段。这一时期，江湖相通，天然渔资源丰富，捕捞产量高。1957 年本县成鱼产量

63400 吨，其中捕捞产量 62670 吨，占 98.8%，而养殖产量只有 730 吨，仅占 1.2%。1958—1977 年，养殖生产与捕捞成鱼并举。1958 年，湖区人民冲破历年来只靠天然捕鱼的旧传统，大搞养殖生产，建立起集体渔场 31 个，养鱼水面由 1957 年 2.5 万亩（含国营 2.32 万亩）发展到 8.61 万亩。1959 年，全县水产养殖产量达 860 吨，比 1958 年养殖产量增加 3 倍，使全县渔业生产由捕捞向养殖大大跨进了一步。

1976 年，养殖渔场蓬勃发展，全县达 141 个（国营 4 个），养殖水面（含国营）11.3 万亩。1977 年，养殖产量上到 2020 吨，占当年成鱼总产的 43.7%，与捕捞产量基本持平。

1978—1985 年，人工养殖迅速发展。全县建立商品鱼基地渔场 76 个，建成面积 39036.8 亩（投产成鱼面积 20589 亩），其中 1000 亩以上基地渔场 14 个。由于基地渔场的发展，加速了全县渔业由粗放低产向精养高产转化的进程。精养基地成鱼平均单产由 1978 年 70 千克上升到 1985 年 363 千克，比 1977 年粗养时的平均单产增长 17.2 倍。1985 年，全县成为国家重要的商品鱼基地县，水产品总产量 22000 吨，其中养殖产量占总产的 86.3%。渔业总产值达 2531 万元，占全县农业总产值 79%，比 1978 年增加 4.76 倍。

1986 年，全市形成"四沿一带一园"的水产板块大格局，"四沿"即沿江 20 万亩四大家鱼轮捕轮放板块，沿湖 20 万亩虾蟹套养大板块，沿河（内荆河）20 万亩名特水产养殖大板块，沿堤（洪排河堤）20 万亩网箱养鳝大板块；"一带"即湖滨百里水生植物经济带；"一园"即全省唯一的洪湖省级水产品加工示范园区。洪湖市被湖北省人民政府授予"水产大县"称号，同时被湖北技术监督局授予"湖北省淡水水产品标准化示范市（县）"，被农业部授予"全国河蟹养殖标准化示范县和全国平安渔业示范市"，被中国水产流通与加工协会授予"中国淡水水产第一市（县）"称号，洪湖市长河水产开发有限公司、洪湖市桃园水产品开发有限公司被农业部授予健康养殖示范场。推广水产标准化生产，制定了洪湖螃蟹、洪湖鳜鱼等地方标准。参加第十届中国北京国际农产品展示交易会，"洪湖渔家"生态鱼、"洪湖清水"大闸蟹和"洪湖农家"泡藕带均荣获金奖，成功举办首届中国洪湖清水螃蟹节。

2013 年，全市水产养殖面积 85.34 万亩，水产品产量 42.77 万吨，渔业产值 54.77 亿元。洪湖市水产技术推广站被国家大宗淡水技术体系武汉综合试验站授予先进单位。全市共组织各种水产养殖技术培训班 120 场次，培训渔民 2.3 万人次，发放技术资料 5.6 万册。9 月中旬成功举办淘宝网 / 聚划算"万人聚蟹"暨"洪湖清水"大闸蟹网购节，11 月 28 日在武汉隆重举办了第二届中国洪湖清水螃蟹节。参加 2013 年第十一届中国武汉国际农产品展示交易会，"洪湖渔家"生态鱼、"洪湖清水"大闸蟹等水产品荣获金奖。2013 年 5 月，全市成立荆州首家水产专业合作联社——洪湖市洪帆水产专业合作社联合社。建立了里湖国家级黄鳝种质资源保护区和螺山杨柴湖国家级沙塘鳢、刺鳅种质资源保护区。

2014 年，洪湖市积极申报省级水产原良种场 4 家（湖北洪湖万和名优鱼类良种场、洪湖六合水产公司河蟹原种场、湖北长河河蟹原种场、洪湖市长江水产公司"黄金鲫"良种场）。"洪湖清水"大闸蟹、"洪湖渔家"生态鱼和"洪湖浪"被认定为中国驰名商标，洪湖水产品打入沃尔玛、中百超市、家乐福等大型超市，"洪湖清水"水产品占台湾市场份额达 60% 以上，创汇 3000 万美元。洪湖水产品被认证有机食品 4 个、绿色食品 3 个、无公害食品 67 个，洪湖河蟹、洪湖莲子成为国家地理标志产品。

2015 年，洪湖市与国家淡水渔业工程技术研究中心（武汉）有限公司签订了编制《洪湖市现代水产业发展规划》科技合作协议，制定了《关于全面推进洪湖现代水产产业发展的意见》，与中科院武汉水生所签订了科技战略合作协议。洪湖市成功创建全国首家农业部渔业健康养殖示范市、全国平安渔业示范市、全省水产品质量安全示范市和全省稻田综合种养十强市。同时推进"百名渔技进百村联千户创万元"活动，启动洪湖水产第四次革命——水产物联网建设，河蟹苗种本地化培育走上"公司 + 农户"发展之路，开展招商引资，引进福建安井集团落户洪湖，大湖拆围和渔民易地搬迁工作名列全市第一名。

2018 年，全市水产养殖面积 86 万亩，水产品产量 39 万吨，渔业产值 85 亿元。洪湖市被中国水产流通与加工协会授予"中国小龙虾第一名城"称号；洪湖市水产技术推广站被农业部评为"十佳全国水产技术推广示范站"；洪湖市水产局被湖北省农业厅评为先进单位；"洪湖清水"小龙虾被中国水产流通与加工协会授予"中国名虾"称号；洪湖市种青养鱼基地创建为全国十佳国家大宗淡水体系试验基地。编制了《洪湖市养殖水域滩涂规划》，制定了《洪湖市水产业第二次创业和突破性发展意见》《洪湖市"双水双绿"产业发展实施方案》《洪湖市养殖水域面源污染防治方案》。开展了长江全面禁捕工作，印发并张贴禁捕通告 300 余份。支持共潮生联合社与中科院水生所、华中农大、长江所等省级科研院所合作，引进曹文宣、桂建芳院士等高端专家人才建设院士专业工作站。参加第十六届中国国际农产品交易会，"洪湖清水"大闸蟹、"洪湖农家"泡藕带获得金奖，成功举办了首届洪湖清水小龙虾和第五届洪湖清水螃蟹节。

2019 年，洪湖被确定为湖北省特色农产品优势区和中国特色农产品优势区，获得国家级农产品质量安全县称号。洪湖市新宏业食品有限公司、洪湖市万农水产食品有限公司等企业生产加工的小龙虾、鮰鱼等产品通过美国 FDA 和欧盟出口卫生许可销往美国、欧盟等国家和地区，出口创汇达 1500 万美元，同比增长 100%。

"洪湖莲藕"入选《中国农业品牌目录》，2019 年农产品区域公用品牌"洪湖莲藕"登陆央视唱响全国。洪湖市成功举办了第六届洪湖清水螃蟹节。引进新品种，组建"一蟹五虾"产业联盟，500 亩大长腿河蟹苗种本地化培育取得圆满成功。建立了洪湖清水博士工作站，洪湖德炎水产食品有限公司入选 2019 年农业产业化龙头企业 500 强，"洪湖藕带"获湖北地理标志。

第十章

渔业文化

第一节　渔文化拾遗

荆州是宜于耕种渔猎的鱼米之乡。《史记·货殖列传》记载，这里"饭稻羹鱼""不待贾而足""无饥馑之患"。江汉平原河网密布，鱼类及其他水产是人们喜爱的食物。《吕氏春秋·本味篇》记有"鱼之美者：洞庭之鳟，东海之鲕，醴水之鱼，名曰朱鳖，六足，有珠百碧"。《战国策·宋卫策》也说江汉地区所产的"鱼、鳖、鼋、鼍"是天下最多的。根据文献记载，楚地常见的水产有鳖、龟、鼋、鲮（鲤鱼）、文鱼、鲭（鲫鱼）、鲂（鳊鱼）等，其中最具地方特色且为楚人喜食的鱼是鳖、龟、鲭、鲂。

《汉书·地理志》述荆沙一带"民食鱼稻，以渔猎山伐为业"。《明一统志》曾载"傍江居者，多为网户"。《江陵乡土志·出产、物产篇》有："鲥、鲫、银鱼、白蝉、鲭鱼皆特产也"。鲥即孩儿鱼，本草。荆州临沮、清溪、江陵地产此，有四足，声如儿，其骨燃之不消。鲫，此虽普遍，然江陵天井渊，巢婆渊产者肥而且嫩，他处不及也。银鱼，即白小鱼沙市旧有。杜甫诗曰"白小群分命，天然二寸鱼"，即指此也。白蝉，即鳗鲡，江陵志南门外大石桥名蝉桥，以其中多白蝉故名。鲭鱼，即青鱼，胆可治目疾，本草，"鲭鱼头中枕骨，蒸令气通，曝干，状如琥珀，荆楚人煮拍作酒器甚佳。"

杜甫《峡隘》："闻说江陵府，云沙静眇然，白鱼如切玉，朱橘不论钱。"白鱼，即翘嘴鲌、白沙鱼、大白刁，尖嘴、遍体细鳞，大者有三四尺，产于江汉平原淡水湖泊中。"白鱼如切玉"这一句说：江陵产的白鱼大而肥美，鱼好像经过雕琢的白玉。又曰："春日繁鱼鸟，江天足芰荷"，春光明媚，鱼鸟繁生，水天一色，菱荷遍生沼泽、池塘。

2014 年 12 月 24 ～ 27 日，荆州博物馆在荆州市荆州区郢城镇郢南村组夏家台墓地发掘了一座战国时期的楚墓，编号 M258，这座墓出土了 49 件（套）保存完好、造型精美的珍贵文物。按质地可分为漆器、木器、竹器、陶器、铜器、皮具、丝织品、动物标本等几大类，按用途可分为食物、容器、生活用具、兵器和丧葬用器等。

其中出土鱼标本 15 尾，经鉴定皆为鲤鱼，大小不一，长 18 ～ 26 厘米，重79 ～ 140 克。这些鱼标本外形相貌完整，骨骼脉络清晰，鱼鳃鱼鳍清晰可辨，鱼尾栩栩如生，鱼肉表面仍有弹性。

运用各种仪器分析技术手段，对荆州夏家台 M258 鱼标本从微观到宏观做了综合分析，获得了样品微观外形相貌、元素成分信息。扫描电子显微镜结合 X 射线能谱仪显示鱼表面附着有碳颗粒，疑似烟尘，可能经过熏制。鱼肉断口处肌肉组织纤维脉络分明，分布紧凑均匀，鱼鳞和鱼肉红外光谱图结果中均有酰胺带峰，表明鱼样品中仍保存有蛋白质，蛋白质未被完全分解，宏观表现为鱼肉仍有弹性。

荆州地区盛产两栖类水产，除了常见的龟、鳖之外，还有一些珍贵的两栖类水生动物为楚人所食。苏轼《渚宫》称："楚王猎罢击灵鼓，猛士操舟张水嬉。钓鱼不复数鱼鳖，大鼎干石烹蛟螭。"这里不仅鱼鳖"不复数"，还有"蛟螭"可烹煮享用。

宋代文豪苏东坡品尝长江鮰鱼后，曾作诗《戏作鮰鱼一绝》："粉红石首仍无骨，雪白河豚不药人，寄语天公与河伯，何妨乞与水精鳞。"

第二节　休闲渔业

满足人民群众日益增长的美好生活需求，大力发展以休闲垂钓、餐饮和体验为一体的休闲渔业，是荆州渔业转型升级的一大机遇。全市着眼拓展渔业功能，通过政策扶持、项目支持、节会带动来推动荆州休闲渔业的健康快速发展。

2011 年，荆州水产借助第二届中国（荆州）淡水渔业博览会，充分展示了50 多年荆州渔业文化成果，选辑了一本《荆楚千湖鱼水情》古今诗词集，邀请全市知名书法家、摄影家、美术家现场献艺，开展荆楚十大水产名菜烹饪比赛，同时还举办"大明杯"休闲垂钓大赛，全市市民和广大垂钓爱好者 200 多人参加比赛。

2015 年 6 月 28 日，首届荆州市"鱼禾园杯"休闲垂钓节在湖北鱼禾园生态农业开发有限公司成功举办。此次活动由荆州市水产局和荆州市体育总会主办，湖北鱼禾园生态农业开发有限公司和荆州市钓鱼协会承办，共有 100 多名垂钓爱好者参加。国家认监委科技与标准管理部主任刘先德、市政府副市长雷奋强、市人大常委会副主任任万伦、市政协副主席窦华富和市政府副秘书长吴必武等领导到场观摩并指导。

2016年5月8日，全市第二届"鱼禾园休闲垂钓节"在湖北鱼禾园生态农业开发有限公司举行。

2017年，全市休闲渔业基地达到850个，接纳232万人次，实现产值75亿元。浩水生态农业等5家企业获得"全国休闲渔业示范基地"称号。

2019年，全市休闲渔业场所达1518个，年接待游客120万人次，产值达666878万元。

第三节 品牌渔业

全市注册水产商标1124个，无公害水产品认证和产地认定266个，获得绿色食品证书9个、有机食品证书15个、中国驰名商标4个、中国名牌1个、湖北著名商标16个、荆州知名商标15个、国家地理标志产品13个。2010年和2011年，荆州市政府举办了两届中国荆州淡水渔业展示交易会，并荣获"中国淡水渔业第一市"的金字招牌。十多年来，全市始终坚持依托骨干企业和主导产品，打造公用品牌，实现公用品牌与产品品牌、企业品牌有机结合的品牌发展战略，坚持"一会+N节"的品牌实现路径，即全市举办中国荆州淡水渔业博览会，县市区举办各种鱼类节会，坚持"做实品质、提高品位、唱响品牌"的发展要求，以品牌引领产业发展。2013年，市政府下发《关于加快推进水产品牌创建工作的通知》，建立了渔业品牌建设考核体系、扶持政策和责任机制，形成了部门联合推动渔业品牌建设的良好局面。2016年，市政府提出了"创建精品名牌，推介精品名牌，维护精品名牌"的品牌建设思路，将水产品牌建设工作纳入全市农业农村工作目标考核，进一步凸显了渔业品牌建设工作的地位。

2012—2019年，荆州水产连续8年代表湖北水产参加中国国际农产品交易会，开展了"荆州好渔"系列品牌评选，荆州味道推介招商大会，组织企业参加了中国食材电商节、亚太水产养殖展、中国国际渔博会等展会，举办了七届荆州小龙虾节、首届湖北·荆州鱼糕节、七届"洪湖清水"螃蟹节、一届监利黄鳝节、二届休闲垂钓节等节会。2008年，洪湖市滨湖办事处荣获"中国螃蟹第一乡"。2012年，洪湖市被正式授予"中国淡水水产第一市（县）"的光荣称号。2016年，洪湖市获得"中国名蟹第一市"称号，"洪湖清水"蟹获得"中国名蟹"称号，"荆州大白刁"和"洪湖渔家"生态鱼被中国水产流通与加工协会授予最具影响力水产品区域公用品牌。2017年，监利县相继获得"中国黄鳝特色县"和"中国黄鳝美食之乡"称号；"监利黄鳝"成功入选中国百强农产品区域公用品牌；洪湖市闽洪水产品批发交易市场服务有限公司、湖北鱼禾园生态农业开发有限公司入选最具影响力水产品企业品牌；洪湖市闽洪水产品批发交易市场入选2017年最具影响力水产品批发市场。

2018年，监利县举办了以"监利龙虾，红遍天下"为主题的第二届小龙虾节，洪湖市举办了第五届"洪湖清水"河蟹节和首届洪湖清水小龙虾节，公安县闸口镇举办了卤虾美食节。监利县被中国水产流通与加工协会授予"中国小龙虾第一县"称号，洪湖市被授予"中国小龙虾第一名城"称号，公安县闸口镇被授予"中国稻渔生态种养示范镇"称号，"洪湖清水"小龙虾被授予"中国名虾"称号。在第二届中国"智慧三农"大会暨乡村振兴带头人峰会上，小龙虾产业扶贫之荆州模式荣获2018"智慧三农"特别大奖，虾稻共作被评为"智慧三农"2018年度创新项目。

2019年1月，市政府成功举办首届湖北·荆州鱼糕节，公安县获得"中国鱼糕之乡"的荣誉称号；开幕仪式后，直径长4米、面积达12.56平方米的巨型荆州鱼糕成功挑战世界纪录，喜获证书。3月12日，由中国水产流通与加工协会和荆州市人民政府共同举办的第三届中国（国际）小龙虾产业大会在国家级淡水产品批发市场隆重开幕，1000多位来自全国各地的代表，美国、俄罗斯的嘉宾以及中国台湾地区的水产专家积极参加，获得强烈反响。9月22日，2019年中国农民丰收节"千企万品助增收"活动在北京举行，"荆州小龙虾"在全国近万个品牌产品中脱颖而出，和其他69个地方特产一道获得"最受市场欢迎名优农产品"称号。11月，荆州鱼糕成功入选《中国农业品牌目录》农产品区域公共品牌，成为全国优质农产品区域公共品牌200强。

第四节　渔业诗词选录

一、综合诗词

行香子·祝贺中国（荆州）淡水渔业博览会成功举行
罗　辉（武汉）

百里湖乡，万口鱼塘。水天清，照眼风光。

商场劲旅，原野衷肠。正走新路，创新业，换新装。

迎来旧友，开启陈缸。故人问：致富良方？

佳肴味美，巧手情长。有鲶鱼烩，鳝鱼煲，甲鱼汤。

风入松·贺中国淡水渔业博览会在荆州开幕
范同颂（荆州）

千湖之省巧文章，渔业富家邦，夺魁连冠标杆竖，

看荆楚、碧水苍茫，地利天时皆备，喜凝四海三江。

河湖港汊溢芬芳，鱼跃鳖盈筐。神龟黄鳝悄相语，

乘专列、享誉西洋，人道贤才惟楚，而今水族风光。

二、律诗

鱼鳖混养模式礼赞
丁永林（松滋）

花湖细浪拥骄阳，鱼鳖相安共一塘。

惬意浮游餐众族，含情绿料奉精粮。

亩增效益三千块，利惠农家五福康。

混养荣膺荆楚地，钻研科技日方长。

泥湖渔唱
王逢穆（公安）

绿水苍茫映碧空，汉湾九九巧天工。

湖光秀丽新荷艳，山色清明古树雄。

昔食武昌鱼味美，今尝油口蟹香浓。

飞舟满载丰收乐，阵阵渔歌阵阵风。

百湖人家
张绍高（公安）

平原百里沐熏风，菱绕荷依西复东。

人在水晶宫殿内，鱼腾潋滟碧波中。

装龟运鳖车无夜，鳝约虾单网易通。

四季时鲜称宝地，欢声笑语动长空。

庙湖飞舟
李一文（荆州）

童心激荡上飞舟，烟水朦胧眼底收。

百鸟和鸣讴盛世，千荷涌翠绘宏猷。

依依绿柳随风动，滚滚银涛拍案头。

和尚桥边看飞网，渔都人竞展歌喉。

小龙虾
徐新洲（石首）

海外泊来栖野塘，须长体小借龙光。

终生献爱冯餐桌，半载倾情活水乡。

闹市营销除劣杂，网篱驯化取优良。

科研给力农家乐，创汇增收跃远洋。

庙湖渔场感赋
曾庆荣（荆州）

云涛水阔碧连天，映野烟波日月悬。

犁浪银帆鸥鹭起，披星金网鳜鲈喧。

棹声迎客倾卮盏，花影闻莺掩钓船。

我醉难留归路晚，鱼禾水榭恋漪涟。

三、词曲

天净沙·洪湖鱼水情

马僖杰（武汉）

白云碧水红霞，紫菱曲柳荷花，小路青砖靓瓦，风光如画，贺龙戎马之家。

洪湖盛产鱼虾，鲩鲭鲫鲤人夸，渔妹天生俊雅，驾舟移筏，欢歌响遍天涯。

临江仙·水乡

魏相如（公安）

一望无边湖水，蓝天白鹤家乡。

彩云帆影共时光。清风追晚照，鲩鲤满船舱。

沿岸小楼林立，红墙绿树流芳。

渔村户户换新妆。幺姑传喜讯，湖畔尽鱼商。

〔越调〕小桃红·咏洪湖鱼

杜汉强（武汉）

洪湖碧水野芬芳，岸柳垂波浪。

撒网猗与韵吟漾，玉莲香，斜阳满舱渔歌畅。

远山牛壮，霞光闪亮。何处笛悠扬？

渔家傲·湖上人家

焦艳（荆州）

堤岸巍巍坚可倚，长湖万顷身家系。

一叶扁舟踏浪去。为生计，寒来暑往披风雨。

情系鱼虾别有趣，养殖犹似扶儿女。

美味鱼鲜盈厚利。迎商旅，酒家欢乐渔家喜。

四、绝句

中华鲟

方松（长阳）

击浪拥涛东海巡，鼓琴声里跃夔门。

缘何自古称王鲔，慰藉鱼龙华夏根。

渔歌唱晚

邓传杰（公安）

映日荷花红浮绿，天光云影女摇舟。

风柔水碧渔歌起，唱得阿哥船头碰。

咏龟

王振华（荆州）

官拜龟丞相，位尊长寿王。

为帮民致富，解甲煲珍汤。

水产名都

王代清（荆州）

万顷良田万顷湖，种田种水好功夫。

鱼虾养殖遍荆楚，誉满全球信不虚。

鲤鱼

刘克成（石首）

悠游逆水溯泉源，历尽名川族类喧。

蛰伏深宫参道性，春雷一动跃龙门。

五、古风、新诗、楹联

观庙湖渔场盛景

胡忠汉（荆州）

荆木水乡，四处芦菱莲藕，玉成香境；

庙湖渔场，一湾鱼鳖鱼虾，萃聚丰筵。

燕剪蓝天，湖中撒网抒豪情，高歌《鱼家傲》；

凫浮碧水，柳下系船憩古渡，乐举《荷叶杯》。

楹联

雷书容（监利）

千湖荡漾三江水，渔歌唱改，水变银川民变富；

百县耕耘一域田，科技兴农，田成米廪厦成街。

楹联

雷启姣（监利）

用地讲科学，稻养鱼虾鱼养稻；

富民靠上策，民歌党政党歌民。

第五节　水产品佳肴

1. 荆州鱼糕

荆州鱼糕（图 10-1）又叫湘妃糕、百合糕，俗称荆州花糕，是荆州地区的传统佳肴，也是当地宴席的头道菜肴，所以又叫头菜、三鲜头菜、合家欢，俗称"杂烩头子"。1994 年前，荆州地区行政公署在江陵县的首府，原叫江陵鱼糕丸子。荆州与沙市合并后，曾叫荆沙鱼糕。1996 年，荆沙市改名荆州市，江陵鱼糕、荆沙鱼糕、湘妃糕、松滋鱼糕等都统一为荆州鱼糕，鱼丸为荆州鱼丸。荆州鱼糕以荆州市品质独特的湖泊或生态健康养殖草鱼或青鱼为主要原料，以本地土猪肥膘为主要辅料制作

图10-1　荆州鱼糕

而成，糕体晶莹洁白，上表呈蛋黄色，有光泽。口感清香润滑，回味持久，有鱼肉混合香气，味道鲜美。糕体呈块状或片状，质地细腻，有韧性，对折不断，久煮不散，越煮越嫩，汤汁微奶白，鲜香可口。南宋末年，鱼糕在荆州各地广为流传，权贵宴请宾客，都把鱼糕作为宴席主菜；清朝时，凡达官贵人和有钱人家婚丧嫁娶、喜庆宴会，都必须烹制鱼糕，以宴宾客。荆州鱼糕有"无糕不成席"之说，寓意"年年有余，步步高升"，于 2009 年入选《湖北省省级非物质文化遗产保护名录》，2013 年，荆州鱼糕成为国家地理标志保护产品。2019 年，荆州鱼糕成功入选《中国农业品牌目录》农产品区域公共品牌。

【掌故】

相传荆州鱼糕为舜帝妃子女英所创。上古时期，舜帝携娥皇（湘妃）、女英二妃南巡，到了公安柳浪湖一带时，娥皇困顿成疾，喉咙肿痛，唯欲吃鱼而厌其刺，于是女英在当地一渔民的指导下，融入自己的厨艺，为娥皇制成鱼糕。娥皇食后身体逐渐康复，从此鱼糕广为流传。传说春秋战国时期，楚都郢城南郊有一鱼庄名曰"百合鱼庄"，其鱼糕远近闻名。一日，楚庄王郊游路过，偶食之而倍加推崇，遂引入楚宫为宫廷菜。北宋年间鱼糕为当时的"头鱼宴"名菜之一。清朝乾隆皇帝尝过糕后脱口而咏："食鱼不见鱼，可人百合糕。"从此，鱼糕又叫百合糕。2011 年其被评为"荆州十大水产名菜"之一。

【原材料】

青（草）鱼一尾（3500 克），猪肉膘肉 500 克，鸡蛋 10 个，淀粉 300 克，精盐、味精、生姜、白胡椒粉适量。

【做法】

① 将鱼宰杀洗净，从背部剖开，去骨、刺，去鱼皮取鱼肉，用刀剁成茸，将肥膘肉细切如丁。

② 将鱼茸放入盆内，取蛋清用筷子打散加入鱼茸中搅拌呈粥状。再加入生姜汁、淀粉搅拌，后放入精盐、味精、白胡椒粉搅拌至鱼茸黏稠上劲，再放入肥膘肉丁，一起搅拌成鱼糊茸。

③ 将鱼糊茸入蒸笼旺火沸水蒸 30 分钟，再将蛋黄调液抹在鱼糕表面，继续蒸 5 分钟，冷却后切成 6 厘米宽鱼糕坯即成。

2. 冬瓜鳖裙羹

冬瓜鳖裙羹（图 10-2）是用鳖的裙边和嫩冬瓜烹制而成的羹汤，为菜中上品，特点是清新淡雅，汤清质醇，鳖裙软嫩，味道鲜美。其有"补劳伤，壮阳气，大补阴之不足"的功效。2011 年被评为"荆州十大水产名菜"之一。

图10-2 冬瓜鳖裙羹

【掌故】

冬瓜鳖裙羹源于《楚辞·招魂》

记载中的"胹鳖",由清炖甲鱼演变面来。据《江陵县志》记载：北宋时期宋仁宗南巡召见江陵县令张景时问道："卿在江陵有何景？"张景说："两岸绿杨遮虎渡，一湾芳草护龙洲。"仁宗又问："所食何物？"张景说："新粟米炊鱼子饭，嫩冬瓜煮鳖裙羹。"仁宗见张景应答如流，佳句天成，心中十分高兴，食欲大增，当即下令御厨依照江陵本土做法烹制冬瓜鳖裙羹尝鲜。仁宗品尝后连连称赞。

另据清代李渔《闲情偶寄》记载，"新粟米吹鱼子饭，嫩芦笋煮鳖裙羹"。春季以嫩芦笋煮鳖裙羹，味道照样鲜美。

【原材料】

活雄鳖 1000 克、冬瓜 1000 克、猪油 1000 克（耗 75 克），鸡汤 1000 克、香菇 50 克、味精 2 克、料酒 5 克、盐 10 克、白胡椒粉 2 克、葱 5 克、姜 50 克。

【做法】

① 将雄鳖宰杀洗净，并放入开水中烫 2 分钟，去黑皮、去壳、去内脏。卸下甲鱼裙边，将甲鱼剁成 3 厘米方块；在冬瓜肉瓤中挖出荔枝大小的 24 个冬瓜球；香菇切丝。

② 炒锅置旺火上，下入熟猪油烧至八成热时，将甲鱼先下锅滑油后滗去油煸炒，再下冬瓜球合炒，加鸡汤 500 毫升、精盐 5 克，小火 15 分钟后待用。

③ 用甲鱼裙边垫碗底，然后码上炒烂的甲鱼肉、蛋，加入生姜、香葱、精盐、料酒、白醋、鸡汤，上笼蒸至裙边软黏，肉质酥烂出笼；取出整葱、姜，加味精，反扣在汤盆内，摆好冬瓜球即成。

3. 龙凤配

"龙凤配"为荆州传统名菜，源于三国故事刘备招亲，寓意龙凤呈祥，民间婚宴必备此菜，象征吉祥如意。

【掌故】

三国时期，孙刘联盟对抗曹军，东吴孙权为了讨回荆州，依照周瑜计策设下美人计，请刘备过江招亲。当刘备偕新夫人孙尚香平安返回荆州，诸葛亮特安排厨师在接风宴席上摆出第一道菜"龙凤配"，刘备问起菜名，诸葛亮答曰："此菜'龙凤配'，大黄鳝象征龙，凤头鸡象征凤，寓意主公和孙夫人龙凤呈祥，百年好合。"刘备听后大加赞赏。

【原材料】

净鳝鱼肉 300 克、猪肥瘦肉 300 克、凤头鸡一只（约重 600 克）、鸡蛋 1 个、麻油 2 千克（约耗 200 克）、水淀粉 200 克、白糖 100 克、酱油 50 克、醋 40 克、葱段和姜末各 15 克、蒜泥 20 克。

【做法】

① 将鳝鱼平铺在板上，背朝下，用刀在鱼肉上剞人字形刀纹。猪肥瘦肉剁成茸，加精盐 1 克、淀粉 50 克、姜末 10 克、鸡蛋液拌匀成馅。

② 在剞好人字形刀纹的鳝鱼肉上，抹上湿淀粉，酿上肉茸馅，用双刀轻轻地在肉茸上排剁，使鱼与肉茸粘连在一起。

③ 炒锅置旺火上倒麻油烧至六成熟，将酿肉茸的鳝鱼皮朝上，肉朝下，逐条放进油锅内炸 2 分钟捞出，待油温升到七成热时，将鱼条再次下锅氽炸至酥捞出，改刀切段在盘中摆成龙身（龙头、龙尾另做）。

④ 取碗 1 只放入酱油、醋、蒜泥、葱结、白糖、猪肉汤、水淀粉调成卤汁。

⑤ 原炒锅倒尽炸油（留少许油）仍置旺火上倒入卤汁烧沸起锅，淋在龙身上。

⑥ 凤头鸡宰杀去内脏洗净，放入卤水卤透味煮熟，取出沥干，用刀斩成块放在盘内摆成凤形即可上桌，用萝卜刻成龙头凤摆上即成。

4. 排骨藕汤

排骨藕汤是水乡美食文化的代表菜肴，其特点是味道浓郁，莲藕软糯，清淡而不油腻。其具有养身功效，可清热消痰、补肾养血、滋阴润燥、强健胃黏膜、预防贫血、改善肠胃、止血的功效。

【掌故】

荷是荆楚一带一种很常见的水生植物，其莲子可食用或入药，其根为"藕"，质地细嫩，鲜脆甘甜，清脆爽口。传说乾隆皇帝有一次吃藕时当即吟道："一弯西子臂，七窍比干心"，以"一弯西子臂"比喻藕节，以"七窍比干心"象征着智慧与聪明。

江陵西湖藕因产于荆州城内的西湖而得名，最适于煨汤。汤色乳白，味道醇厚，有"南湖萝卜西湖藕"的民谚。唐朝著名诗人杜甫在荆州城内游览时，曾有"水花分堑弱"的诗句。炖汤的莲藕应选择七孔藕，因其生长在泥塘，又称塘藕，也称红花藕，吃起来有沙沙的口感，并有藕断丝连的现象。

【原材料】

主料：猪排骨（大排）500 克，莲藕 750 克。

调料：盐 10 克，胡椒粉 3 克，大葱 10 克，葱 7 克。

【做法】

① 猪排骨洗净，剁成块状。

② 莲藕洗净、去皮、切成块。

③ 砂锅中倒入适量开水，放入猪排骨、莲藕，放入葱段、姜片、精盐、胡椒粉。

④ 放在旺火上烧开后，转用文火炖 20 分钟后即可上桌。

5. 黄焖甲鱼

黄焖甲鱼是荆州传统名菜，有着悠久的历史，传统做法以黄焖为主，也可清炖、凉拌和卤制。

【掌故】

先秦时期，甲鱼是楚人最喜爱的食物之一，并作为上等礼品赠送，曾因《楚人献鼋》而产生了"染指"这一历史典故。据《左传·宣公四年》记载，公子宋和子家去见郑灵公。公子宋忽然停住脚步，右手食指一动一动。公子宋说："以往每当我这食指动起来以后，总能尝到新奇的美味！"子家将信将疑。两人进宫，发现厨子正在煮甲鱼。郑灵公见这只甲鱼很大，决定把它分赐给大夫们尝尝。厨子先给郑灵公，然后再给各位大夫，但没有给公子宋。公子宋便走到大鼎面前，伸出指头往里蘸了一下，尝了尝味道，然后大摇大摆地走了。郑灵公因此大怒，欲杀公子宋，后来酿成一场内乱。

【原材料】

甲鱼 1000 克、淀粉 8 克、盐 5 克、酱油 15 克、小葱 25 克、大蒜 25 克、姜 10 克、味精 2 克、胡椒粉 1 克、猪油 150 克、白砂糖 2 克。

【做法】

① 将甲鱼宰杀干净，砍去头、脚、壳，去内脏，留裙边，剁成 5 厘米见方的块。

② 炒锅置旺火上，倒入熟猪油，烧至六成热，放入甲鱼炸至断生捞出。

③ 将姜片、蒜头入炒锅中稍煸，加排骨汤 1000 毫升、酱油、精盐、味精烧煮。

④ 待烧沸后，下甲鱼，加盖焖烧，待汤汁浓稠，甲鱼酥烂时，放入葱段，用水淀粉勾芡，淋入熟猪油起锅盛盘，撒上胡椒粉即成。

6. 氽汤鱼圆

氽汤鱼圆俗称清汤鱼丸、漂圆，是荆州传统名菜。此菜在汤中呈圆形，夹在筷子上呈椭圆形，放在盘中呈扁形，色白如玉，鲜嫩滑润，营养丰富。

【掌故】

相传鱼圆制作源于楚文王时代。据《荆楚岁时记》载，因楚文王的妃子在一次吃鱼时被鱼刺扎喉，其当即怒责司宴官。从此厨师便在制作鱼菜时必先斩鱼头、去鱼尾、剥鱼皮、剔鱼刺，取鱼肉剁成鱼茸，做成鱼丸，后逐步演变为漂汤圆子，成了荆楚一带习俗，尤其是春节前后，精制的鱼圆成为民间招待客人的酒席必备菜肴。

【原材料】

鲤鱼（或青鱼）1 尾（1000 克以上，以大鱼为佳）、姜汁 1 克、味精 1 克、鸡蛋 4 个、盐 3 克、猪油 55 克、淀粉适量、鸡汤 500 克、香菇 40 克、胡椒粉 0.5 克。

【做法】

① 将鲤鱼或青鱼洗净，刮取净肉，将净肉剁成鱼茸，在鱼茸中加入姜汁、葱汁、味精、蛋清、盐、猪油搅成黏糊状。

② 将炒锅放在小火上，倒入清水，将鱼茸挤成一个个圆形鱼圆放入清水中，做完后，将锅移至旺火上，将鱼圆煮至八成熟起锅待用。

③ 鸡汤、猪油、香菇、味精、精盐放入锅内，煮沸后下入鱼圆，煮一会儿便可出锅，撒上胡椒粉、葱花。

7. 豆瓣鲫鱼

豆瓣鲫鱼是荆州传统名菜，源于楚国时期的油煎鲫鱼。其特点是味道鲜美，食之味浓，深受喜爱。

【掌故】

《楚辞·大招》中有"煎鰿"的记载，即油煎鲫鱼。在楚墓出土的文物中有鲫鱼及铜制煎盘的实物标本。鲫鱼喜群居，外出觅食玩耍，必为两条以上相随而行。《埤雅·释鱼》："鲫鱼旅行，以相即也，故谓之鲫。以相附也，故谓之鲋。"鲫乃相随相靠之意。民间有新婚男女举行完婚礼后要吃鲋鱼（鲫鱼）的习俗，故称鲫鱼为喜头鱼，寓意夫唱妇随、鸾凤和鸣。

【原材料】

鲜活鲫鱼2条（每条350克左右）、麻油750克（耗100克）、猪油50克、香菇25克、冬笋25克、豆瓣酱50克、葱段15克、生姜末10克、酱油50克、醋25克、白糖20克、白胡椒粉1克、盐3.5克、料酒15克、淀粉25克、排骨汤150克。

【做法】

① 将鲫鱼去鳞、内脏后洗净。鱼身两面各划6刀，加料酒和盐腌制。香菇、冬笋切片待用。

② 炒锅置于旺火上，倒进麻油，烧至七成热将鲫鱼放入走油，炸至金黄色起锅，滗去油。

③ 炒锅置于旺火上，留底油，倒进豆瓣酱、酱油、醋、生姜末、白糖、盐、排骨汤烧沸、再放香菇、冬笋、葱段，以淀粉勾芡，淋猪油撒白胡椒粉即成。

④ 装盘时将鱼嘴对嘴，取相濡以沫之意。

8. 皮条鳝鱼

皮条鳝鱼（图10-3）是荆州传统名菜，由清朝沙市厨师曾凡海师傅创制并流传至今。其做法讲究，尤重火功技法，又因形如竹节，也叫竹节鳝鱼。鳝鱼味美，有药用价值。2011年被评为"荆州十大水产名菜"之一。

图10-3 皮条鳝鱼

【掌故】

清道光八年（1828年），监利人朱才哲任台湾宜兰县县令，由于当地人不懂鳝鱼烹饪入菜，因此鳝鱼在田间打洞穿行，使稻田水土流失，以为是人为破坏，纠纷四起。得知情况后，朱才哲特意将鳝鱼捉来，叫厨师制作了皮条鳝鱼，请大家品尝。吃过后，大家啧啧称赞，至此当地人纷纷捕食鳝鱼，效仿制作此菜，从此，皮条鳝鱼也在台湾扎根，一时成为佳话。

【原材料】

鳝鱼 400 克、醋 30 克、白糖 60 克、麻油 150 克（耗约 120 克）、酱油 30 克、料酒 15 克、清汤 100 克、葱段适量、蒜泥适量、姜末适量、精盐适量、胡椒粉适量。

【做法】

① 将鳝鱼宰杀去内脏、去骨洗净，切成 7 厘米长、2 厘米宽的条放在大碗内，加料酒、精盐抓匀后，再加湿淀粉拌匀。

② 将炒锅置旺火上，下入麻油烧至九成热，将挂糊的鱼条逐个下锅，炸 2 分钟捞出；锅中油继续烧到八成热，再将鳝鱼下锅炸 3 分钟至金黄色时捞出。

③ 炒锅烧热留底油，加清汤、酱油、醋、白糖、葱段、姜末，烧沸后湿淀粉勾芡，投入鱼条，再翻几下即可。

9. 鸡茸笔架鱼肚

笔架鱼肚是石首独有的名菜，早在宋代即被列为朝贡极品。经过母鸡汤的醇香点化，鱼肚更加色白如玉、爽滑弹牙。吃起来松软香甜，入口即化，易于吸收。2011 年被评为"荆州十大水产名菜"之一。

【掌故】

笔架是一座山名。石首笔架山临江而立，长江水在此急流回旋，成为长吻鮠鱼洄流捕食的天堂，此鱼又称鮰鱼，以笔架山为中心，上至江陵郝穴，下至洞庭湖口，其间 50 千米江流曲似九回肠。这种鱼有两点奇特之处，一是只生长在这 50 千米多的江水中；二是它的鱼肚大而肥厚，像个桃子形，中间有一条粗筋，看上去像当地的笔架山，"笔架鱼肚"由此得名。笔架鱼肚为笔架山处所独有，可烹制出"鸡茸鱼肚""虾仁鱼肚""海参鱼肚""红烧鱼肚"等多种佳肴。

【原材料】

主料：干鱼肚 125 克。

配料：老母鸡 1200 ～ 1500 克。

调料：精盐、鸡精粉、水淀粉、味精、姜末、白醋、葱花等。

【做法】

① 清炖老母鸡 30 分钟。

② 将鱼肚放入冷水并加一小勺食用碱浸泡 5 分钟后，合并双手反复夹洗鱼肚数十遍，再用清水漂洗后加白醋浸泡 5 分钟，又用清水漂洗数次。装盘待用。

③ 捞出水洗鱼肚，挤干水分切片，装盘待用。

④ 在净锅内放入鸡汤 1200～1500 克，烧开后适量捞出油脂，再投放鱼肚切片、调料即可食用。

10. 龙虎斗

"龙虎斗"源于春秋战国时期，以鳝鱼喻龙、猪肉喻虎烹制而成，其特点是肉香鱼鲜、酥脆可口。

【掌故】

相传楚庄王时期，令尹斗越椒起兵篡位，楚庄王被逼至荆州清河桥一带展开鏖战。斗越椒势大，战况十分危急，忠于庄王的大将养由基赶来助战。养由基善射，有百步穿杨之功，最后双方以箭法决定胜负。于是，一个桥东一个桥西，斗越椒先射三箭，均被养由基躲过。轮到养由基向斗越椒发射时，采用虚实并举方法，第一箭空射，第二箭近射，第三箭实射，直中斗越椒咽喉。斗越椒被射死后，剁为烂泥。在庆功席上有一道鳝鱼和猪肉制成的菜，楚庄王将此菜定名为"龙虎斗"。从此楚国人称养由基为"养一箭"。

【原材料】

鳝鱼 525 克、肥瘦猪肉 250 克、猪肉汤 50 克、植物油 1000 克（耗 150 克）、食醋 50 克、酱油 50 克、葱花 15 克、淀粉 100 克、姜末 15 克、白糖 50 克，蒜泥 15 克、精盐 3 克。

【做法】

① 将鳝鱼宰杀、处理干净，在鱼肉上剖"人"字形刀纹。猪肉剁茸入碗，加入精盐、淀粉、姜末拌匀成馅。

② 取剖好花纹的鳝鱼，抹上淀粉镶上肉茸馅，将每条鱼分切成两段。

③ 猪肉汤内，放酱油、醋、蒜泥、葱花、白糖，调成卤汁。

④ 炒锅置旺火倒入植物油，烧至六成热，将鳝鱼下锅炸 2 分钟，捞出切成 2.5 厘米长的条块。

⑤ 原锅置火上，油温七成热时，将改切好的鳝鱼条块再次下锅炸成金黄色，端锅离火余炸 1 分钟捞出。

⑥ 原锅内留油 50 克烧热，倒入卤汁烧沸，再将鱼块下锅颠翻起锅盛盘即可。

11. 红烧鮰鱼

红烧鮰鱼是荆州传统名菜，选用石首段长江鮰鱼制作，特点是色泽金黄，鱼肉嫩滑、口味鲜香，入口时鱼肉鲜嫩、鱼皮黏糯，有类似胶着"拉黏"的感觉，把鱼的美味表现得淋漓尽致。

【掌故】

据考证，至少汉代以前楚人就食用鮰鱼。鮰鱼一般体重在三四千克以上，该鱼色泽光亮、柔嫩润滑。宋代文豪苏东坡品尝鮰鱼后，曾作诗《戏作鮰鱼一绝》："粉红石首仍无骨，雪白河豚不药人，寄语天公与河伯，何妨乞与水精鳞。"鮰鱼学名"长吻鮠"，俗称"江团""肥头鱼"，与刀鱼、鲥鱼共称"长江三宝"，鮰鱼是淡水鱼中的珍品，肉厚、无刺、味鲜，含有较多蛋白质、维生素、不饱和脂肪酸，易被人体吸收。每年春季上市，秋季最为肥美，堪为水产肴馔中的上品。

【原材料】

长江鮰鱼、姜片、葱段、豆瓣酱、料酒、白糖、胡椒粉、麻油、淀粉、酱油、精制油。

【做法】

① 将鮰鱼收拾干净，剁成方块。加料酒和盐腌制。

② 放入七成热油锅内，炸至金黄色起锅，去油。

③ 加豆瓣酱、白糖、酱油、醋、葱段、姜片煎煸后，加排骨汤烧至九成熟沸，下鱼块红烧。

④ 再用慢火烧至汤汁浓稠焖透。用淀粉勾芡即可。

12. 菊花财鱼

菊花财鱼是荆州传统名菜，相传始于唐代。财鱼即黑鱼，唐朝时沙市商业兴盛，商人忌讳"黑"字，故以"财"字代替"黑"字，取"财余"之谐音，象征财源滚滚、生意兴隆。

【掌故】

东汉时期，荆州有登高赏菊的习俗，并逐渐衍生出了登高"辞青"、出游赏景、赏菊、插茱萸等民俗活动。人们为了给赏菊助兴，在酒席上于财鱼口中插上一枝新鲜菊花，并取名叫"菊花财鱼"。到了明清时期，厨师将此菜的做法加以改进，将财鱼去皮、去骨刺，切成鱼片，做成菊花的模样。"菊花财鱼"不仅鱼形似菊，还在鱼盘鱼头上再插一朵色彩鲜艳的菊花，以菊花喷香、耐寒的形象象征吉祥如意，故流传至今。新中国成立后，沙市特级厨师张定春在传统制作方法上加以创新，即在财鱼片上制成十字花刀，投入热油中汆炸成一朵朵菊花形状，再用青菜配叶使之色泽鲜美，形象更为逼真。

【原材料】

净财鱼肉 600 克、虾仁 50 克、香菜 50 克、熟瘦火腿 10 克、鸡蛋清 1 份、鸡蛋黄 2 份、植物油 1500 克（约耗 150 克）、鸡汤 200 克、番茄酱 100 克、精盐 5 克、白糖 175 克、醋 50 克、料酒 25 克、胡椒粉 1.5 克、味精 1.5 克、淀粉 125 克、葱花及姜末各 10 克。

【做法】

① 将财鱼肉洗净放在砧板上，切成直径为 1.6 厘米的圆形块，共 10 块。每块剖十字花纹放入盘内，加精盐、料酒、胡椒粉腌渍片刻，然后用淀粉拌匀，再用鸡蛋黄抹匀。

② 虾仁洗净沥干，剁成虾茸盛入碗内，加姜末、葱花、精盐、蛋清、淀粉及适量水，搅拌成虾茸，然后挤成如葡萄大的虾球，酿成花芯，火腿切末撒在花芯上。

③ 锅内下入植物油，烧至六成热，把"菊花鱼"放在漏勺里一个个下锅定型，再放入热油中汆炸，炸至色黄时捞出摆在盘中。

④ 热油倒出，留底油 250 克，放入姜、葱、料酒、鸡汤、番茄酱、白糖、味精，烧沸后、用水淀粉勾芡。淋入热油 50 克，起锅浇在盘内的菊花鱼上，两旁摆放香菜。

13. 洪湖清水蟹

荆州食用螃蟹方法多种多样，可以清蒸蘸姜醋食其原味，也可以制成香辣味道，但荆州"秘制卤味螃蟹"独树一帜。又值一年秋风起，正是菊黄蟹肥时。秋末冬初，螃蟹作为一道美食独领风骚三个月。清蒸大闸蟹 2011 年被评为"荆州十大水产名菜"之一。

【掌故】

楚地湖泊密布，利于螃蟹生长。《史记·货殖列传》记有楚越之地食"果隋蠃蛤"。"蠃蛤"就是淡水中蟹、螺、蚌一类的硬壳水生动物。史书《逸周书》载有楚国向周成王献蟹的故事，可见当时螃蟹已是贡品。东晋时期，吃蟹、饮酒、赏菊、赋诗是金秋时节的几大美事之一。古代对螃蟹有很多赞美，因它有坚硬的甲壳和无肠胃的特性，人们给它以"蟹将军""无肠公子"的美称。古人称赞螃蟹，有"不到庐山辜负目，不食螃蟹辜负腹"之说。苏轼诗："半壳含黄宜点酒，两螯斫雪劝加餐。"黄庭坚诗："鼎司费万钱，玉食罗常珍。"陆游云："蟹黄旋擘馋涎堕，酒渌初倾老眼明。"欧阳修云"是时新秋蟹正肥，恨不一醉与君别。"张耒云"早蟹肥堪荐，村醪浊可斟。"曾文清云"从来叹赏内黄侯，风味尊前第一流。"

【做法】

① 选取适量的螃蟹，洗干净。

② 准备好卤料，用砂锅煮开制成卤水。

③ 用油先炸熟定型。

④ 再将炸熟的螃蟹放入卤水中卤煮约 10 分钟。

14. 水煮银鱼

银鱼又名"白小"，俗称"面条鱼"或"面杖鱼"，是席上珍馐，色泽赏心悦目，鲜香诱人，味美可口，有补肺清金、滋阴补虚的功效。

【掌故】

公元 768 年，唐朝诗人杜甫曾在江陵（今沙市杜工巷）居住生活半年，杜甫诗云："白小群分命，天然二寸鱼。细微沾水族，风俗当园蔬。入肆银花乱，倾箱雪片虚。生成犹拾卵，尽取义如何。"据《沙市志略》记载，白小潭在九十埠下街，现胜利街青龙观附近，因盛产银鱼而得名。

在盛产银鱼的荆州长湖一带，银鱼汤是款待嘉宾的压席菜肴。长湖有一处名叫五花浪的湖面水草茂盛，适宜银鱼生长，故有"五花浪银鱼"之名。监利、洪湖、石首皆有银鱼出产，旧时曾被列为贡品，民间传说银鱼是伍子胥的化身。

【原材料】

银鱼 300 克、香菇（鲜）100 克、胡萝卜 50 克、盐 4 克、料酒 15 克、味精 2 克、胡椒粉 5 克、淀粉 10 克、植物油 20 克。

【做法】

① 银鱼洗净放入碗中，加入料酒、盐、味精、胡椒粉拌匀。

② 香菇、胡萝卜分别洗净切成细丝。

③ 炒锅置大火上烧热，倒入适量清水、料酒煮沸后投入银鱼焯熟，捞出备用。

④ 坐锅倒油，烧至五成热，放入胡萝卜丝、香菇丝翻炒 3 分钟，加入适量

清水、盐、料酒、味精炖 5 分钟，将银鱼加入汤中再炖 5 分钟，用淀粉勾芡即可。

15. 马蹄酥鳝

马蹄酥鳝是荆州三国文化传统菜肴，是用黄鳝和猪肉炸制而成，特点是色泽金黄、形似马蹄、味道酥嫩、甜咸可口。

【掌故】

三国前期，刘备、关羽、张飞三人桃园结义，结为生死之交。一次混战中关羽被曹操部下围困。曹操欲留关为己效劳，无奈关羽身在曹营心在汉。后关羽乘曹操所赐之赤兔马离开曹营，奔向刘备。一路上，关羽昼夜兼程，马不停蹄，过五关，斩六将，终于回到刘备身旁。刘备为关羽的归来极为振奋，立即吩咐摆酒设筵为关羽洗尘，并特意叫厨师做了一款色泽金黄形似马蹄的菜肴，关羽不解其意。刘备笑曰："此菜是用黄鳝、猪肉经油炸制成，名曰马蹄酥鳝，寓弟乘龙驹骏马回到我身边之意。"关羽听后连说："好菜、好意。"后关羽驻守荆州时因经常思念当时情景，便叫厨师做此菜食用，并叫士兵好生侍候赤兔马。如今在荆州博物馆内还存有当年喂赤兔马的马槽，马蹄酥鳝一菜也流入民间，成为荆楚之名肴。

【原材料】

黄鳝 500 克、猪肥瘦肉 300 克、麻油 2 千克、水淀粉 150 克、鸡蛋 1 个、醋 30 克、白糖 75 克、酱油 30 克、姜汁 5 克、精盐 2 克、蒜泥 5 克、排骨汤 150 克。

【做法】

① 将鳝鱼宰杀去尾、骨，剖成 5 条鱼肉，皮在下，平铺在砧板上，用刀轻斩成人字形，抹上水淀粉。

② 猪肥瘦肉斩成茸状，加鸡蛋、水淀粉、精盐，一起盛入碗中搅拌成肉茸糊，将肉茸糊抹在鳝鱼肉上，用双刀轻地在肉茸上排剁，使鱼与肉粘连起。

③ 炒锅置旺火上，麻油烧至七层热，将抹有肉茸的鳝鱼皮朝上，肉朝下，逐条放进锅内炸 2 分钟捞出，等油温又升至八成热时，将鱼再次下锅余炸至酥捞出，在盘中码成马蹄形状。

④ 原炒锅倒出余油，仍置旺火上，下姜汁、蒜泥、醋、酱油、汤汁一起煮沸，用水淀粉勾芡，淋麻油 25 克起锅，淋在马蹄酥鳝上即成。

16. 清蒸青鱼

清蒸青鱼是一道荆州传统菜，相传源于三国时代，后广为流传成为传统菜肴。

【掌故】

三国时诸葛亮为匡扶汉室，四方探寻贤能，在荆楚地探得有五柳居士，便私自拜访，促膝交谈，并邀之出山。居士在叙述了天下大事后言道："敝人才疏学浅，有负先生厚望，但汉室如成大业需与东吴联盟，否则两败俱伤。"因英雄所见略同，临别时特送给孔明青鱼一尾，指出要"清清白白做人，谨谨慎慎治事"。并道："同饮一江水，同食一池鱼，鱼干水不干，同心又同力。"孔明回到荆州后，常命庖厨蒸青鱼食之，以示不忘联吴抗曹之意。

【原材料】

青鱼中段 1.5 千克、熟火腿 25 克、水发香菇 50 克、熟猪油 25 克、猪网油 1 张（约重 100 克）、精盐 10 克、味精 1 克、料酒 10 克、姜块 7.5 克、葱结 25 克、葱花 1 克、水淀粉 25 克、胡椒粉 1 克、排骨汤 100 克。

【做法】

① 将洗净的青鱼中段在其鱼身上剞牡丹花刀盛入盘中，撒上精盐、料酒腌渍。

② 香菇去蒂洗净和熟火腿分别切成薄片，互相间隔着镶在鱼身的刀口中间，加葱结、姜块，盖上猪网油，入笼用旺火沸水蒸 15 分钟出笼，拣去姜块、葱结和猪网油。

③ 炒锅置旺火上，下猪油烧热。下排骨汤，滗出蒸鱼汤，放精盐、味精烧沸，用水淀粉勾芡浇在鱼上面，撒上葱花、胡椒粉即成。

17. 涮鱼片

涮鱼片是传统菜肴。此菜特点是汤色乳白、鱼肉鲜嫩、滋味醇厚，有补虚养身之功效。制作涮鱼片的传统食材除鲤鱼外还可以用大鲫鱼、青鱼、财鱼等。

【掌故】

据古籍记载，春秋时期鲤鱼即为贵重礼品。《楚辞·七发》中有"鲜鲤之鱠"的记载。唐朝以前素以鲤鱼做脍。唐朝时鲤鱼视为"圣子"，有"鲤鱼跳龙门"一说，因"圣子之讳，相戒勿食"，乃改食鲫鱼，民间有"鲤吃一尺，鲫吃八寸"之说。唐、宋时期特重切脍，史载唐玄宗"酷嗜鲫鱼脍""以鲫为脍，日以游宴"。明代以后，涮鱼片逐渐取代了生吃鱼片的吃法。

【原材料】

主料：鲤鱼 2000 克。

辅料：鸡骨架 300 克、猪排骨（大排）500 克、白菜 500 克、粉丝 400 克、香菇（鲜）200 克，豆腐 200 克、鸡蛋 100 克。

调料：姜 60 克、大葱 70 克、猪油 100 克、胡椒粉 2 克、黄酒 17 克、盐 5 克、味精 2 克。

【做法】

① 将鲤鱼去鳞、内脏、头尾、鱼鳍，洗净，顺大骨片开，去骨，片成长 5～6 厘米、宽 3 厘米、厚 0.5 厘米的薄片，放在两个盘中，鱼片摆成花形。

② 取姜捣成泥与黄酒混合搅成汁。而后过滤即为姜汁待用；葱切段、姜切片备用。

③ 在鱼片上撒精盐、姜汁、淀粉，加入蛋清，腌制入味。

④ 将辅料蔬菜垫底摆盘，上面以鱼片摆成花型。

⑤ 炒锅置旺火上，放入猪油烧至 6 成热，放鱼骨、头尾、鸡骨架、猪排骨、姜片（20 克）、葱段，并加水 2 千克煨成白汁，沉淀过滤并调味。

⑥ 将汤汁倒入火锅内煮沸，将鱼片及辅料一同上桌，边涮边吃。

18. 香煎大白刁

"荆州大白刁"学名翘嘴鲌，俗称刁子鱼，也叫刀子鱼、白刁鱼，其肉质细嫩，味道鲜美而不腥，身形如同柳叶。2011 年被评为"荆州十大水产名菜"之一，2013 年获得国家地理标志产品，有"市筵刁子鱼，无刁不成席"的说法。

【原材料】

主料：大白刁一尾（750 克左右）。

调料：姜片 10 克、花椒 3 克、干尖椒 5 克、料酒 10 克、香醋 5 克、小葱 5 克、盐 6 克、色拉油 50 克、葱花和红椒粒各 2 克。

【做法】

① 大白刁去鳞去鳃，从背部入刀取出内脏，洗净后加姜片、花椒、盐、葱、料酒、干尖椒腌渍 6 小时，取出用清水洗净表面液，放在室外晾干水分。

② 锅入色拉油，烧至五成热时放入大白刁小火煎 2 分钟，将大白刁翻过来，烹香醋，再用小火煎 2 分钟至表皮金黄，取出放入盘中，撒葱花、红椒粒即可。

19. 水煮财鱼

水煮财鱼以沙市观音垱水煮财鱼最为著名，其特点是鲜香微辣、味道浓郁、肉质嫩爽、后味绵长，因其制作秘诀是使用荆沙传统豆瓣酱，配以豆腐、青椒，又称荆沙财鱼。2011 年被评为"荆州十大水产名菜"之一。

【原材料】

主料：黑鱼（乌鳢）1500 克。

辅料：豆腐 200 克、青椒 100 克、鸡蛋清 30 克。

调料：辣椒（红、尖、干）50 克、姜 50 克、豆瓣酱 100 克、花椒 5 克、大蒜（白皮）50 克、胡椒粉 2 克、料酒 25 克、味精 5 克、胡椒 2 克、白糖 5 克、盐 10 克、小葱 20 克、醋 25 克、酱油 15 克、芡粉 10 克、植物油 100 克。

【做法】

① 将鱼杀好洗净剁块，腌制 15 分钟。

② 炒锅中加油烧热，放入豆瓣酱炒香，加姜、蒜、葱、花椒粒、辣椒粉及干红辣椒中小火煸炒。

③ 加入鱼块转大火翻炒，加料酒和酱油、胡椒粉、白糖适量，继续翻炒片刻后加热水，下豆腐、青椒块焖煮，调味。

20. 南风佛鳝

南风佛鳝是松滋传统名菜，特点是配以松滋特有的南风腌菜同煮，肉质鲜嫩，味道醇厚，麻辣有余。

【原材料】

主、辅料：鳝鱼 500 克、南风腌菜 100 克、腊肉 100 克、洋葱 60 克、猪油 50 克、菜油 50 克。

调料：料酒、酱油、生姜、大蒜、花椒、桂皮、八角、尖椒、豆瓣酱。

【做法】

① 先将鳝鱼宰杀洗净，剁成 2.5 厘米长的鳝筒。腌菜、腊肉、洋葱洗净切成小块，腊肉焯水切片。

② 锅烧热，放入猪油、菜油，将腊肉煸炒，放入鳝筒、花椒、桂皮、八角，再煸炒。

③ 加入料酒、酱油、生姜、大蒜、豆瓣酱，炒出香味。

④ 加水煮开，放入腌菜煮熟，加味精、胡椒粉、葱段调味起锅。

21. 砂锅鱼头

砂锅鱼头是荆州传统菜肴，鱼肉滑润鲜嫩，汤纯味厚，鱼汤奶白，色泽美观。鱼头富含胶质、卵磷脂和不饱和脂肪酸，有降血脂、健脑力等功效。

【原材料】

主料：鳙鱼一尾，约重 2 千克。

辅料：豆腐 500 克、萝卜 500 克、水发香菇 30 克。

调料：大蒜 250 克、姜末 20 克、葱结 15 克、豆瓣酱 35 克、料酒 5 克、酱油 50 克、醋 5 克、精盐 15 克、排骨汤 750 克、植物油 100 克、猪油 50 克、白糖 1 克、味精和胡椒粉各 1 克。

【做法】

① 鱼去鳞，剖腹去内脏，洗净，置砧板上从尾部下刀一剖两半，再从鱼中部下刀切成四段。豆腐切成 4 厘米长、3 厘米宽、0.5 厘米厚的块，在沸水锅中焯水去掉豆腥味。萝卜切成丝。

② 炒锅置旺火上，烧至七成热，下植物油，将鱼下锅煎至两边金黄色盛出。

③ 炒锅仍置旺火上，下姜末、葱段、豆瓣酱、精盐、醋、料酒、排骨汤、白糖等烧沸，用漏勺捞出酱渣、葱结，投放鱼头，加盖煮约 5 分钟。

④ 盛入砂锅，下豆腐、萝卜丝、香菇、将砂锅移至中火上，约烧 5 分钟，撇去浮油，加入大蒜段、味精、胡椒粉，淋猪油上桌即可。

22. 篙菜煮黄颡

篙菜煮黄颡是洪湖一带特有的水乡菜肴，特点是汤色乳白、清香扑鼻、篙菜脆嫩、鱼肉爽滑、汤味甜润、回味无穷。传说北宋开国皇帝赵匡胤吃过后念念不忘，从此有了"洪湖第一味"之说。篙菜是从洪湖篙草中剥出来的嫩芯，一般长 15 厘米左右，粗细如筷子，嫩黄香甜，每年农历三四月间新篙草长出来时可食用。

【原材料】

野生黄姑鱼（黄颡鱼、黄辣丁）500 克，洪湖篙菜 200 克，鲫鱼汤 300 克食盐、食用油、生姜、大蒜、味精、白醋、料酒适量。

【做法】

① 将新鲜篙菜清洗干净，黄颡鱼制净，辅材生姜、大蒜切片备用。

② 将锅烧烫，倒入少量食用油烧热，生姜、大蒜爆香，加入鲫鱼汤加重煮沸。

③ 放入黄颡鱼煮至 8 成熟，加入适量食盐、料酒、白醋，再加入篙菜继续

煮至鱼汤乳白色，加少许味精调味起锅。

23. 御膳藕圆

御膳藕圆俗称"炸藕圆""藕丸子""藕圆子"，寓意着红红火火、团团圆圆。传说当年乾隆皇帝下江南吃了藕丸后，龙颜大开，回京后把藕丸定为御膳。从此，藕圆子又称"御膳藕圆"。

【原材料】

主料：莲藕 250 克。

辅料：猪肉末 150 克。

调料：姜末 3 克、葱白末 3 克、盐 10 克、味精 5 克、胡椒粉 3 克、酱油 10 克、鸡蛋 1 个。

【做法】

① 将莲藕去皮洗净，用料理机粉碎，并用纱布挤出多余水分。

② 猪肉末加入姜末、葱白末、盐、味精、胡椒粉、酱油、鸡蛋搅打上劲，再将莲藕碎加入搅拌均匀成馅。

③ 另起锅入油，烧制五成热，将馅料挤成圆子一个个入锅炸制，待表面金黄色即可捞出。

24. 荷塘三宝

荷塘三宝是一道时令菜肴，以莲藕、莲子、菱角三种原料组合而成，之所以有荷塘三宝之称是因为莲子含高蛋白、菱角富含淀粉、新藕含糖高，且三者均有清凉解暑功效。将这个时节最嫩生的莲藕、菱角、莲子一同烹调只需简单调味，就可突出食材的自然清香。

【原材料】

主料：莲藕 100 克、莲子 50 克、菱角 50 克。

辅料：红椒 10 克。

调料：姜片 5 克、盐 10 克、糖 2 克、白醋 3 克、植物油 10 克、芡粉 5 克。

【做法】

① 将莲藕、菱角、红椒切片备用。

② 炒锅洗净，置旺火上，放入清水烧开，将莲藕、莲子、菱角、红椒焯水至断生，倒出沥水。

③ 炒锅洗净放入植物油，下姜片炝锅，入焯水后的莲藕、莲子、菱角，加入盐、味精、糖、白醋翻炒，勾芡即可出锅。

25. 盘鳝

盘鳝以不能动刀剖肚的小鳝鱼烹制而成，因鳝鱼成卷曲状故名。盘鳝的吃法有民间口诀："筷子夹住喉，咬断脊梁骨。慢慢往下撕，抛去肠和头。嘴里龙摆尾，连骨咽下喉。"

【原材料】

主料：小鳝鱼 750 克。

调料：油 60 克，盐 12 克，生抽 30 克，花椒、八角、姜、蒜、红辣椒、麻辣酱适量。

【做法】

① 选半两（25 克）左右的活鳝鱼，置于一盛满清水的盆中，放入少许植物油，让其吐出身内污物。

② 两小时后捞起，然后放入烧开的沸水中杀死，去其外表黏液。

③ 锅热后放入油，下鳝鱼，配上八角、花椒、红辣椒、姜等佐料干炒，直至鳝鱼盘曲、味香色浓为止，最后加入蒜末、葱花即成。

26. 酸辣藕带

酸辣藕带是最具水乡特色的菜品之一。"藕带"事实上就是还没成型的藕，也是最嫩的藕。以炒、拌、煎、炸、熘、生吃皆可，既可做主料，也可作辅料，荤素皆宜，其中最为有名的是酸辣藕带，成菜嫩雅鲜香、酸辣细脆。

【原材料】

主料：藕带 350 克。

辅料：黄甜椒 10 克。

调料：小葱 5 克、干辣椒 5 克、盐 5 克、白砂糖 3 克、白醋 10 克、植物油 30 克。

【做法】

① 藕带清洗干净，改刀成马蹄型，黄甜椒改刀成条备用。

② 净锅上火，下清水烧开，入藕带焯水，倒出沥干水分。

③ 锅上火，放入植物油，以干辣椒炝锅，下焯水过的藕带、甜椒翻炒均匀，

加入盐、白砂糖、白醋进行调味，出锅前下葱段即可。

27. 酸鲊鱼

"酸鲊鱼"是古老的地方特色菜肴。鲊是古人为延长食物保质期而衍生出来的制作方法。青鱼肉在经过密封发酵后，其口味发生微妙的转化，别具风味。

【原材料】

鲊鱼 500 克、蒜泥、味精、白醋、葱花少许。

【做法】

① 锅下调小火，酸鲊鱼二面小火炕成金黄色。

② 放入蒜泥、味精翻炒几下，放入白醋，再加入葱花起锅装盘。

28. 马市蒸鱼

马市蒸鱼又称"马市炖鱼"，为江陵县马家寨名肴，因民间将"蒸"称为"炖"，故将"马市蒸鱼"称为"马市炖鱼"。此菜特点是色泽红亮、香辣开胃、原汁原味，为佐饭佳品。

【原材料】

主料：草鱼、白鲢鱼头、鱼排骨、鱼边、鱼皮、鱼尾。

辅料：姜末 10 克、葱花 5 克、盐 15 克、味精 10 克、鸡精 5 克、白胡椒粉 5 克、白醋 15 克、白糖 5 克、菜籽油 100 克、辣椒红油 50 克、荆沙鲜辣椒酱 50 克、豆瓣酱 20 克、花椒粉 5 克、干辣椒粉 10 克、干淀粉 5 克、十三香粉 5 克。

【做法】

① 将主料清洗干净，沥干水分后，放入辅料进行搅拌腌制 45 分钟。

② 蒸汽锅具备用，将原材料装入扣碗，放进蒸汽锅蒸 25 分钟，扣盘撒葱花即可。

29. 脆皮桂鱼

鳜鱼，又叫桂花鱼，脆皮桂鱼是荆州聚珍园宴席的一道名菜，特点是色泽金黄、外焦内酥、酸甜适口。

【原材料】

鳜鱼 500 克、麻油 1000 克（约耗 150 克）、猪油 50 克、葱段 15 克、姜末 10 克、蒜泥 10 克、酱油 50 克、醋 40 克、白糖 75 克、清水 150 克、水团粉 170 克、料酒 20 克、鸡蛋 1 个、面粉 25 克。

【做法】

① 鳜鱼去鳃、内脏、鳞，洗净。将鱼两边用斜刀片成八条花纹。将片好的鳜鱼放入大盘内加料酒、食盐腌制。随后再将水团粉 140 克、面粉 25 克、鸡蛋一个打拌搅匀，均匀地抹在鱼身上，刀缝都要抹到。

② 炒锅置旺火上，倒入麻油，烧至八成热，手提鱼尾放入锅内烹炸，右手用炒勺淋油，使鱼身上的花纹张开像鱼鳞甲，至金黄色时起锅装在鱼盘内。

③ 原锅滗去油，加入姜末、蒜泥、酱油、醋、白糖、清水至煮沸加入葱段，用水团粉勾芡淋猪油搅匀后盖在鱼身上。

30. 白云护黄龙

白云护黄龙是荆州三国文化传统菜肴。此菜色泽鲜亮，鱼肉软嫩，味鲜爽滑，汁浓芡稠。传说源于刘备相亲故事，诸葛亮为刘备践行，端来一菜名曰"白云护黄龙"，原来是一盘豆腐焖鲤鱼，鲤鱼同豆腐混在一起。刘备心想：此去东吴，有常胜将军赵云保护，有军师的神机妙算。就放下心来，于是就答应下来前去东吴迎娶孙夫人。

31. 氽汤鲫鱼

氽汤鲫鱼是荆楚传统菜肴，其特点是肉质鲜嫩、味道醇厚、食之爽口，具有益气健脾、消润胃阴、利尿消肿、清热解毒之功能，并有降低胆固醇的作用，可治疗口疮、腹水、水乳等症，对高血压、动脉硬化、冠心病有防治作用，非常适合肥胖者食用。

32. 滑鱼片

滑鱼片是荆州传统菜肴，特点是汤汁稠浓、鲜嫩爽口。传统做法是取财鱼片，加鸡蛋清、盐、淀粉调好上浆，将酱油、白糖、醋、味精、姜末、葱段、水淀粉、鸡汤兑成汁水，冬笋切片，鱼片走油后加汁水、冬笋片、木耳、青椒块翻炒即成。

33. 青鱼甩水

青鱼甩水是荆州传统菜肴，特点是色泽紫红、肥香鲜嫩、味道绵长。传统做法是将大青鱼尾（大约 600 克）直切 4 片，（保持相连）先以盐、黄酒腌制，再走油至微黄色，放入姜末、酱油、醋、蒜片、食盐、白糖，加水焖煮，加红胡椒块、水发木耳、葱段焖透即可。

34. 爆炒鳝丝

爆炒鳝丝最为家常，虽为居家菜肴，堪称荆沙鳝鱼烹饪的经典之作。

鳝鱼宰杀去骨，洗净后切丝。生姜切末，大蒜拍碎或切片。酱油、香醋、淀粉调匀，盛入小碗中备用。

油锅置中小火上，烧沸，倒入鳝丝，用锅铲拨散，数秒后倾倒在漏勺中沥油。

起油锅，以猪油菜油混合油脂为佳。爆香姜末蒜粒，断生后着盐，而后将过油的鳝丝与之合炒均匀，沿锅边徐徐倒入滋汁，颠锅盛盘即可。咸鲜与脆嫩是检验合格与否的唯一标准。

附录：荆州市渔业政策性文件摘选

荆州市人民政府
关于发展现代渔业建设水产强市的意见
（荆政发〔2014〕17号）

根据《省人民政府关于加快现代渔业发展的意见》（鄂政发〔2014〕13号）精神，为加快我市水产强市建设步伐，提出如下意见：

一、明确发展目标，加快建设水产强市

到2017年，全市渔业养殖面积稳定在240万亩，渔业产值突破300亿元，水产品加工、渔需物资和设备制造等第二产业产值达到300亿元，水产流通服务业产值突破300亿元。淡水产品产量继续保持全国市州第一，渔民人均纯收入居全国前列。

到2020年，在全市范围内形成"一鱼一联社、一鱼一标准、一鱼一品牌、一鱼一产业"格局，全面建成"一基地四中心"，即全国最大的淡水产品健康养殖基地和淡水产品加工中心、淡水渔业科研中心、淡水产品交易中心、淡水渔业文化中心，实现"建设水产强市、打造淡水渔都"发展目标。

二、推进六大工程，提高全产业链发展水平

（一）着力推进现代渔业种业工程。稳步发展大宗淡水产品种苗繁育，强化亲本提纯复壮；建设名特水产苗种繁育基地，提升名特水产苗种繁育能力；加强水产种质资源和原种保护，推进"育繁推一体化"建设，提高良种覆盖率。到2020年，全市繁育亲本更新70%，名特水产苗种繁育能力增长200%，建设8个国家级原良种场，建成8个现代渔业种业示范场，拥有年苗种销售额2000万元以上的现代苗种企业8家，主要养殖品种良种覆盖率95%以上。

（二）着力推进水产健康养殖工程。深入开展水产健康养殖示范场创建活动，积极争取国家专项资金支持。大力发展工厂化养殖、循环水养殖等设施渔业，推

进集约化、生态化养殖。大力发展特色渔业，深入推进"一鱼一产业"，着力培育百亿元名特优产业。大力发展稻田综合种养，着力推行虾稻、稻鳅、稻鳖共生等优化模式。大力发展休闲渔业，挖掘渔业文化内涵，推动渔业生产与旅游业融合，在洪湖、长湖、长江周边，华中农高区现代渔业示范区内及水产大镇（村）建成一批休闲渔业特色基地，充分展示荆州渔俗文化、渔乡风情和渔业生产方式。到 2020 年，建成 100 个高标准健康养殖示范场，发展城郊设施渔业 100 万平方米，发展稻田综合种养 240 万亩，建成 10 个以上国家级休闲渔业示范基地。

（三）着力推进水产品加工流通工程。继续实施农产品加工业"四个一批"工程，打造产业集群。培植壮大龙头企业，走精深加工发展之路。加快构建产销对接、货畅其流的现代物流网络。推进订单销售、农超对接、冷链物流、电子商务、网上交易等新型水产品交易方式。以资源整合、市场营销、宣传推介为着力点，打造荆州水产精品名牌，提高我市水产品知名度和美誉度。到 2020 年，全面建成洪湖水产品加工园和荆州中心城区水产品加工园；全市精深加工年产值 20 亿元以上加工企业超过 5 家；将荆州淡水产品批发市场建成全国的淡水产品物流集散中心、价格形成中心、信息传播中心、会展贸易中心、科技交流中心和渔业文化旅游中心。

（四）着力推进渔业品牌创建工程。进一步加大水产品牌创建力度，以水产专业合作社和水产专业合作联社为平台创建养殖品牌，加大已有品牌的整合力度，形成以特色品种为重点的"一鱼一品牌"格局，全市重点建设"洪湖清水"大闸蟹、"荆江"牌黄鳝、"陆逊湖"牌甲鱼等品牌。以水产品加工龙头企业为平台创建加工品牌。到 2020 年，新增中国驰名商标 2 个、中国名牌产品 5 个、湖北著名商标 10 个、荆州知名商标 20 个。以企业为龙头，以品牌为纽带，大宗淡水鱼、小龙虾、河蟹、龟鳖、泥鳅等品种形成种苗、养殖、加工、流通、餐饮全产业链，并以国家级荆州淡水产品批发市场为纽带形成全市水产业全产业链。

（五）着力推进渔业生态环境保护工程。加强渔政执法体系和执法能力建设，推进渔政队伍规范化管理。加大水生生物资源养护力度，坚持禁渔期（区）制度，加强渔业资源增殖放流，强化珍稀濒危水生野生动物保护管理，加强水产种质资源保护区的建设和管理，促进渔业可持续发展；在湖泊、水库全面禁止珍珠养殖、投肥养殖、围栏围网养殖，推行增殖渔业，探索建立渔业生态环境补偿机制，切实保护渔业水域生态环境。建立健全渔业资源监测制度，在长江、洪湖、长湖、浣水等天然水域和水产种质资源保护区建立渔业资源监测站点；开展资源动态监测，每 5 年组织实施一次综合性渔业资源调查评估。

（六）着力推进新型经营主体培育工程。加大对水产龙头企业扶持力度，鼓励企业通过收购、兼并、参股、品牌联盟等形式整合重组，培植一批骨干龙头企业。大力发展渔民合作社，壮大一批示范社，培育一批合作联社。大力发展家庭渔场，扶持壮大水产品养殖、运销大户。到 2020 年，力争省级以上水产龙头企业超过 25 家；渔业专业合作社超过 1000 家、渔业专合联社达到 20 家，渔民参社率超过 70%；渔业家庭农场超过 200 家。

三、强化五个保障，确保各项措施落实

（一）强化渔业基础设施和技术装备保障。完善水面流转机制，建成一批健康养殖基地，重点建设 15 个高标准现代渔业示范区，提高规模化、集约化水平。加大池塘改造、渔船更新、渔港建设等基础设施建设力度，提高现代化装备水平。到 2020 年，全市改造升级 120 万亩池塘。

（二）强化渔业科技和信息化保障。成立水产产业技术创新联盟，促进产学研合作，突破性解决水产产业链关键技术，形成一批具有自主知识产权的创新成果，努力提升水产业核心竞争力。深化水产技术推广体系改革，加强技术培训和技术咨询服务，构建以技术推广机构为主体，科研单位、渔业协会、渔民合作社和龙头企业共同参与的新型水产技术推广体系。加强渔业信息网络基础和信息体系建设，提高渔业信息化水平。以国家级荆州淡水产品批发市场为平台，建设渔业信息传播中心，编制、生成水产品价格指数。

（三）强化水产品质量安全保障。加强水产品质量安全监管，完善市场准入、产地准出和可追溯制度。加强水生动物疫病防控体系建设，重点建设一批水生动物疫病防治站和鱼病诊所，完善水产种苗检疫和重大水生动物疫情应急处理制度。制定"三品一标"水产品发展规划，创建一批出口创汇示范基地。加强水产品质量监测能力建设，到 2020 年，建成以国家级淡水产品批发市场为平台的覆盖全市的水产品质量监测检验体系。

（四）强化渔区渔民民生保障。以新型城镇化和新农村建设带动渔区发展，开展渔区村庄整治，加强基础设施建设，重点解决饮水安全、用电、道路等问题，将渔区道路纳入乡村公路统一规划，将渔场电力设施纳入农村电网改造统一实施。完善社会保障制度，促进渔区教育、文化、卫生、养老等社会事业全面发

展，将符合条件的渔民纳入低保范围，对因实施渔业资源养护造成生活困难的渔民，统筹考虑给予补助。实施以船为家渔民上岸安居工程，落实渔业油价补助政策。将渔民培训纳入阳光培训，大力培养新型职业渔民。

（五）强化组织和政策保障。各县市区要成立以主要领导为组长的水产工作领导小组，因地制宜明确本地现代渔业发展的重点方向，编制好现代渔业发展规划。市本级和各县市区要在争取中央、省级财政和相关部门资金、项目扶持的基础上列支现代渔业发展专项资金。要加大项目整合和资金投入力度，开展现代渔业示范县创建工作。要鼓励和引导工商资本到农村发展适合企业化经营的现代渔业养殖业，向渔业输入现代生产要素和经营模式。要强化渔业行政执法管理，依法依规明确渔政机构性质、落实工作经费，将禁渔经费和水产品抽检、防疫、监测经费列入同级财政预算。按渔业占大农业产值比重配置水产技术推广人员。

各级发展改革部门要加强政策支持，积极争取项目资金，加大对水产业的投资力度。财政部门要安排专门资金支持水产业发展，要在农产品加工业调度资金中对水产品加工企业予以倾斜。工商、质监部门要加大对水产品牌创建、市场主体培育和标准化生产管理的支持力度。经管部门要在水产专业合作社、渔业家庭农场的培育、规范方面加强指导，并在示范社评比、合作社专项扶持资金上予以重点支持。食品药品监管部门要加大对水产品市场准入的监管力度。商务部门要整合政策，支持建设水产品冷链物流体系和出口基地。科技部门要支持水产核心技术及新品种新工艺研发，特别是特色品种、苗种选育技术攻关，支持加工企业建设研发中心。出入境检验检疫部门要加快对水产企业申报出口备案基地的支持力度和审批速度，对出口水产品检验检疫费用按国家有关规定实行减免。国土资源部门对位于土地整治项目区内的池塘升级改造、稻田综合种养基础设施建设予以支持，并对水产项目落地所需建设用地指标倾斜。水利部门要将渔区排灌设施纳入水利建设统一规划，将沟渠配套、泵站升级等纳入相关项目予以支持。电力部门要落实好水产养殖享受农业用电优惠政策。交通运输部门要落实好鲜活农产品运输"绿色通道"政策。金融部门要探索养殖证抵押贷款等服务方式，对符合产业政策和贷款条件的水产养殖、水产品加工和流通的业主给予信贷优先和优惠支持；鼓励条件较好的县市区先行先试，争取财政补贴支持，将水产养殖保险纳入地方政策性保险范畴。各级水产部门要认真落实好现代渔业发展的各项措施，全面提高监管和服务能力，不断破解制约行业发展的难题，加快推进现代渔业建设，促进渔业持续健康发展。

荆州市人民政府办公室
关于做大做强小龙虾产业的意见

（荆政办发〔2018〕6号）

近年来，以"虾稻共作"为主要模式的小龙虾产业因其可观的生态效益、经济效益得到快速发展，呈现出良好的发展前景，已成为我市农业农村经济的重要产业。但也存在种源建设不配套、产业水平不高、加工滞后等突出问题。为做大做强小龙虾产业，经市政府同意，现提出如下意见。

一、指导思想和发展目标

以习近平新时代中国特色社会主义思想为指引，以农业供给侧结构性改革为主线，以"稳粮提质、生态种养、富民增收"为目标，按照规模化、标准化、品牌化、科技化、市场化的要求，运用工业思维推动小龙虾产业发展。到2020年，实现小龙虾产业"4561"发展目标，即养殖面积达到400万亩（其中虾稻面积350万亩，池塘养虾面积50万亩）；年产小龙虾50万吨；小龙虾综合产值达到600亿元；为农民增收100亿元以上。

二、基本原则

（一）坚持创新驱动。坚持全产业链创新，全面推动养殖模式、技术服务、精深加工、营销方式、市场流通、资本投入和产业融合等创新，提升产业发展活力，优化产业经济结构，促进产业提档升级。

（二）坚持市场导向。坚持效益优先，遵循市场配置资源规律，瞄准市场差异化、精准化需求，充分发挥企业、行业协会主体作用，促进经营主体做精产品、做细市场。

（三）坚持生态优先。坚持将生态种养模式作为小龙虾产业发展前提，制定完善小龙虾养殖及田间、池塘工程技术标准，引导和督促小龙虾养殖户、养殖企业严格按照标准组织生产，积极推动养殖稻田采用生物和物理方式防治病虫害，少用或不用化肥，有效降低面源污染。

（四）坚持品牌引领。充分发挥量大质优的优势，狠抓小龙虾产品品牌、企业品牌和公用品牌的创建、培育、宣传和推广，增强市场竞争力和品牌影响力。

三、工作重点

（一）引进培育经营主体，壮大龙头企业。充分利用我市小龙虾特色资源优势，全力开展产业招商，引进有实力、善经营、懂技术的各类社会资本投资小龙虾产业。要突破性发展小龙虾加工业，支持企业开展小龙虾精深加工技术研究，研发调味虾、虾酱、即食食品等产品，发展适合家庭烹饪的加工熟食产品，开发甲壳素及其衍生系列产品，延伸产业链条，提高综合利用能力。全市要培育 3～5 家小龙虾加工上市企业，县（市、区）要引进和培育一批过亿元的小龙虾加工企业，洪湖市、监利县、石首市、公安县、江陵县要培植 2～3 家产值过 10 亿元的小龙虾加工龙头企业。要做强小龙虾种业，整合和改扩建一批基础设施好、技术实力强的小龙虾苗种生产企业，加快小龙虾苗种繁育基地建设，每个县（市、区）重点建设 1 个小龙虾良种场，扶持 1～2 个小龙虾苗种龙头企业发展，建成与小龙虾生产相配套的良种繁育规模。建设小龙虾养殖示范基地，引导小龙虾规模化、标准化生产，要结合美丽乡村和特色小镇建设，将创意、文化、体验等元素融入小龙虾示范基地建设，要全力抓好"虾稻王国"项目建设，每个县（市、区）要建成 1 个以上集休闲、旅游、观光、体验、教学于一体的虾稻共作示范基地。

（二）加大品牌建设力度，打造精品名牌。要切实增强小龙虾品牌建设意识，采取政府推动和市场引导方式，做好小龙虾公用品牌、企业品牌和产品品牌策划、运营和管理工作。要抓好结合文章，找准小龙虾品牌建设与发展全域旅游、荆楚文化艺术节等重要产业和活动结合点，借势发力扩大影响。要依托和支持荆州市小龙虾产业协会打造"荆州小龙虾"区域公用品牌，坚持办好"荆楚味道荆州小龙虾节"。县（市、区）要加强本地小龙虾品牌建设，引导市场主体注册商标和地理标志，主产县（市、区）要建设 3～5 个全国知名的企业品牌或产品品牌。通过走出去和请进来的办法，加强与专业品牌运营公司合作，积极组织企业参加各种展销会推介企业品牌和产品品牌，举办各类节会提升品牌美誉度和市场竞争力。要规范引导小龙虾餐饮行业发展，每个县（市、区）打造一条小龙虾餐饮特色街，推出 1～2 个具有地方特色的小龙虾餐饮品牌。要高度重视和加强虾稻米品牌的建设，做到稻虾和虾稻米两个品牌一起创。依托虾稻种养万亩示范基地，做好乡村旅游品牌文章，将示范基地打造成美丽乡村建设的靓丽名片。

（三）完善市场体系建设，搞活流通环节。优化传统流通渠道，按照以国家级荆州淡水产品批发市场为中心，以主产县（市、区）专业产地批发市场为重点，以乡镇收购分拣点为补充的布局，完善小龙虾市场流通体系。每个县（市、区）要依托 1 个企业建设功能完善、方便农民、符合环保的小龙虾专业产地批发市场，支持产地市场建设冷库、物流车、检测中心等配套设施；扶持小龙虾主产乡镇建设分拣、运输服务网点；引导产地市场与合作社、大型养殖户建立紧密的供销协议，实行订单销售；加强产地市场和销地市场紧密联系，建立信息、资源、利益共享机制。要重点培育和发展小龙虾电商平台，进一步推动小龙虾生产、销售网上衔接，扩大网上交易规模。积极开拓和创新销售渠道与模式，鼓励小龙虾经营企业入驻京东、淘宝的电商平台，减少流通环节，增加效益，提升影响。要加强与顺丰等大型物流企业合作，扩大辐射范围，实现全国各地快捷送达。

（四）建立利益共享机制，实现标准生产。按照集中连片、排灌方便、水质优良的要求对小龙虾养殖基地进行规划布局，积极引导土地（水面）经营权向合作社（联社）、家庭农场、种养大户等新型经营主体规范有序流转，全市规划利用水稻种植面积的 70% 左右，养殖池塘面积的三分之一发展小龙虾养殖。引导合作社（联社）、家庭农场、协会与养殖户形成利益共享体，进行统一、规范生产经营，形成规模效应。大力推行"福娃模式"，支持加工企业、餐饮连锁酒店等行业配套建设规模化、标准化小龙虾生产供应基地。坚持适度规模，按照《虾稻共作技术操作规程》中 40～50 亩稻田为一个单元，围沟宽 6 米、沟深 1.5 米以上的标准进行田间工程改造，争取种稻和养虾的效益最大化；鼓励零散农户采取"水稻分户种、虾子一起养"等合作形式发展虾稻种养。池塘养殖重点推广虾蟹混养、虾与水生蔬菜共生等模式，以延长小龙虾供应时间，实现错峰上市，提高养殖效益。

（五）加强技术服务指导，提高养殖水平。要抓好小龙虾养殖技术的培训和宣讲，不能因技术问题而造成农户减收或亏损。要组织知名专家成立小龙虾养殖技术专家报告团，在全市开展小龙虾养殖技术能力提升集中培训，并赴各县（市、区）进行专场宣讲。各地各相关部门和涉渔企业要多层次、多形式共同抓好小龙虾养殖技术培训工作。县（市、区）要利用冬春时节以乡镇为单位开展大规模技术培训，全市培训达到 50 万人次。水产科技人员要深入生产第一线，发现并解决农民养殖过程中的技术问题，尤其是要注重指导养殖户做好小龙虾亲本、苗种调配补投工作，避免小龙虾种质退化，品质下降。涉渔企业要做好合作基地养殖技术指导和培训工作。

四、保障措施

（一）加强组织领导。推行虾稻共作、发展小龙虾产业是农业供给侧结构性改革的重点，是农民致富奔小康和产业扶贫的重要产业。各地各部门要切实加强组织领导，政府主要负责人要亲自抓，分管负责人要全力抓，相关部门要配合抓，要强化工作职责，出台扶持政策和措施，全力推进小龙虾苗种、基地、市场、加工等发展，要在调查研究的基础上科学制定小龙虾产业五年发展规划，要注重水产科技队伍建设，以湖北省水产产业技术研究院为依托，培养一批技术服务骨干和生产能手。各地要把发展小龙虾产业作为冬春农业开发的重点安排，要把田间标准化改造建设作为重点部署。已建成的虾稻田要全面疏浚，新开挖的虾稻田要坚持标准，保质保量。特别要加强水电路等基础设施的配套建设，保证虾稻共作田的水源、水质和电力供应。

（二）强化质量监管。各地要加强小龙虾养殖企业和加工企业污水处理设施建设，确保水质达标排放达到水环境功能区划要求。切实加强小龙虾养殖环节投入品监管，杜绝违禁投入品使用。抓好虾稻田农药、化肥等使用的指导和监管，避免造成损失和违禁药物残留。加强小龙虾疫病的防控工作，完善小龙虾重大疫病预警和快速反应机制。狠抓小龙虾产品质量监管，建立流通、加工企业检验检测制度，加大小龙虾抽检力度，确保小龙虾质量安全和产业安全。建立小龙虾产业发展风险评估机制，加强小龙虾市场、技术、疫病、信息等风险研判，及时调整发展思路，降低产业发展风险。

（三）加大政策扶持。要加大涉农资金的统筹整合，土地整理、农业综合开发、农田水利建设、高标准农田建设、产业发展等项目要重点扶持虾稻共作田间标准化改造。县（市、区）政府要列出专项资金，扶持小龙虾种业、基地、品牌建设。市财政要加大政策扶持力度，积极支持小龙虾产业做大做强。

荆州市长湖保护条例

第一章　总则

第一条　为了加强长湖水资源保护和水污染防治，保护与修复湖泊生态环境，促进经济社会可持续发展，根据《中华人民共和国环境保护法》《中华人民共和国水污染防治法》《湖北省湖泊保护条例》等法律法规的规定，结合实际，制定本条例。

第二条　本市行政区域内的长湖保护、管理和利用适用本条例。

法律、法规有规定的，从其规定。

第三条　长湖保护应当遵循保护优先、科学规划、综合治理、严防严治的原则，实施形态保护、水质保护、功能保护、生态保护，实现可持续发展。

第四条　市人民政府应当加强对长湖保护工作的领导，将长湖保护纳入国民经济和社会发展规划，建立长湖保护协调机制，并将长湖保护所需经费列入财政预算。

荆州区、沙市区人民政府和纪南生态文化旅游区管理委员会负责所辖区域内的长湖保护工作。

市、区人民政府水利、环境保护、农业、林业、文物旅游、国土资源、住房和城乡建设、城乡规划、交通运输、城市管理、公安、地方海事等部门应当按照各自职责，做好长湖保护工作。

沿湖各镇人民政府负责辖区内长湖保护工作，明确专人负责日常管理和保护。

长湖保护范围内的村（居）民委员会应当制定村（居）民公约，组织和引导村（居）民参与长湖保护。

第五条　市长湖生态管理机构对长湖实行统一管理和保护，依法履行下列职责：

（一）宣传、执行有关法律法规，编制并组织实施长湖保护专项规划；

（二）组织协调长湖纪南生态文化旅游区管辖范围的防汛抗旱工作；

（三）组织开展长湖区域的水资源保护、水环境整治、水生态修复和水污染治理；

（四）履行湖泊、湿地、水产种质资源、野生动植物保护职责和水利、港航、渔业渔政、旅游市场等监管执法职责；

（五）市人民政府赋予的其他职责。市人民政府按照前款规定，制定市长湖生态管理机构和市人民政府相关部门关于长湖保护工作的具体职责分工办法。

第六条 市人民政府应当会同相邻地区人民政府建立跨行政区域的长湖保护联席会议制度，协调长湖保护的重大事项。

设置长湖跨行政区域交界断面、湖区、出入湖口水质监测点，共享监测信息，通报环境违法行为，推进联合执法。

第七条 长湖保护实行湖长制。各级湖长是本区域内长湖保护工作的直接责任人，组织协调解决有关重大问题，对长湖保护目标任务完成情况进行督导和考核。

第八条 任何单位和个人都有保护长湖的义务，有权对破坏长湖的违法行为进行劝阻和举报。

市人民政府对在长湖保护工作中做出突出贡献的单位和个人给予表彰。

第二章　水域及岸线保护

第九条 长湖保护范围按照保护要求，划分为下列两个区域：

（一）保护区，包括湖堤、湖泊水体、湖盆、湖洲、湖滩、湖心岛、内外平台等。湖泊设计洪水位向外延伸不少于 50 米的区域划为保护区。有高于设计洪水位高度堤防的，堤防禁脚向外延伸不少于 50 米的区域划为保护区。

（二）控制区，是指保护区外围沿地表向外延伸不少于 500 米的区域，具体范围由市人民政府确定。

市人民政府国土资源部门会同水利部门对长湖保护范围勘界立桩，并向社会公布。

第十条 在长湖保护范围内，禁止建设光伏、风力发电项目；在长湖保护区内，禁止建设与长湖生态保护、防汛抗灾、航运与道路等公共设施无关的项目。已经建成的，应当限期拆除。

第十一条 在长湖保护区内，禁止以任何形式围垦湖泊、违法占用湖泊水域。

市、区人民政府和纪南生态文化旅游区管理委员会应当依照长湖保护规划，对长湖保护区内围垸和低矮围实施退垸还湖。

第十二条　在长湖保护区内，禁止从事餐饮、住宿、摆摊、设点等经营活动。

禁止损毁界桩、水文、气象、航标、渔标、科研、测量、环境监测、执法船停靠等公共设施。

第十三条　在长湖控制区及拾桥河、太湖港河、龙会桥河、夏桥河、护城河等长湖主要径流区域内，禁止建设对湖泊产生污染的项目和从事其他危害湖泊生态环境的活动。

第十四条　在长湖保护范围内的建设项目和活动，应当符合长湖保护规划，严格实行工程建设方案审查和环境影响评价。建设项目应当留足入湖通道和视线通廊。

第十五条　市人民政府应当编制长湖岸线保护规划，实行岸线分区管理，强化岸线用途管制，清除违章建筑，取缔非法码头、水上餐饮船舶等设施，保持长湖岸线自然形态。

第三章　水污染防治

第十六条　长湖水域及主要径流区域的水体水质根据水功能区划要求，按照不低于国家《地表水环境质量标准》Ⅱ类标准的目标采取保护和污染防治措施。

第十七条　向长湖水域及主要径流区域水体排放的水污染物，应当达到国家和本省规定的排放标准。

市人民政府应当制定长湖重点水污染物排放总量削减和控制计划，逐级分解至区人民政府和纪南生态文化旅游区管理委员会，并落实到排污单位，实行排放浓度和总量双控制制度。

市、区人民政府和纪南生态文化旅游区管理委员会应当采取建设人工湿地、水源涵养林、沿河沿湖植被缓冲带等必要措施，对达标排放的污水进行减污处理。

第十八条　市、区人民政府和纪南生态文化旅游区管理委员会应当在长湖流域建设城镇生活污水收集处理设施及雨污分流管网，提高城镇污水收集率和处理率。城镇污水处理厂污染物排放应当达到国家和本省规定的最高排放标准。

结合实施乡村振兴战略，改造农村户厕，建设集中或者分散的污水处理设施。采取河塘清淤、水体连通、完善水利设施等措施，加强农村生活污水治理。

第十九条　市、区人民政府和纪南生态文化旅游区管理委员会应当在长湖流域统筹建设城乡垃圾分类收集、运输、处理设施，实现垃圾无害化处理和资源化利用。

第二十条　市、区人民政府和纪南生态文化旅游区管理委员会应当在长湖流域加强畜禽养殖监管，划分畜禽养殖禁养区、限养区和适养区。规模养殖场应当建设粪污处理设施，提高畜禽粪污综合利用率。依法处置畜禽养殖废弃物。

第二十一条　市、区人民政府和纪南生态文化旅游区管理委员会应当在长湖流域采取措施，指导农业生产者减少农药、化肥使用量，禁止使用高毒高风险农药。推行有机肥替代化肥、病虫害绿色防控替代化学防治，限期实现化肥农药使用量零增长，并进一步制定和落实削减计划。

第二十二条　依法批准入湖的机动船舶应当配有防渗、防溢、防漏设备，防止残油、废油等污染物入湖。推广使用清洁能源作为动力的船舶。

市长湖生态管理机构应当根据水环境质量保护目标和长湖保护专项规划，建立入湖机动船舶总量控制制度。

第二十三条　在长湖保护区内，禁止新建排污口。对不能达标排放的已有排污口，应当限期整治、关闭。

第二十四条　在长湖保护范围及主要径流区域内禁止下列行为：

（一）向水体排放未达到国家和本省标准的污水；

（二）向水体、湖岸和湖滨带排放、倾倒工业废渣、城镇垃圾和其他废弃物，或者在最高水位线以下的滩地、岸坡堆放、贮存固体废弃物或者其他污染物；

（三）在水体清洗车辆或者装贮过油类、有毒有害污染物的容器；

（四）围网、网箱、围栏养殖，投肥（粪、饵）养殖，养殖珍珠；

（五）使用电鱼、炸鱼、毒鱼等捕捞方法或者不符合规定的网具捕捞；

（六）其他污染水体和破坏生态环境的行为。

第四章　生态保护与修复

第二十五条　市、区人民政府和纪南生态文化旅游区管理委员会应当探索建立生态补偿机制，实行最严格的长湖水资源保护制度，坚持节水优先，对湖泊取水、用水和排水实行全过程管理，控制取水总量，维护湖泊生态用水和合理水位。长湖水位降至生态保护所需要的最低水位 29.33 米（吴淞高程）时，应当采取补水和限制取水措施。

第二十六条　市、区人民政府和纪南生态文化旅游区管理委员会应当对长湖及主要径流区域进行水生态系统综合治理，采取调水引流、河湖连通等措施，改善长湖水环境，修复水生态。

第二十七条　市、区人民政府和纪南生态文化旅游区管理委员会应当采取退田还湿、退垸还湿、封滩育草、种植护岸林等措施，建设河道湿地、入湖口湿地、湖区湿地、滨湖湿地，修复湖泊湿地生态系统。

第二十八条　长湖流域禁止猎捕和非法交易野生鸟类及其他野生动物；禁止采集和非法交易珍稀、濒危野生植物。

长湖设立禁渔区、确定禁渔期。禁渔区内和禁渔期间，任何单位和个人不得进行捕捞和爆破、采砂等水下作业。

长湖及主要径流区域水产养殖坚持自然增殖和人工放流相结合的原则，保护鲌类鱼等水产种质资源。科学投放水生植物、滤食性鱼类、底栖生物等，修复水域生态系统。

第二十九条　市、区人民政府和纪南生态文化旅游区管理委员会应当在长湖流域采取措施，加强有害生物防治，治理水葫芦、水花生，严格控制引进外来生物。

第五章　法律责任

第三十条　市长湖生态管理机构依法对违反本条例的行为予以处罚。

第三十一条　违反本条例第十二条第一款的规定，在长湖保护区内，从事餐饮、住宿经营的，由市长湖生态管理机构责令停止违法行为，没收违法所得，并处 2000 元以上 5000 元以下罚款；从事摆摊、设点经营的，没收违法所得，可以并处 500 元以上 1000 元以下罚款。

违反本条例第二十四条第（三）项规定，在水体清洗装贮过油类、有毒有害污染物的车辆或者容器的，责令停止违法行为，限期采取治理措施，消除污染，处 2 万元以上 20 万元以下罚款。在水体清洗上述规定以外的车辆的，责令停止违法行为，处 500 元以上 1000 元以下罚款。

第三十二条　国家机关、相关部门及其工作人员在长湖保护工作中违反本条

例规定，滥用职权、玩忽职守、徇私舞弊的，依法给予处分；构成犯罪的，依法
追究刑事责任。

第六章　附则

第三十三条　本条例自 2019 年 4 月 1 日起施行。

荆州市人民政府关于荆州长江流域
重点水域全面禁捕的通告

（荆政发〔2020〕2号）

根据《国务院办公厅关于加强长江水生生物保护工作的意见》（国办发〔2018〕95号）、《农业农村部　财政部　人力资源社会保障部关于印发〈长江流域重点水域禁捕和建立补偿制度实施方案〉的通知》（农长渔发〔2019〕1号）和《农业农村部关于长江流域重点水域禁捕范围和时间的通告》（农业农村部通告〔2019〕4号）精神，市政府决定，对全市长江流域重点水域实施全面禁捕。现将有关事项通告如下：

一、本通告所称禁捕范围，包括流经我市483公里长江干流、93公里长江故道（石首市天鹅洲，监利县何王庙、老江河、杨坡坦）。本市范围内的水生生物保护区禁捕工作，按照《荆州市人民政府关于国家级水生生物保护区全面禁捕的通告》（荆政发〔2018〕18号）执行。

二、自2020年7月1日0时起，在本通告规定的禁捕范围内实行为期10年的常年禁捕。禁捕期间，禁止天然渔业资源的生产性捕捞，禁止违规垂钓，禁止出售非法捕捞渔具，禁止长江鱼的交易和经营。

三、禁捕期间，因特定渔业资源的利用和科研调查、苗种繁育等需要捕捞的，按照国家、省有关规定依法实行专项管理。

四、按照属地管理原则，各县（市、区）政府、功能区管委会负责本区域内全面禁捕工作，对已获得捕捞许可证的渔民，按照国家、省相关政策依法收回许可证并予以安置。

五、违反本通告规定，在禁捕范围和禁捕时间内从事天然渔业资源捕捞以及"迷魂阵""电毒炸"、密眼网、地笼、滚钩等违法捕捞行为的，依照《中华人民共和国渔业法》和《中华人民共和国刑法》关于禁渔区、禁渔期的规定依法进行处理。

六、鼓励广大群众劝阻、制止和举报违法捕捞、违规垂钓行为。举报电话：110；0716—8420719；17707169127。

七、本通告自2020年7月1日起实施。

编后记

编纂专业志，是一项极其艰辛的工作。《荆州水产志》经过一些同志的努力，现在与读者见面了，深感欣慰。

"历史悠久、物产丰富、鱼米之乡"的荆州，因水而神韵，因水而兴衰，因水而辉煌，因水而富饶。荆州水产也因产品多、产量大，特色鲜明、亮点突出，已成为荆州的一块金字招牌。但随着机构改革，荆州市水产局与荆州市畜牧兽医局及荆州市农村经济管理局合并成立荆州市农业农村发展中心。同时《荆州农业志》开始编纂，正是在这大的背景下，《荆州水产志》作为荆州农业志的一部分就提上了有关部门的议事日程。

为传承荆州水产历史经验，弘扬荆州水产开拓精神，荆州市农业农村发展中心组织在荆大专院校的学者、从事过水产工作的领导干部和专业人士，组成编纂团队，编辑《荆州水产志》，力求尽可能完整记录与展现荆州水产业光辉历程、历史经验、辉煌成就及渔业美食文化，使其成为一本具有文献、史料、实用、典藏价值的工具书，发挥"资治、存史、教育、启迪"的作用，助推荆州现代渔业的繁荣和绿色经济发展。本志的资料收集、整理和书稿由赵恒彦同志主编，肖其雄、习佑军、赵帅、王同连、刘小莉、杨代勤、柴毅、叶雄平、吴长明等人分别编写，图片由张弘、裴成等人提供。经过2年多的努力，编志人员先后查阅了8个图书馆、档案馆近百种史书和资料。其间，各县市区农业农村局为其提供3万多字的资料。经过核实、考证、修改和补充，乃形成18万字的送审稿。后分别送原水产局老局长王思永、陈福斌、陈斌、肖家浩、黄服亮，李可壮、刘恒芬、杜小兰等专家及其他水产专业干部审稿，并征求荆州市史志研究中心总编审刘平利和方志办的意见和建议，经过再次"增、删、调、改"等修改，于2022年3月底形成修订稿。

由于荆州古无渔史，仅有简志，加之本市水产资料散乱缺失，修志人员既缺乏修志实践，又受水平限制，因而志稿中难免有一些错误和疏漏，恳请读者及时批评指正。

志书成稿后，受到各级领导的重视和关怀。荆州市委常委、组织部长、原湖北省水产局局长李水彬同志为本志写序。中国科学院院士桂建芳、原农业农村部渔业渔政管理局局长张显良、中国水产流通与加工协会会长崔和、原荆州市政协主席王守卫等领导同志分别为志书题词。在此，一并表示衷心的感谢！

荆州市农业农村发展中心

2022 年 3 月